Die gegenwärtige wissenschaftlich-technische Revolution

Autorenkollektiv

Die gegenwärtige wissenschaftlich-technische Revolution

Eine historische Untersuchung

AKADEMIE-VERLAG · BERLIN 1972

Die vorliegende Arbeit erschien als erweiterte zweite Auflage 1970 in Moskau in russischer Sprache unter dem Titel:
Современная научно-техническая революция
Историческое исследование

Verfasser sind:
А. А. Кузин, И. А. Негодаев, В. М. Родионов, Н. Н. Стоскова, А. И. Черепнев, В. И. Чернышев, С. В. Шухардин

Ins Deutsche übersetzt von Karl König, Berlin
Wissenschaftlich bearbeitet von Dr. habil. Gerhard Krupp, Berlin

Erschienen im Akademie-Verlag GmbH, 108 Berlin,
Leipziger Straße 3—4

Lektor: Dieter Graf
Umschlag: Rolf Kunze
Lizenz-Nr.: 202 · 100/26/72
Herstellung: IV/2/14 VEB Druckerei »Gottfried Wilhelm Leibniz«,
445 Gräfenhainichen/DDR · 3854
Bestellnummer: 5964 · ES 5 B 2
EDV: 752 122 5
9,80

Inhaltsverzeichnis

Sechstes Kapitel

Siebentes Kapitel

Achtes Kapitel

Neuntes Kapitel

Vorwort zur zweiten Auflage

Seit der zweiten Hälfte unseres Jahrhunderts vollziehen sich in der Geschichte der Menschheit Prozesse, die unter dem Begriff moderne oder gegenwärtige wissenschaftlich-technische Revolution zusammengefaßt werden. Sie berühren nicht nur die industriell entwickelten sozialistischen und kapitalistischen Länder, sondern beginnen ihren Einfluß bereits auf die „dritte Welt", das heißt auf die Entwicklungsländer auszudehnen. Dieser Umstand hat jene Probleme deutlich in den Vordergrund gerückt, die mit der Erforschung dieser Revolution verbunden sind. Galt solange unser Interesse den Fragen, die der wissenschaftlich-technische Fortschritt schlechthin aufgeworfen hatte, so kommen wir nun nicht mehr umhin, uns speziell jenen Prozessen zuzuwenden, die die gegenwärtige wissenschaftlich-technische Revolution prägen.

Seit dem Erscheinen der ersten Auflage dieses Buches hat das Interesse an den Problemen dieser Revolution stark zugenommen, und heute sind sie Gegenstand der Untersuchung in zahlreichen wissenschaftlichen Einrichtungen und Hochschulen. Überall werden Diskussionen zu ihren wichtigsten Problemen geführt, und an vielen Hochschulen werden in den Vorlesungen über wissenschaftlichen Kommunismus, historischen Materialismus, Politische Ökonomie und verschiedene technische Teilgebiete entsprechende Fragen behandelt. Das alles hat eine Neuauflage dieses Buches dringend erforderlich gemacht.

Bei der Vorbereitung der nun vorliegenden zweiten Auflage haben sich die Autoren auf zahlreiche Hinweise aus den inzwischen erschienenen Rezensionen stützen können[1], auf

[1] A. Parchomenko, Ein Jahrhundert der Blüte von Wissenschaft und Technik, in: NTO (Naučno-techničeskoe obščestvo) SSSR,

Konferenzmaterialien und auf gewisse Forschungsergebnisse, die im Institut für Geschichte der Naturwissenschaft und Technik bei der Akademie der Wissenschaften der UdSSR, Abteilung Geschichte der gegenwärtigen wissenschaftlich-technischen Revolution, in den letzten zwei Jahren gewonnen wurden.

In der vorliegenden Neuauflage wird stärker auf die sozialen Folgen der gegenwärtigen wissenschaftlich-technischen Revolution eingegangen und die Frage untersucht, wann dieser Prozeß in den einzelnen Ländern eingesetzt hat. Außerdem ist das Kapitel über die grundlegenden Entwicklungstendenzen von Wissenschaft und Technik erweitert worden. An vielen Stellen konnten die entsprechenden Daten präzisiert und um neue Fakten aus der Geschichte von Wissenschaft und Technik bereichert werden, so daß die grundlegenden Tendenzen der wissenschaftlich-technischen Revolution klarer herausgearbeitet werden konnten.

Die Autoren, die an der Abfassung des hiermit der Öffentlichkeit übergebenen Buches mitgewirkt haben, sind sich natürlich im klaren darüber, daß nicht alle Probleme gelöst werden konnten. Einige Fragen wurden lediglich angeschnitten, und generell gilt, daß die grundlegenden Aspekte dieses Fragenkomplexes noch der Diskussion bedürfen. Wir sind jedoch überzeugt, daß der Meinungsstreit um die zweite Auflage ebenso fruchtbar und schöpferisch verlaufen wird, wie dies bei der ersten Auflage der Fall war. Die Einbeziehung weiterer Gesichtspunkte wird uns in die Lage versetzen, die Wahrheit zu erkennen und die Erforschung eines so wichtigen und aktuellen Problems, wie es die gegenwärtige wissenschaftlich-technische Revolution ist, in die richtigen Bahnen zu lenken. Deshalb wollen die Autoren bereits an dieser Stelle allen Lesern ihren Dank aussprechen und sie bitten, eventuelle Bemerkungen, Stellungnahmen oder auch Wünsche an fol-

2/1968; V. I. Belozercev, Die gegenwärtige wissenschaftlich-technische Revolution, in: Voprosy filosofii, 12/1968; L. N. Malkov, V. M. Strašnikov, Eine Analyse des wissenschaftlich-technischen Fortschrittes unserer Zeit, in: Naučnye doklady vysšej školy, Filosofskie nauki, 6/1968; J. Šejnin, Die gegenwärtige wissenschaftlich-technische Revolution. Ein Überblick über die Literatur, in: Političeskoe samoobrazovanie, 5/1959.

gende Adresse zu richten: MOSKVA K-12, Staropanskij pereulok 1/5, Institut für Geschichte der Naturwissenschaften und Technik der Akademie der Wissenschaften der UdSSR.

Die Autoren möchten weiterhin die Gelegenheit wahrnehmen, allen Kollegen ihren Dank auszusprechen, die mit Bemerkungen und Vorschlägen zum Gelingen dieser zweiten Auflage beigetragen haben. Unsere besondere Anerkennung gilt den Genossen V. I. VYBORNOVA und M. B. BUJEVA für die wirksame Mitgestaltung dieser Auflage.

Einleitung

Gegenwärtig tritt die Menschheit, wie im Programm der KPdSU festgestellt wird, „in die Periode einer wissenschaftlich-technischen Umwälzung ein, die mit der Meisterung der Kernenergie, der Erschließung des Kosmos, der Entwicklung der Chemie, der Automatisierung der Produktion und anderen größten Errungenschaften von Wissenschaft und Technik verbunden ist."[1] Das erfordert die Untersuchung einer Reihe von Problemen, die den Inhalt, das Wesen, die Richtungen und den Charakter der gegenwärtigen wissenschaftlich-technischen Revolution sowie ihre Stellung in der historischen Entwicklung betreffen.

Eine Analyse der in der Sowjetunion und in anderen Ländern erschienenen Publikationen zeigt, daß diesen Fragen eine große Anzahl von Büchern, Artikeln und auch Dissertationen gewidmet ist. Außerdem sind sie Gegenstand spezieller Konferenzen, Beratungen und Symposien. So wurde im Februar 1964 am Institut für Geschichte der Naturwissenschaften und Technik der Akademie der Wissenschaften der UdSSR eine Konferenz mit dem speziellen Ziele durchgeführt, Klarheit über die unterschiedlichen Standpunkte zur gegenwärtigen wissenschaftlich-technischen Revolution zu gewinnen. Der Teilnehmerkreis umfaßte wissenschaftliche Mitarbeiter, Hochschullehrer und Produktionsarbeiter aus Moskau, Leningrad, Kiew, Swerdlowsk, Tscheljabinsk, Rostow am Don und anderen Städten.[2] Im Mai 1965 organisierte die Sektion Geschichte der gegenwärtigen wissenschaftlich-technischen Revo-

[1] Programm der Kommunistischen Partei der Sowjetunion, Moskva 1968, S. 27 (russ.),

[2] Voprosy istorii estestvoznanija i techniki, 19/1965.

lution, die der Sowjetischen Nationalen Vereinigung der Historiker von Naturwissenschaften und Technik angehört, eine Konferenz zu Problemen der sozialen Auswirkungen der gegenwärtigen wissenschaftlich-technischen Revolution.[3]

Das Studium der Konferenzmaterialien und anderer Literatur zeigt, daß es noch viele unklare Punkte gibt, die der weiteren Diskussion bedürfen. Im Mittelpunkt stehen dabei folgende Fragen: Welchen Platz nimmt die derzeitige stürmische Entwicklung von Wissenschaft und Technik in der Geschichte ein, und welches sind ihre Ursachen, ihre Quellen und ihre objektiven, zwangsläufigen Folgen? Was bedeuten die Begriffe wissenschaftlich-technische Revolution, wissenschaftlich-technischer Fortschritt und industrielle Revolution, und welche Unterschiede und Zusammenhänge gibt es zwischen ihnen? Vollzieht sich gegenwärtig eine wissenschaftlich-technische oder eine industrielle Revolution, und in welchen grundlegenden Richtungen verläuft sie? Gab es ähnliche Revolutionen bereits in der Vergangenheit? Läßt sich die moderne Entwicklung von Wissenschaft und Technik in den kapitalistischen und den sozialistischen Ländern gleichermaßen als eine wissenschaftlich-technische bzw. industrielle Revolution definieren? Welches ist der konkrete Inhalt der Umwandlung der Wissenschaft in eine unmittelbare Produktivkraft?

Zu den hier aufgeworfenen Fragen ließen sich recht unterschiedliche Standpunkte anführen. Zum Beweis sei die Frage herausgegriffen, ob gegenwärtig sich eine wissenschaftlich-technische oder eine industrielle Revolution vollzieht.

Wenn wir von unterschiedlichen Auffassungen einzelner Forscher zu Detailfragen absehen, so ergeben sich folgende wichtige Standpunkte:

1. Gegenwärtig vollzieht sich eine wissenschaftlich-technische Revolution, die als normaler wissenschaftlich-technischer Fortschritt zu werten ist, der sich lediglich durch ein höheres Tempo und durch bedeutendere qualitative Kennziffern auszeichnet.[4]

[3] Die Technik und ihre Stellung in der Geschichte der Gesellschaft. Konferenzmaterialien, Moskva 1965.

[4] Vgl. dazu zum Beispiel V. Kamaev, Der wissenschaftlich-technische Fortschritt und die Schaffung der materiell-technischen Basis des Kommunismus, in: Naučnye doklady vysšej školy,

2. Die gegenwärtige Epoche ist die Epoche einer wissenschaftlich-technischen Revolution, die mehr ist als der übliche wissenschaftlich-technische Fortschritt (obwohl natürlich nach Meinung aller Autoren jede wissenschaftlich-technische Revolution stets wissenschaftlich-technischer Fortschritt ist. Diese wissenschaftlich-technische Revolution wird in den sozialistischen Ländern andere soziale Folgen haben als in den kapitalistischen Ländern.[5]
3. Gegenwärtig findet eine wissenschaftlich-technische Revolution statt, die sich in Inhalt und Wesen von einer industriellen Revolution unterscheidet. Beziehungen zwischen diesen beiden Arten von Revolutionen werden dabei von den Autoren nicht ins Auge gefaßt.[6]
4. In der Welt vollzieht sich gegenwärtig eine wissenschaftlich-technische Revolution, die eine neue industrielle Revolution ankündigt, in die sie unter bestimmten Bedingungen übergehen wird.[7]

Ekonomičeskie nauki, 5/1962, S. 6; M. M. Karpov, Vortrag auf der Konferenz zu Problemen der modernen wissenschaftlich-technischen Revolution, in: Voprosy istorii estestvoznanija i techniki, 19/1965, S. 14–15.

[5] Vgl. dazu zum Beispiel N. Gauzner, Der technische Fortschritt und der Verfall des Kapitalismus, in: Kommunist, 15/1960; A. A. Zvorykin, Die materiell-technische Basis des Kommunismus, in: Voprosy istorii, 10/1961, S. 37; G. Kozlov, Über die Gesetzmäßigkeiten der Entwicklung der Produktivkräfte in der kommunistischen Gesellschaftsformation, in: Kommunist, 3/1961, S. 36; G. Glezerman, Kommunismus und gesellschaftlicher Fortschritt, in: Kommunist, 10/1962, S. 12–13; A. A. Zvorykin, Gesellschaft und naturwissenschaftlich-technische Revolution, in: Kul'tura i žyzn', 8/1962; V. Berger, Die technische Revolution und die ökonomische Zusammenarbeit der sozialistischen Länder, in: Problemy mira i socializma, 4/1965; R. Richta, Die wissenschaftlich-technische Revolution und der Marxismus, in: Problemy mira i socializma, 1/1967.

[6] G. V. Osipov, Technik und gesellschaftlicher Fortschritt, Moskva 1959, S. 98; K. Tessmann, Probleme der technisch-wissenschaftlichen Revolution, Berlin 1962, S. 62.

[7] V. N. Saprykov, Mythos und Wirklichkeit, in: Nauka i žyzn', 6/1961, S. 59; A. A. Kuzin, S. V. Šuchardin, Die gegenwärtige wissenschaftlich-technische Revolution, in: Kommunist, 16/1964.

5. In der gegenwärtigen Epoche findet nur in der Sowjetunion eine industrielle Revolution statt.[8]
6. Die neue industrielle Revolution betrifft sowohl die sozialistischen als auch die entwickelten kapitalistischen Länder.[9]

Natürlich verlieren diese Unterschiede in den Auffassungen an Gewicht, wenn man bedenkt, daß viele Divergenzen rein terminologischer Natur sind. Häufig bezeichnen die einzelnen Autoren mit dem gleichen Terminus (zum Beispiel mit „industrieller Revolution") gänzlich unterschiedliche Erscheinungen, oder es wird umgekehrt die gleiche Erscheinung mit unterschiedlichen Termini belegt. Daraus kann aber nur der Schluß gezogen werden, daß man sich in den Untersuchungen zur gegenwärtigen wissenschaftlich-technischen Revolution einer großen terminologischen Diszipliniertheit befleißigen muß.

Das Studium der Probleme der gegenwärtigen wissenschaftlich-technischen Revolution hat nicht nur große wissenschaftliche, sondern auch große praktische Bedeutung. Die Besonderheiten der modernen gesellschaftlichen Produktion sind, wie auf dem XXIII. Parteitag der KPdSU festgestellt wurde, der Großbetrieb, der außerordentlich große Umfang der Investitionen, die gewaltigen Produktionsfonds und die komplizierten ökonomischen Zusammenhänge. Heute werden höchste und niedrigste Temperaturen industriell genutzt, desgleichen Hochdruck- und Hochvakuumverfahren, Hochleistungs- und

[8] V. N. Politov, Der moderne technische Fortschritt und die Kritik der Theorien der „Zweiten industriellen Revolution", Moskva 1960, S. 10.

[9] J. D. Bernal, Die Wissenschaft in der Geschichte, Berlin 1967, S. 443–463; N. Wiener, Mensch und Menschmaschine (The Human Use of Human Beings), Kybernetik und Gesellschaft, Frankfurt (Main) 1952; G. V. Osipov, Die marxistische und die bürgerliche Philosophie zur Stellung und Rolle der Technik in der modernen gesellschaftlichen Entwicklung. Autorreferat zur Dissertation, Moskva 1964, S. 27; G. N. Volkov, Die Automatisierung, eine neue historische Etappe in der Entwicklung der Technik, in: Voprosy filosofii, 6/1964, S. 16–26; V. M. Strašnikov, Philosophie und Technik im Kommunismus, Irkutsk 1962, S. 40.

Niedrigleistungsanlagen, riesige Konzentrationen von Energie und außerdem Materialien mit genau vorgegebenen Eigenschaften. Das bringt weitreichende Probleme mit sich, die ihre Ursachen, wie es in den Beschlüssen des XXIII. Parteitages der KPdSU heißt, in der raschen Einführung der Errungenschaften von Wissenschaft und Technik in die Produktion haben.

Erkennt man das Wesen, den Charakter und die Richtungen der gegenwärtigen wissenschaftlich-technischen Revolution und kann man ihren Platz in der Geschichte der Gesellschaft bestimmen, so wird man die objektiven Gesetzmäßigkeiten des wissenschaftlich-technischen Fortschritts besser verstehen und sie für die Lösung praktischer Aufgaben des Aufbaus der kommunistischen Gesellschaft nutzen können.

Erstes Kapitel

Technik, technische Revolutionen und industrielle Umwälzungen

Das Wesen der Technik

Die Erforschung der Probleme, die die gegenwärtige wissenschaftlich-technische Revolution aufgeworfen hat, hängt in vielem von der richtigen Definition des Begriffes „Technik" ab.[1] Deshalb werden wir, bevor wir aus den bestehenden Vorstellungen Verallgemeinerungen ziehen, unsere Ansichten zu dieser Frage darlegen.

Vor geraumer Zeit war sich die Mehrheit der sowjetischen Wissenschaftler, die sich mit der Geschichte der Technik befassen, darin einig, daß folgende, von A. A. Zvorykin[2] stammende Definition dem Wesen der Technik am ehesten gerecht wird: „Die Technik ist die Gesamtheit der im System der gesellschaftlichen Produktion vorhandenen Arbeitsmittel." In einer präzisierten Fassung charakterisiert A. A. Zvorykin die Technik als die Arbeitsmittel und -instrumente, die sich im System der gesellschaftlichen Produktion entwickeln, und in einem weiteren Beitrag wies er ferner darauf hin, daß man unter Technik nicht nur die Arbeitsmittel zu verstehen habe, sondern sämtliche Mittel jeder beliebigen anderen Tätigkeit des Menschen.[3]

In den letzten Jahren wurde man sich jedoch immer stärker der Unzulänglichkeit und Einseitigkeit dieser Auffassung von der Technik bewußt. So stellte I. J. Konfederatov fest, daß die ursprüngliche Definition A. A. Zvorykins „lediglich eine Seite der Technik erfaßte, nämlich ihre dingliche Form und

[1] S. V. Šuchardin, Die Grundlagen der Geschichte der Technik, Moskva 1961, S. 71–80.

[2] A. A. Zvorykin, Über einige Fragen der Geschichte der Technik, in: Voprosy filosofii, 6/1953, S. 34.

[3] A. A. Zvorykin, Social Aspects of the Scientific and Technological Progress, in: Organon, 1/1964, S. 110–111.

diese zudem in ihrer Statik, also in ihrer Ruheform begreift und folglich nicht die für die Geschichte der Technik so bedeutsame Frage zu beantworten vermag, wie mit Hilfe der Arbeitsmittel die Produktion der materiellen Güter realisiert wird."[4]

L. N. MALKOV hatte dann darauf hingewiesen, daß der Begriff „Technik" enger sei als der Begriff „Arbeitsmittel", andererseits aber weiter als die Begriffe „Arbeitsinstrumente" und „Produktionsinstrumente". Unter Bezug auf die bekannte Feststellung von K. MARX, daß auch der Boden ein Arbeitsmittel ist, zieht er folgenden, unseres Erachtens richtigen Schluß: „Wenn wir die Technik als die Gesamtheit der Arbeitsmittel definieren, so verdienen nicht nur Gebäude, Kanäle und Wege den Namen Technik, sondern auch der Boden."[5]

Tatsächlich verwendet der Mensch in seiner Produktionstätigkeit als Arbeitsmittel auch den Boden und sogar die von ihm gezähmten und gezüchteten Tiere, ohne daß sie irgendjemand zur Technik rechnen würde. Im Zusammenhang mit der eben angeführten Problematik wurde auf der Konferenz für philosophische Fragen der Naturwissenschaften, die im Dezember 1964 in Rostov am Don abgehalten wurde, und auf der Konferenz zu Problemen der gegenwärtigen wissenschaftlich-technischen Revolution (Februar 1964) daran erinnert, daß MARX und ENGELS zwischen natürlich entstandenen und von der Zivilisation geschaffenen Produktionsinstrumenten unterschieden hatten.[6] Zur Technik dürfe man nur die letzteren rechnen, das heißt die vom Menschen geschaffenen Arbeitsmittel. Damit werden die von L. N. MALKOV geäußerten Befürchtungen hinfällig, da damit klar ist, daß der Boden, das Wasser usw. als natürlich entstandene Arbeitsmittel nicht zur Technik gehören.

Die von A. A. ZVORYKIN gegebene Definition der Technik wurde auch von K. TESSMANN (DDR) einer Kritik unter-

[4] I. J. Konfederatov, Gegenstand und Methode der Geschichte der Technik, in: Materialy k seminarskim zanjatijam po istorii techniki, 1/1956, S. 5.

[5] L. N. Malkov, Zum Begriff „Technik", in: Učenye zapiski Tomskogo universiteta, 41/1962, S. 154.

[6] Marx/Engels, Werke, Band 3, Berlin 1958, S. 65. Marx spricht dort von „naturwüchsigen und zivilisierten Produktionsinstrumenten".

zogen. Sie ist seiner Meinung nach zu eng, da sie nicht die technischen Mittel erfaßt, die der Mensch außerhalb der Produktion nutzt. K. TESSMANN vertritt folgende Ansicht: „Neben der Produktionstechnik gehören ganz offensichtlich auch die technischen Geräte und Aggregate der Forschung, des gesamten Verkehrs, der Nachrichtenübermittlung, des Fernsehens, der Wohn- und Körperkultur und des Militärwesens zur Technik.“[7]

Wir können jedoch den Ansichten K. TESSMANNs nicht beipflichten. Unserer Meinung nach läßt er außer acht, daß wir unter der gesellschaftlichen Produktion nicht den einzelnen Betrieb verstehen, sondern vielmehr die Produktionsweise der betreffenden ökonomischen Formation. Daraus wird klar, daß die gesellschaftliche Ordnung der Produktion sowohl die eigentliche Produktion (Herstellung) als auch die Verteilung, den Austausch und die Konsumtion (individuelle und produktive) einschließt. Deshalb umfaßt die Definition der Technik, um die es hier ja geht, auch die technischen Mittel, die im Transport, im Handel, im Haushalt und anderswo genutzt werden. Es sei hier daran erinnert, daß der Transport, wie MARX betont hat, eines der wichtigsten Gebiete der gesellschaftlichen materiellen Produktion ist. MARX schreibt: „Auf den Transport der Produkte aus einer Produktionsstätte in eine andre folgt noch der der fertigen Produkte aus der Produktionssphäre in die Konsumtionssphäre. Das Produkt ist erst fertig für die Konsumtion, sobald es diese Bewegung vollendet hat.“[8] Deshalb scheint uns eine Herauslösung des Transports aus der Sphäre der materiellen Produktion, wie dies K. TESSMANN tut, unzulässig zu sein. Und was den Begriff der „Produktionstechnik“ betrifft, der sich in der Definition von K. TESSMANN als die Gesamtheit der Arbeitsmittel, Arbeitsgegenstände, Produktionsprozesse und Produktionsverfahren herausstellt, so ist er unseres Erachtens lediglich ein anderer Name für den in der marxistischen Theorie allgemein üblichen Terminus „Produktionsmittel“.

Auch J. S. MELEŠČENKO wendet sich gegen die Ansicht, daß Technik gleich den Arbeitsmitteln sei, die im System der

[7] K. Tessmann, a. a. O., S. 150.
[8] Marx/Engels, Werke, Band 24, Berlin 1963, S. 151.

materiellen Produktion entwickelt werden. Nach seinen Worten „trifft diese Auffassung von der Technik zwar viele wesentliche Momente, leidet aber an einer gewissen Begrenztheit. Sie berücksichtigt nicht im erforderlichen Maße den historischen Entwicklungsgang der Technik und ihren Platz im modernen gesellschaftlichen Leben, also das eigentliche Wesen der Technik."[9] Deshalb erachtet er es als notwendig, sich bei der Definition des Begriffes „Technik" nicht allein auf die materielle Produktion zu beschränken[10], sondern sie vielmehr als Mittel und Methode der zielgerichteten menschlichen Tätigkeit zu sehen.[11] Zum Begriff der „Technik" gehören folglich neben der materiellen Seite (den Mitteln) auch die Fertigkeiten und Erfahrungen des Menschen (die Verfahren). Daß dies so sein müsse, begründet J. S. Meleščenko damit, daß man in der Geschichte unter Technik zunächst die Kunstfertigkeit verstand und daß bis heute in der Produktion die Handarbeit, die seiner Meinung nach in erster Linie durch die Fertigkeiten und Erfahrungen des Arbeiters, also durch seine Kunstfertigkeit bestimmt wird, einen großen Raum einnimmt.

Hier sei vermerkt, daß solche Ansichten schon mehrfach geäußert (J. D. Bernal, A. J. Goljan-Nikol'skij, V. N. Belozercev, K. Tessmann u. a.) und in der sowjetischen Literatur auch zur Sprache gebracht wurden.[12] Wir werden deshalb hier nicht näher auf sie eingehen. Doch ist zu beachten, daß J. S. Meleščenko zu Recht auf den Bedeutungswandel

[9] J. S. Meleščenko, Technik, technischer Fortschritt und einige Fragen der Entwicklung der Persönlichkeit, in: Učenye zapiski kafedr obščestvennych nauk vuzov g. Leningrada, Filosofija 5/1964, S. 77–78.

[10] Allerdings findet sich weder bei A. A. Zvorykin noch bei irgendeinem anderen seine Ansichten vertretenden Wissenschaftler die Behauptung, daß die Technik lediglich die Arbeitsmittel der materiellen Produktion umfasse, wovon weiter oben in der Polemik gegen K. Tessmann die Rede war.

[11] J. S. Meleščenko, a. a. O., S. 84; ders., Mensch, Gesellschaft und Technik, Leningrad 1964; ders.,Der technische Fortschritt und seine Gesetzmäßigkeiten, Leningrad 1967.

[12] S. V. Šuchardin, Die Grundlagen der Geschichte der Technik, a. a. O., S. 77–79.

des Begriffes Technik aufmerksam gemacht hat, woraus allerdings noch nicht folgt, daß er auch heute noch sowohl die *Mittel* als auch die *Verfahren* umschließt, die der Mensch in seiner Tätigkeit nutzt. In dieser Hinsicht pflichten wir uneingeschränkt A. A. ZVORYKIN bei, der meint, daß sich der Inhalt des Begriffes „Technik" in Übereinstimmung mit der Entwicklung der Produktion historisch gewandelt hat. Die Etymologie des Wortes Technik führt uns in die Periode der Entwicklung der Produktion zurück, als die Kunstfertigkeit und die Meisterschaft des Einzelnen die ausschlaggebenden Elemente waren. Doch schon unter den Bedingungen des Handwerks traten die Verfahren, Methoden und Rezepte in den Vordergrund, und das Aufkommen der maschinellen Produktion rückte die Arbeitsmittel an die erste Stelle, die seit dieser Zeit auch den grundlegenden Inhalt des Begriffes „Technik" bestimmen. „Die früheren Definitionen", so weist A. A. ZVORYKIN nach, „erlangten immer allgemeineren Charakter, haben sich aber als Überbleibsel gehalten und in den verschiedensten Bereichen der menschlichen Tätigkeit die unterschiedlichste Bedeutungen angenommen."[13] So werden beispielsweise im Sport, in der Kunst, im Geschäftsleben und anderswo unter dem Begriff „Technik" oft die angewandten Verfahren zusammengefaßt. Doch gibt es keinen Zweifel, daß nicht dies das Wesen der Technik ist und auch nicht ihre Rolle in der modernen Gesellschaft bestimmt.

Wir glauben, daß der Hauptinhalt des Begriffs Technik die *Arbeitsmittel* sind, das heißt die Dinge bzw. Komplexe von Dingen, die der Mensch zur Erlangung von materiellen Gütern einsetzt. Andererseits erschöpfen aber die Arbeitsmittel, auch wenn sie den Hauptinhalt des Begriffes Technik ausmachen und das entscheidende Element für die Unterscheidung der ökonomischen Epochen und die Untersuchung der sozial-ökonomischen Formationen sind, diesen Begriff nicht vollständig. Zur Technik gehören auch noch andere Dinge bzw. Komplexe von Dingen, deren sich der Mensch als Mittel in seinen anderen Tätigkeitsbereichen bedient (etwa im Haushalt, in wissenschaftlichen Untersuchungen, im Militärwesen, in der Kultur, in der Ideologie, in der Leitung des Staates usw.). Andererseits

[13] Große Sowjetenzyklopädie, 2. Aufl. Band 42, S. 382 (russ.).

können aber bei weitem nicht alle Arbeitsmittel zur Technik gezählt werden. Wie weiter oben bereits gesagt wurde, fallen die natürlich entstandenen Arbeitsmittel (Ackerland, Wasser und anderes) nicht unter den Begriff „Technik“.

Verallgemeinert man diese Überlegungen, so darf man sagen, daß der Begriff Technik die künstlich geschaffenen Mittel der menschlichen Tätigkeit umschließt. Die Menschen schaffen und nutzen die Technik in der Gewinnung, Übertragung und Umwandlung von Energie, in der Einwirkung auf den Arbeitsgegenstand, in der Erlangung der materiellen und kulturellen Güter, in der Beschaffung, Übertragung und Speicherung von Information, in der Untersuchung der Gesetze und Erscheinungen der Natur und der Gesellschaft, in der Entwicklung und Leitung der Gesellschaft, im Dienstleistungsbereich, im Haushalt, in der Kriegsführung und in der Sicherung der Landesverteidigung.

In all diesen Tätigkeiten verleihen die Menschen je nach der zu lösenden Aufgabe der Technik die unterschiedlichsten Formen. Sie kann die Form von Arbeitsinstrumenten, Maschinen, Automaten, Geräten usw. annehmen, aber auch nichtmaschinelle Formen. Dabei sind der Hammer (Arbeitswerkzeug), der Webstuhl (Arbeitsmaschine), die Dampfmaschine (Kraftmaschine), der Gasanalysator (Gerät) nur einfache Elemente der Technik. Können einige von ihnen, zum Beispiel der Hammer, isoliert verwendet werden, so entstehen im Zuge der vorwärtsschreitenden Entwicklung der Gesellschaft aus einzelnen Elementen der Technik zwangsläufig technische Systeme. So hatte beispielsweise die Schaffung von Arbeitsmaschinen in der Textilindustrie eine universell einsetzbare Wärmekraftmaschine (doppelt wirkende Dampfmaschine) zur Voraussetzung. Erst ein bestimmtes technisches System, das aus Kraftmaschine, Transmission und Arbeitsmaschine bestand, konnte das benötigte Produkt, etwa Garn, liefern. Im weiteren Verlauf unserer Untersuchung werden wir diese einfachen Elemente der Technik und die technischen Systeme als *technische Mittel* bezeichnen.

Jeder sozial-ökonomischen Formation (oder genauer, jeder einzelnen ihrer Phasen) entspricht eine bestimmte, historisch entstandene Struktur (Entwicklungsstufe) der Technik, die folgende Dinge umfaßt: *die grundlegenden Formen der vom*

Menschen geschaffenen technischen Mittel, die von ihm verwendeten Energieformen und die technologische Produktionsweise.

MARX unterschied zwischen der Leistungsfähigkeit der menschlichen Arbeit und der Leistungsfähigkeit der technischen Produktionskräfte.[14] Die Struktur der Technik charakterisiert die Leistungsfähigkeit der technischen Produktivkräfte. Die Erforschung der unterschiedlichen Strukturen (Entwicklungsstufen) der Technik macht es möglich, die einzelnen Epochen der Produktion aus technologischer Sicht miteinander zu vergleichen. Außerdem hängt von der jeweiligen technologischen Produktionsweise auch die Stellung des Menschen in der Produktion der materiellen Güter ab.

Unter der technologischen Produktionsweise verstehen wir folgende drei Faktoren in ihrer Gesamtwirkung: 1. die Organisation der Anwendung der technischen Mittel, 2. die technische Art und Weise der Verbindung von Produzent und technischem Mittel und 3. die Arbeitsteilung. Jeder dieser drei Faktoren läßt sich aus den jeweils beiden anderen logisch ableiten.

Die technischen Mittel können unterschiedlich organisiert sein. Auf einer bestimmten Höhe der historischen Entwicklung entspricht einem bestimmten Entwicklungsniveau der technischen Mittel eine ebenso bestimmte Form ihrer Organisation. Unter konkreten Bedingungen können jedoch beispielsweise die gleichen Drehbänke einmal im industriellen Großbetrieb ein Maschinensystem bilden, andererseits aber in einer Reparaturwerkstatt lediglich als ein kompliziertes Instrument des Meisters eingesetzt (organisiert) sein. Es läßt sich allerdings niemals ein Maschinensystem organisieren, wenn dafür nicht die erforderlichen technischen Mittel vorhanden sind, sondern lediglich, sagen wir, einfache Instrumente.

Der Charakter der Organisation der technischen Mittel hängt unlösbar mit der technischen Art und Weise der Verbindung von Produzent und technischem Mittel zusammen. Diese Weise der Verbindung von Produzent und technischem Mittel wird zum Unterschied von der ökonomischen Produktionsweise durch die Wechselbeziehungen zwischen Mensch und technischem Mittel und durch ihre unterschiedliche Rolle in der Produktion bestimmt. (Die ökonomische Produktionsweise wird bekannt-

[14] Marx/Engels, Werke, Band 4, Berlin 1959, S. 122.

lich dadurch bestimmt, wem diese Mittel gehören und wer das Produkt der Arbeit erhält.) Die Art und Weise der technischen Verbindung von Produzent und technischem Mittel (das System „Mensch-Maschine“) bestimmt ihrerseits die Arbeitsteilung innerhalb des Produktionsbetriebes.

Das evolutionäre und das revolutionäre Stadium in der Entwicklung der technischen Mittel

Welches sind die Ursachen für die Entwicklung der technischen Mittel? Welche Triebkräfte sorgen für ihre ständige Vervollkommnung und für ihre ununterbrochene Ablösung durch neue technische Mittel? Bisher sind diese Fragen nur sehr unzureichend geklärt.[15]

Über die Triebkräfte, die hinter der Entwicklung der technischen Mittel stehen, gibt es sehr unterschiedliche Ansichten. So werden folgende Meinungen vertreten: Dem Fortschritt der technischen Mittel liegen lediglich die Bedürfnisse der Produktion zugrunde; als Triebkräfte für die Entwicklung der technischen Mittel kommen nur die Bestrebungen des Menschen in Betracht; die technischen Mittel entwickeln sich allein unter der Wirkung der ökonomischen Gesetze der Gesellschaft. Untersucht man nun die Entwicklung der menschlichen Gesellschaft, so stellt man sogleich fest, daß für den Fortschritt der technischen Mittel eine Gesamtheit von Faktoren verantwortlich ist, die in den verschiedenen historischen Entwicklungsetappen unterschiedlich wirken.[16]

Die wichtigste Lebensbedingung des Menschen ist die Produktion von materiellen und kulturellen Gütern (Nahrung,

[15] Am ausführlichsten behandelt diese Fragen I. J. Konfederatov (L. D. Bel'kind, I. J. Konfederatov, A. J. Šnejberg, O. N. Vesolovskij, Geschichte der Energietechnik, Kapitel „Die Technik und die Gesetzmäßigkeiten ihrer Entwicklung, Moskva 1960). Des weiteren sind der Beitrag von J. S. Meleščenko „Die Technik und die Gesetzmäßigkeiten ihrer Entwicklung, in: Voprosy filosofii, 10/1965 zu erwähnen und das Buch „Der technische Fortschritt und seine Gesetzmäßigkeiten“.

[16] S. V. Šuchardin, Zur Frage der Triebkräfte der technischen Entwicklung, in: Voprosy istorii estestvoznanija i techniki, 18/1965.

Kleidung, Brennmaterial usw.), mit denen er seine Bedürfnisse befriedigt. Wie bereits MARX und ENGELS schrieben, „führt das befriedigte erste Bedürfnis selbst, die Aktion der Befriedigung und das schon erworbene Instrument der Befriedigung zu neuen Bedürfnissen – und diese Erzeugung neuer Bedürfnisse ist die erste geschichtliche Tat.“[17] Um zu produzieren, muß der Mensch Arbeitsmittel und Arbeitsgegenstände haben. Wirkt er mit dem Arbeitsmittel auf den Arbeitsgegenstand ein und setzt er dabei bestimmte Kenntnisse, Arbeitsfertigkeiten und Produktionserfahrungen ein, so gewinnt er die Herrschaft über die Naturkräfte und formt die natürlichen Gegenstände nach seinen Bedürfnissen und Absichten um. Der Produktionsprozeß setzt somit die Schaffung und den praktischen Einsatz von technischen Mitteln voraus.

Die Haupttriebkraft zur Entwicklung der technischen Mittel sind die Bedürfnisse der Gesellschaft an materiellen und kulturellen Gütern. Viele Erfinder haben sich bewußt das humane Ziel gesetzt, die Arbeit des Menschen zu erleichtern und ihm zu helfen, mehr materielle Güter zu erlangen. Die Ergebnisse des technischen Fortschritts können jedoch nur dann voll im Interesse der werktätigen Massen genutzt werden, wenn ihnen die erfundenen und geschaffenen technischen Mittel gehören. In einer Ausbeutergesellschaft sind aber die technischen Mittel Eigentum der herrschenden Klassen, und ihnen gehört auch das Produkt, das mit Hilfe eben dieser Mittel erzeugt wurde. Unter solchen Bedingungen hängt die Entwicklung der Technik mit dem Streben nach persönlicher Bereicherung zusammen, mit der Jagd nach Maximalprofit, mit der Konkurrenz und mit der Unterdrückung des Widerstandes der ausgebeuteten Klassen. „Man könnte eine ganze Geschichte der Erfindungen seit 1830 schreiben“, bemerkt MARX im Kapital, „die bloß als Kriegsmittel des Kapitals wider Arbeitermeuten ins Leben traten.“[18]

Bei der Beschaffung der materiellen und kulturellen Güter entstehen pausenlos neue Bedürfnisse der Produktion und folglich auch neue technische Aufgaben, für deren Lösung bzw. Befriedigung bestimmte technische Möglichkeiten gegeben sein müssen. Es entsteht somit ein Widerspruch zwischen den

[17] Marx/Engels, Werke, Band 3, Berlin 1958, S. 28.
[18] Marx/Engels, Werke, Band 23, Berlin 1962, S. 459.

technischen Aufgaben und den vorhandenen technischen Möglichkeiten. Der Lösung dieser technischen Aufgaben liegen wie der Schaffung beliebiger technischer Mittel die Naturgesetze zugrunde, die der Mensch vermittels der Technik ausnutzt. Die Technik dient dabei als ein Hauptkriterium, um die Richtigkeit der mittels der Naturwissenschaften erzielten Schlußfolgerungen zu überprüfen. Gleichzeitig stellt die Technik ihrerseits den Naturwissenschaften die Aufgabe, die technischen Erfahrungen zu verallgemeinern, und liefert hierzu neue experimentelle Mittel. Natürlich nutzen die Menschen in ihrer praktischen Tätigkeit, etwa wenn sie neue technische Mittel schaffen, die Naturgesetze zunächst spontan, ohne sie wissenschaftlich erkannt zu haben. So machte man sich die Gesetze des Hebels und der schwimmenden Körper lange vor den Entdeckungen des ARCHIMEDES zunutze. Die Menschen verwendeten zwar technische Mittel, die auf diesen Gesetzen beruhten, konnten aber nicht erklären, warum mit einem Hebel eine schwere Last mit geringerer Kraft bewegt werden kann oder warum ein Schiff schwimmt und nicht untergeht. Erst die Untersuchungen des ARCHIMEDES hatten es möglich gemacht, diese Naturgesetze bewußt auszunutzen.

Jedes technische Mittel hat seine Vor- und Nachteile. Die Nachteile können beispielsweise die Ursache dafür sein, daß die gewünschte Arbeitsproduktivität, die festgelegten Selbstkosten der Produktion, die erforderliche Sicherheit am Arbeitsplatz, die erwünschte Produktenmenge usw. nicht erreicht werden. In dem Bestreben, diese Nachteile zu überwinden, vervollkommnen die Menschen die technischen Mittel und verbessern ihre Parameter.

Die technischen Mittel durchlaufen in ihrer Entwicklung evolutionäre und revolutionäre Stadien. Zunächst werden die vorhandenen technischen Mittel nur langsam vervollkommnet. Letzten Endes führt aber dieser ebenso allmähliche wie stetige Prozeß, also die Anhäufung von Verbesserungen (Evolution) zu grundlegenden qualitativen Veränderungen, das heißt zur Ersetzung der alten technischen Mittel durch prinzipiell neue (Revolution).

Das evolutionäre Stadium in der Entwicklung der technischen Mittel ist zwar ein langwieriger Prozeß, doch hat er für die Entwicklung der technischen Mittel eine ungewöhnlich große Bedeutung. Die tagtägliche Vervollkommnung und Verbesserung bereits bekannter technischer Mittel, ihre optimale Nutzung und die Erzielung hoher technisch-ökonomischer Kennziffern ist eine außerordentlich wichtige Aufgabe, die für die weitere Entwicklung einer Volkswirtschaft unbedingt gelöst werden muß.

Auf einer bestimmten Entwicklungsstufe kommt es bei jedem technischen Mittel zu einer Situation, wo weitere Vervollkommnungen nicht mehr den erforderlichen Effekt ergeben. Mit anderen Worten, das weitere Festhalten am alten Wirkungsprinzip kann keine weiteren technischen Aufgaben mehr lösen. In einem solchen Falle scheitern sämtliche Versuche, den Wirkungsgrad zu verbessern, das Gewicht zu senken, die Kapazität zu vergrößern, die Parameter zu verbessern usw. Erst die Schaffung eines neuen technischen Mittels mit völlig neuer Wirkungsweise kann dann die entstandene Aufgabe lösen. Die Ersetzung der alten technischen Mittel durch neue, mit völlig anderen Wirkungsprinzipien kennzeichnet das revolutionäre Stadium in der Entwicklung der technischen Mittel.

Dieser Prozeß läßt sich gut an der Geschichte der Grubenwasserhaltung verfolgen. Die Kolbenpumpen, deren Einführung im Bergbau noch von AGRICOLA beschrieben wurde, erfuhren in der jahrhundertelangen Anwendung in der Grubenwasserhaltung große Veränderungen, obwohl ihre Wirkungsweise die gleiche blieb. Im 15. und 16. Jahrhundert erforderte die weitere Verwendung von Kolbenpumpen die Ersetzung des manuellen Betriebs durch mechanischen Antrieb. Das Wasserrad konnte die Leistung der Kolbenpumpen noch einmal bedeutend erhöhen. Mit handbetriebenen Pumpen konnte nur aus einer Tiefe von 8 m gefördert werden, und die Leistung betrug 3 m^3/h. Kolbenpumpen mit Wasserradantrieb reichten dagegen bis zu einer Tiefe von 100 bis 120 m, und ihre Leistung betrug 20 m^3/h.

Als man dazu überging, tiefer gelegene Fundstätten abzubauen, konnten selbst wasserradgetriebene Kolbenpumpen den stark erhöhten Grundwasseranfall nicht mehr bewältigen: ihre Förderhöhe und ihre Leistungen reichten nicht aus. Außerdem mußten für das Wasserrad selbst große Mengen regelmäßig fließenden Wassers vorhanden sein. Die neue Aufgabe konnte erst nach der Erfindung und Einführung der Vakuumdampfmaschine bzw. der doppelt wirkenden Dampfmaschine gelöst werden. Die Anstrengungen der Erfinder, Wissenschaftler und Arbeiter vieler Länder führten zur Entwicklung von Gestängekolbenpumpen mit Dampfantrieb, die eine Förderhöhe von 200 bis 300 m und eine Leistung von 100 bis 120 m^3/h erreichten (Mitte des 19. Jahrhunderts). Mit der Zeit trat jedoch ein neuer Widerspruch auf: ein großer Teil der Energie ging verloren für die Bewegung der Gestänge, Gegengewichte, Schwinghebel usw. Dieses Problem wurde mit der Erfindung direkt wirkender Wasserhaltungsanlagen gelöst, denen bald Untertagedampfpumpen folgten.

Anfang des 20. Jahrhunderts wurden die Kolbenpumpen nach und nach aus dem Bergbau verdrängt und durch leistungsfähigere und produktivere Mehrradzentrifugalpumpen (Kreiselpumpen) mit elektrischem Antrieb ersetzt. Die Erfindung und der breite Einsatz von Zentrifugalpumpen war eine revolutionäre Umwälzung der Grubenwasserhaltung: Sie hatten gegenüber allen bis dahin bekannten technischen Mitteln zur Grubenwasserentfernung völlig neue Wirkprinzipien. Wurde das Wasser in den Kolbenpumpen lediglich durch Druckänderung bewegt, so wurde in den Zentrifugalpumpen die Zentrifugalkraft des Wassers zur Druckerzeugung genutzt.

Nicht minder interessant ist in dieser Hinsicht die Geschichte des Übergangs von der Gasbeleuchtung zur elektrischen Glühlampe. Obwohl die Idee, den elektrischen Bogen als Lichtquelle zu benutzen, bereits 1802 von V. V. Petrov geäußert wurden, fallen die ersten Versuche, solche Bogenlampen zu konstruieren, erst in die vierziger Jahre der 19. Jahrhunderts. Die Lösung des Problems stieß bald auf eine schier unüberwindbare Schwierigkeit: Es war unmöglich, die ständig abbrennenden Kohleelektroden auf gleichem Abstand zu halten. Zunächst verwendete man Gewinde, mit denen der Elektrodenabstand manuell nachgestellt werden konnte. Viele Anstrengungen wurden darauf verwendet, eine brauchbare automatische Regelung des Elektrodenabstandes zu entwickeln. Erst im Jahre 1876 wurde eine Lösung gefunden, und zwar von P. N. Jabločkov, der die Elektroden anders anordnete. In der Bogenlampe von Jabločkov standen die Elektroden parallel und wurden durch eine Isolierung getrennt, die mit der gleichen Geschwindigkeit wie die Elektroden selbst abbrannte.

Die Erfindung der elektrischen Bogenlampe bedeutete jedoch noch keinesfalls eine Revolution in der Entwicklung der Beleuchtung. Sie kam erst mit der Erfindung und Einführung der elektrischen Glühbirne, die wiederum von einer völlig anderen Naturerscheinung, nämlich dem Glühen von Draht bei Stromdurchfluß, ausging. Obwohl in einer Reihe von Versuchen (wie zum Beispiel H. Goebel 1854, J. W. Swan 1860) der Nachweis erbracht worden war, daß sich als Glühkörper Platin, Kohlestäbe, kohlestoffüberzogene Bambusfasern und Pappstreifen verwenden ließen, konnte sich die neue Erfindung erst in den siebziger Jahren des 19. Jahrhunderts durchsetzen. Die Gründe waren, daß man vorher kein Mittel besaß, ein Vakuum im Kolben der Lampe zu erzeugen, und daß die Glühkörper sehr teuer und zugleich recht kurzlebig waren.

Erst die Arbeiten von A. N. Lodygin (1873) und von Th. A. Edison (1879) führten zur Lösung der technischen Aufgabe, eine brauchbare elektrische Beleuchtung zu schaffen.

Der Übergang von einem technischen Mittel (in unserem Beispiel der Gaslampe) zu einem anderen (der Glühbirne) ist eine *Revolution in der Entwicklung des betreffenden technischen Mittels*. Im konkreten Einzelfall kann dieser Prozeß recht langwierig verlaufen.

Das Studium des Geschichte der menschlichen Gesellschaft zeigt uns, daß im Produktionsprozeß laufend neue technische Aufgaben entstehen. Mit der Erfindung technischer Mittel schaffen die Menschen gleichzeitig auch die technischen Voraussetzungen für die Lösung solcher Aufgaben. Die Realisierung der technischen Möglichkeiten hängt jedoch von den sozialökonomischen Bedingungen ab, die der Einführung der neuen technischen Mittel entweder entsprechen oder auch widersprechen können. Die Naturwissenschaften zeigen lediglich mögliche Lösungsvarianten für eine bestimmte technische Auf gabe. Das Tempo, der Charakter und die Richtung der technischen Entwicklung werden indessen von gesellschaftlichen und ökonomischen Gesetzen bestimmt. Die Geschichte der Technik kennt eine Fülle von Beispielen, wie wertvollen Entdeckungen und Erfindungen die breite Anwendung versagt blieb, weil die erforderlichen sozial-ökonomischen Bedingungen fehlten. Die gleiche Geschichte der Technik beweist ferner, daß die Menschen wegen althergebrachter Traditionen nicht immer die Keime des Neuen in der Entwicklung der Technik klar erkennen. Ein Beispiel dafür ist die Geschichte des ersten, von dem russischen Erfinder A. F. Možajskij konstruierten Flugapparates. 1878 reichte er bei der Hauptverwaltung für Ingenieurwesen einen schriftlichen Bericht mit einer Skizze und einem Entwurf des von ihm gebauten Flugapparates ein. Zur Prüfung seines Vorschlages wurde eine Kommission berufen, die unter dem Vorsitz von Professor G. Pauker stand. Diese Kommission, die sich auf die herkömmlichen Ansichten stützte, kam zu dem Urteil, daß Versuche mit dem von Možajskij konstruierten Flugapparat „zu keinerlei praktischen Resultaten führen könnten, wenn er (Možajskij) nicht einen Apparat nach völlig anderen Prinzipien baut, nämlich mit beweglichen Flügeln, die nicht nur ihre Stellung gegenüber der Gondel ändern können, sondern darüber hinaus während der Ausführung des Fluges eine andere Form annehmen können."[19] Mit anderen Worten, man empfahl Možajskij, einen Flugapparat mit Schwingflügeln zu bauen. Die weiteren Versuche Možajskijs und die gesamte Praxis des späteren Flugzeugbaus haben aber die Richtigkeit der von Možajskij zugrunde gelegten Prinzipien bestätigt.

Eine konservative Haltung in der Technik erklärt sich vielfach daraus, daß vom Menschen gefundene rationale Formen von Instrumenten und von ihm ausgearbeitete effektive Methoden der Arbeitsausführung oftmals lange Zeiträume ohne wesentliche Veränderungen überdauern können. So wurden so einfache Werkzeuge wie Hammer, Schaufel, Zange u. a. bereits über Jahrtausende hinweg von Generation zu Generation weitergegeben.

Dennoch entstehen im allgemeinen die Elemente der neuen technischen Mittel bereits vor ihrer eigentlichen Verwendung. Der Grund ist darin zu sehen, daß die Suche nach einem neuen Prinzip und die Entwicklung eines neuen technischen Mittels nach diesem Prinzip in die evolutionäre Entwicklungsphase der bereits in Anwendung befindlichen technischen Mittel fallen. Hier zeigt sich, wie recht Marx hatte, wenn er sagt, daß „sich die Menschheit immer nur Aufgaben stellt, die sie lösen kann,

[19] Aleksandr Fedorovič Možajskij – Schöpfer des ersten Flugapparates, Moskva 1955, S. 57.

denn genauer betrachtet wird sich stets finden, daß die Aufgabe selbst nur entspringt, wo die materiellen Bedingungen ihrer Lösung schon vorhanden oder wenigsten im Prozeß ihres Werdens begriffen sind."[20]

Bei der Vervollkommnung der Technik können sich die Menschen von den unterschiedlichsten Zielen leiten lassen, doch wird ihnen Erfolg nur dann beschieden sein, wenn sie die technischen Erfordernisse der Produktion begreifen und die Widersprüche erkennen, die bei der Lösung technischer Aufgaben entstehen, und wenn sie, gestützt auf die moderne Wissenschaft und die Errungenschaften der technischen Disziplinen, Lösungen anstreben, die sämtlichen Faktoren Rechnung tragen, die die Entwicklung der Technik beeinflussen.

Jedes technische Mittel durchläuft in seiner Entwicklung mehrere Perioden: Auf der Grundlage der Praxis der Menschen und der bis dahin gesammelten Erfahrungen entsteht auf einem bestimmten Wissensstand die Idee, sich ein bestimmtes Gesetz bzw. eine bestimmte Naturerscheinung zunutze zu machen Das löst die entsprechenden Entwicklungsarbeiten und Versuche aus. Die Konstruktion wird bis zur Einsatzfähigkeit weitergeführt, bis schließlich ein neues, auf einem anderen Naturgesetz oder einer anderen Naturerscheinung beruhendes technisches Mittel das alte verdrängt.

Weiter oben hatten wir die Entwicklung einzelner technischer Mittel verfolgt und dabei ihre evolutionären und revoliutonären Phasen vorgeführt. Doch gibt es nicht nur in der Geschichte der einzelnen technischen Mittel, sondern auch in der Struktur der in der gesellschaftlichen Produktion eingesetzten Technik revolutionäre Umwälzungen, die allgemein als technische Revolutionen bezeichnet werden. Gerade diese technischen Revolutionen sind es, die zur Herausbildung einer neuen, höheren Struktur (Entwicklungsstufe) der Technik führen, die ihrerseits einer neuen Produktionsweise entspricht. Um jedoch die neue Produktionsweise endgültig zum Siege führen zu können, bedarf es einer Revolution der Produktion, die die Folge und Fortführung der technischen Revolution ist.

[20] Marx/Engels, Werke, Band 13, Berlin 1961, S. 9.

Die Wechselbeziehungen zwischen Technik, Produktivkräften und materiell-technischer Basis der Gesellschaft

Um die Erscheinungen klar umreißen zu können, die mit der technischen Revolution und der Revolution der Produktion zusammenhängen, müssen die Bestandteile und das Wesen der Produktivkräfte genauer untersucht werden. In letzter Zeit sind in der Sowjetunion zahlreiche Arbeiten erschienen, in denen diese Fragen sehr unterschiedlich beleuchtet werden. Der Ausgangspunkt für ihr richtiges Verständnis muß unserer Meinung nach folgende berühmte Feststellung von K. Marx sein: „Dank der einfachen Tatsache, daß jede neue Generation die von der alten Generation erworbenen Produktivkräfte vorfindet, die ihr als Rohmaterial für neue Produktion dienen, entsteht ein Zusammenhang in der Geschichte der Menschen, entsteht die Geschichte der Menschheit, die um so mehr Geschichte der Menschheit ist, je mehr die Produktivkräfte der Menschen und infolgedessen ihre gesamten Beziehungen wachsen."[21] Ungeachtet der Tatsache, daß die menschliche Gesellschaft in ihrer langen Geschichte immer wieder gewaltigen Erschütterungen ausgesetzt war – ganze Zivilisationen und Völkerschaften wurden hinweggerafft –, entwickelten sich die Produktivkräfte dennoch in Richtung des gesellschaftlichen Fortschrittes, in Richtung der Schaffung der kommunistischen Produktionsweise. Denn der Kommunismus wird die Menschheit für immer vor der Zerstörung ihrer Produktivkräfte bewahren.

Was die Zusammensetzung der Produktivkräfte betrifft, so gibt es in der sowjetischen Literatur zwei klar voneinander getrennte Ansichten.[22] Die einen meinen, daß zu den Produktiv-

[21] Marx/Engels, Werke, Band, 27 Berlin 1963, S. 452–53.

[22] Voprosy filosofii, 4/1957, 1–2/1958, 1/1959, Vestnik Leningradskogo universiteta, Serija ekonomiki, filosofii i prava 5/1960; Naučnye doklady vysšej školy, Filosofskie nauki 3/1963. Von gewissem Interesse sind auch folgende Dissertationsschriften zur Erlangung des Grades eines Doktors der Wissenschaft: I. G. Ponomareva, Die Schaffung und Entwicklung der Produktivkräfte des Sozialismus, Leningrad 1963; I. N. Jastremskij, Die Produktivkräfte der Gesellschaft, Rostov na Donu 1963; E. Lassov, Über die Kategorien der gesellschaftlichen Produktivkräfte und

kräften zwei Elemente gehören, nämlich die Menschen (Arbeiter) und die Arbeitsmittel, während die anderen Autoren diesen beiden Elementen noch ein drittes, die Arbeitsgegenstände, hinzufügen. Ohne uns hier in eine Polemik einlassen zu wollen, möchten wir bemerken, daß uns der erste Standpunkt als der richtige erscheint.

In unseren weiteren Ausführungen werden wir davon ausgehen, daß es die Produktivkräfte sind, die auf die Arbeitsgegenstände zur Gewinnung von materiellen Gütern einwirken. Die materielle Produktion umfaßt die Produktivkraft des Menschen (nicht aller Mitglieder der Gesellschaft, sondern nur derjenigen, die mit der Produktion zu tun haben) und die Arbeitsmittel, die aus den natürlich entstandenen und den künstlich geschaffenen (technischen Mitteln) bestehen.

In ihrer Produktionstätigkeit wirken die Menschen nicht nur auf den Arbeitsgegenstand, sondern auch auf die technischen Mittel ein, indem sie sie ständig vervollkommnen und erneuern. Gleichzeitig ändert sich die Produktivkraft des Menschen, und sei es nur deshalb, weil die Bevölkerung der Erde ständig zunimmt und immer mehr Menschen in die Produktionssphäre einbezogen werden. Deshalb verfügt die Gesellschaft in jeder Periode über quantitativ und qualitativ unterschiedliche Produktivkräfte, so daß sie in jeder historischen Periode und in jedem Lande durch andere Zahlenwerte charakterisiert sind. Marx führt in seiner Arbeit „Das Elend der Philosophie" dazu ein sehr interessantes Beispiel an, nämlich die Entwicklung der Produktivkräfte Englands gegen Ende des 18. und zu Beginn des 19. Jahrhunderts. Nach den Berechnungen von Marx hatte Großbritannien um 1770 etwa 15 Millionen Einwohner, der produktive Anteil betrug aber nur 3 Millionen. Die Produktivkraft der technischen Mittel (bei Marx die Leistungsfähigkeit der technischen Produktivkräfte) war 12 Millionen Menschen gleichzusetzen (unter der Annahme, daß sie Handarbeit

die materiell-technische Basis der Gesellschaft, Leningrad 1965. Eine zusammenfassende Verallgemeinerung ist die Dissertationsschrift zur Erlangung des Grades eines Doktors der Wissenschaften von V. Marachov, Struktur und Entwicklung der Produktivkräfte der Gesellschaft, Leningrad 1969. Diese Arbeiten enthalten umfassende Literaturangaben zu der hier behandelten Problematik.

verrichten). Auf diese Weise konnte die Gesamtmenge der Produktivkräfte Englands mit 15 Millionen Menschen angegeben werden.

1840 hatte England etwa 30 Millionen Einwohner mit einem produktiven Anteil von 6 Millionen. Wegen der breiten Einführung neuer technischer Mittel hatte sich deren Produktivkraft gewaltig erhöht und konnte nun 650 Millionen Menschen gleichgesetzt werden. Das heißt, daß die Gesamtproduktivität Englands im Jahre 1840 auf den Wert von 656 Millionen Menschen angestiegen war. Durch die Entwicklung der Produktivkräfte, speziell der Produktivkraft der technischen Mittel, konnte die englische Gesellschaft 1840 27mal mehr Waren produzieren als 1770.[23]

Wir stellen fest, daß die Produktivkraft der Menschen relativ langsam zunimmt, die der technischen Mittel dagegen außerordentlich rasch. Hatte sich in England in einer Entwicklung von siebzig Jahren die Produktivkraft der Menschen lediglich verdoppelt, so war die der technischen Mittel im gleichen Zeitraum um mehr als das 54fache angestiegen.

Das wichtigste Element der Produktivkräfte sind aber dennoch die Menschen als Produzenten von materiellen Gütern. Auch wenn die technischen Mittel einen steigenden Anteil innerhalb der Produktivkräfte ausmachen, gewinnt dennoch der Mensch als Element der Produktivkräfte eine immer größere Bedeutung, weil gerade er immer bessere und mächtigere technische Mittel schafft und in Betrieb nimmt. Das hat seine Ursache darin, daß sich mit der weiteren Entwicklung der Produktivkräfte nicht nur die technischen Mittel, sondern auch die Menschen selbst verändern. Ihre Qualifizierung erhöht sich, ihre Erfahrungen nehmen zu, ihre Fertigkeiten und Kenntnisse erweitern sich, und ihre Ideologie festigt sich. Selbst die Stimuli, die sie veranlassen, ihr Produktionskönnen zu verbessern und die technischen Mittel zu vervollkommnen, sind andere. So waren in der Periode des Feudalismus die Merkmale der Handwerker die Eigentümerideologie und die Konkurrenz, die sie zur ständigen Vervollkommnung ihrer handwerklichen Fertigkeit und ihrer Erzeugnisse zwangen. Der Arbeiter der Manufaktur bewahrte zwar noch

[23] Vgl. Marx/Engels, Werke, Band 4, Berlin 1959, S. 122.

Reste der Eigentümerideologie, aber die Konkurrenz um meisterliches Können ließ nach und zusammen damit auch allmählich das Interesse an der Arbeit als praktizierte Meisterschaft. Im Fabriksystem hat der Arbeiter eine proletarische Ideologie, und die Konkurrenz der Handwerker wird hier zur Konkurrenz der Arbeiter um den Arbeitsplatz.

Unter den Bedingungen des Sozialismus fordern neue Arbeitsformen von den Arbeitern eine höhere Qualifikation, und die Konkurrenz weicht dem sozialistischen Wettbewerb. Der Arbeiter der sozialistischen Gesellschaft besitzt eine sozialistische Ideologie, auch wenn noch eine bestimmte Zeit erforderlich ist, um im Bewußtsein der Menschen die Überbleibsel des Kapitalismus zu überwinden. Die Merkmale des Werktätigen der kommunistischen automatisierten Produktion werden sein: allseitige Entwicklung, polytechnische Bildung, hohe Qualifikation, kommunistische Ideologie, Interesse an der eigenen Arbeit als praktizierte Meisterschaft und hohes Können.

Die Produktivkräfte der Menschen entwickeln sich einmal als Folge der sich unter den jeweiligen sozialen Bedingungen (Proletarier der kapitalistischen Fabrik – Arbeiter der sozialistischen Produktion) vollziehenden Veränderungen und zum anderen als Folge der Veränderung der technischen Mittel und ihrer Organisation (Teilarbeiter der kapitalistischen Manufaktur, Maschinenarbeiter der kapitalistischen Fabrik – Arbeiter des sozialistischen Betriebes, Werktätiger der kommunistischen Produktion). Die zuerst genannten Veränderungen sind stets die Folgen sozialer Umwälzungen, die letzteren nehmen ihren neuen Charakter hingegen, wie weiter unten zu zeigen sein wird, im Ergebnis technischer Revolutionen und Revolutionen der Produktion an.

Nachdem wir also unsere Auffassungen vom Wesen und von den Elementen der Produktivkräfte dargelegt haben, wollen wir uns nun den Problemen zuwenden, die mit dem Begriff der materiell-technischen Basis der Gesellschaft zusammenhängen. Dies ist um so dringlicher, als in letzter Zeit eine umfangreiche Literatur erschienen ist, in der der Begriff „materiell-technische Basis der Gesellschaft“, insbesondere der kommunistischen Gesellschaft, recht unterschiedlich definiert wird.

Die These, daß sich jede sozial-ökonomische Formation auf ihre materiell technische Basis stützt, wurde erstmalig von Marx und Engels wissenschaftlich formuliert. Beim Studium der Gesetze des Kapitalismus hatten sie gezeigt, daß sich in einer bestimmten historischen Periode die materiell-technische Basis herausgebildet hatte, die dem maschinellen Großbetrieb angemessen war.

V. I. Lenin führt in seiner Definition der materiellen Grundlage der sozialistischen Gesellschaftsordnung folgendes aus: „Die einzige materielle Grundlage des Sozialismus kann nur die maschinelle Großindustrie sein, die imstande ist, auch die Landwirtschaft zu reorganisieren. Aber auf diesen allgemeinen Leitsatz darf man sich nicht beschränken. Man muß ihn konkretisieren. Eine Großindustrie, die dem Stand der modernen Technik entspricht und imstande ist, die Landwirtschaft zu reorganisieren, bedeutet Elektrifizierung des ganzen Landes.“ [24]

Infolge der mächtigen Entwicklung der Produktivkräfte, der sozialistischen Industrialisierung und der Kollektivierung der Landwirtschaft entstand in der UdSSR die materiell-technische Basis des Sozialismus, deren Merkmale die moderne maschinelle Industrie und die mechanisierte Großlandwirtschaft sind.[25] Sozial-ökonomisch gesehen entspricht der materiell-technischen Basis des Sozialismus das gesellschaftliche Eigentum an den Produktionsmitteln, aus der Sicht der technologischen Produktionsweise das maschinelle Fabriksystem.

Gegenwärtig schreitet die UdSSR über den Sozialismus zum Kommunismus voran, setzt ein gewaltiges Wachstum neuer Produktivkräfte ein, die der kommunistischen Produktionsweise entsprechen. Unter diesen Bedingungen muß man, gestützt auf das gesellschaftliche Eigentum an den Produktionsmitteln, auch die technologische Seite der Produktionsweise ändern und eine materiell-technische Basis schaffen, die der neuen kommunistischen Produktionsweise adäquat sein wird.

Die Forscher richteten ihre Aufmerksamkeit auf das Problem der materiell-technischen Basis der Gesellschaft

[24] V. I. Lenin, Werke, Band 32, Berlin 1970, S. 481.

[25] Die KPdSU in Resolutionen und Beschlüssen der Parteitage, Konferenzen und Plenen, Teil IV, Moskva 1960, S. 225.

besonders nach dem XXI. Parteitag der KPdSU, auf dem folgendes festgestellt wurde: „Das Sowjetvolk hat unter der Führung der Partei in allen Gebieten des ökonomischen und gesellschaftlich-politischen Lebens derartige Siege des Sozialismus errungen, daß die Möglichkeit gegeben ist, die Schaffung der materiell-technischen Basis der kommunstischen Gesellschaft in Angriff zu nehmen und planmäßig zum Kommunismus überzugehen."[26] Das Studium der nach dem XXI. Parteitag der KPdSU herausgekommenen Literatur zeigt jedoch, daß das Problem der materiell-technischen Basis der Gesellschaft theoretisch noch nicht genügend ausgearbeitet ist. Die Hauptstreitfrage, um die es dabei geht, ist die Definition des Begriffes „materiell-technische Basis der Gesellschaft."
A. A. ZVORYKIN charakterisiert zum Beispiel die materiell-technische Basis des Kommunismus als eine „Entwicklung sämtlicher Arbeitsmittel und gesellschaftlicher Proportionen der Arbeit, die ein automatisiertes System selbstregelnder Maschinen, das auf der allseitigen Ausnutzung der Elektroenergie beruht, zur Grundlage der Produktion macht."[27] A. A. ZVORYKIN[28], und ihm schließen sich zahlreiche Wissenschaftler an[29], versteht unter dieser Basis, wie aus weiteren Präzisierungen hervorgeht, den Produktionsapparat, der sich aus Arbeitsmitteln, Arbeitsgegenständen und wissenschaftlichen Mitteln zusammensetzt. Diese Auffassung von der materiell-

[26] Der außerordentliche XXI. Parteitag der KPdSU, Stenographischer Bericht, Teil II, Moskva 1959, S. 443.

[27] A. A. Zvorykin, Die Errichtung der materiell-technischen Basis des Kommunismus in der UdSSR, Moskva 1959, S. 11.

[28] Ders., Die materiell-technische Basis des Kommunismus, in: Voprosy filosofii, 5/1960, S. 28–29.

[29] L. Leont'ev, Der technische Fortschritt und die Errichtung der materiell-technischen Basis des Kommunismus, in: Kommunist, 18/1959; N. E. Poljakov, Wege zur Errichtung der materiell-technischen Basis des Kommunismus, in: Naučnye raboty kafedr političeskoj ekonomii vuzov g. Charkova, 3/1963; B. A. Volkov, Die Entwicklung der Industrie und die Errichtung der materiell-technischen Basis des Kommunismus, Moskva 1963; I. I. Karpeev, Die Errichtung und Entwicklung der materiell-technischen Basis des Kommunismus, Gor'kij 1963; B. M. Bazujev, Das Fundament des Kommunismus, Moskva 1964.

technischen Basis des Kommunismus ist jedoch bei zahlreichen anderen Wissenschaftlern auf Widerspruch gestoßen. So wird unter anderem die Meinung vertreten, daß die Arbeitsgegenstände nicht zur materiell-technischen Basis der Gesellschaft gehören.[30] Nach der Definition von I. A. TICHONOV ist beispielsweise „die materiell-technische Basis der Gesellschaft der Produktionsapparat der Zweige der materiellen Produktion des Landes, der durch Umfang, Struktur, technisches Niveau sowie Organisation und Ausrichtung der Entwicklung charakterisiert wird."[31]

Es wird auch der Standpunkt vertreten, daß zum Begriff der materiell-technischen Basis neben der dinglichen Seite der Produktion auch die Qualifizierung der technischen Kader gehört, womit die materiell-technische Basis der Gesellschaft mit ihren Produktivkräften gleichgesetzt ist. So definiert I. KASICKIJ die materiell-technische Basis des Kommunismus wie folgt: „Konkret ist dies die Gesamtheit aller modernen Arbeitsmittel und Arbeitsgegenstände, vereint mit einem kulturell-technischen Niveau der Werktätigen und einer umfassenden Anwendung der Wissenschaft in der Produktion, so daß ein Höchststand der Arbeitsproduktivität gewährleistet ist."[32]

Etwas später betonte I. KASICKIJ in seinem Artikel „Die grundlegenden Züge der materiell-technischen Basis des Kommunismus" noch einmal ausdrücklich, daß zur materiell-technischen Basis des Kommunismus auch unbedingt der Mensch mit seinen physischen und geistigen Fähigkeiten zu rechnen sei.[33]

Die unterschiedlichen Standpunkte, die es zur Frage der materiell-technischen Basis der Gesellschaft gibt, werden in

30 S. S. Il'in, Die Errichtung der materiell-technischen Basis des Kommunismus in der UdSSR, Moskva 1961; L. J. Berri, A. S. Tolkačev, Die materiell-technische Basis des Kommunismus, Moskva 1960.

31 I. A. Tichonov, Die materiell-technische Basis des Kommunismus und die Arbeitsproduktivität, Moskva 1963, S. 21.

32 I. Kasickij, Über die Kategorie „Materiell-technische Basis des Kommunismus", in: Voprosy ekonomiki, 1/1961, S. 92–93.

33 Ders., Die grundlegenden Züge der materiell-technischen Basis des Kommunismus, in: Kommunist, 5/1962, S. 96.

einer Monographie einer ausführlichen Analyse unterzogen Dort wird betont, daß sich die materiell-technische Basis der Gesellschaft „als die Gesamtheit der dinglichen Elemente der Produktivkräfte bestimmen läßt, die auf der Grundlage historisch bestimmter Prinzipien der Organisation, Produktion und Technologie organisch miteinander verbunden sind, wobei diese Prinzipien ihrerseits durch die herrschenden Produktionsverhältnisse und durch das in der Entwicklung von Wissenschaft und Technik erreichte Niveau bedingt sind. Die materiell-technische Basis ist die Gewähr dafür, daß die Gesellschaft ihre volle sozial-ökonomische Reife erlangt und im Niveau der gesellschaftlichen Arbeitsproduktivität die vorangegangenen sozial-ökonomischen Formationen übertrifft."[34]

Die Einbeziehung bzw. Nichteinbeziehung der Arbeitsgegenstände in den Begriff der materiell-technischen Basis der Gesellschaft erklärt sich offensichtlich aus den unterschiedlichen Auffassungen vom Charakter der dinglichen Elemente der Produktivkräfte. Wir sind der Ansicht, daß die Arbeitsgegenstände zwar nicht Element der Produktivkräfte sind, aber doch vollständig in den Begriff der materiell-technischen Basis der Gesellschaft eingehen. Und gerade darin liegt der Hauptunterschied zwischen der materiell-technischen Basis der Gesellschaft und der Struktur (Entwicklungsstufe) ihrer Technik, den dinglichen Elementen der Produktivkräfte.

Gleichzeitig glauben wir, daß sich die Forscher in einem Irrtum befinden, vor allem K. Tessmann, die die materiell-technische Basis der Gesellschaft nur mit einem Teil der Produktivkräfte gleichsetzen. So umfaßt nach den Worten von K. Tessmann die materiell-technische Basis „die gesellschaftlich produzierten materiellen Mittel und Verfahren der Produktion und der Wissenschaften und ist Bestandteil der gesellschaftlichen Produktivkräfte."[35] Uns scheint dieser Stanpunkt den Begriff der materiell-technischen Basis der Gesellschaft etwas einzuengen. Nicht nur die (vom Menschen geschaffenen) Arbeitsgegenstände, sondern auch die natürlichen Reichtümer, über die eine Gesellschaft verfügt, haben für die

[34] Die materiell-technische Basis der Länder des Kommunismus, Moskva 1967, S. 8.

[35] K. Tessmann, a. a. O., S. 133–34.

Errichtung der erforderlichen materiell-technischen Basis der Gesellschaft eine ausschlaggebende Bedeutung.

Das Niveau der materiell-technischen Basis hängt vom natürlichen Reichtum ab, über den eine Gesellschaft verfügt. Die erkundeten Minerallagerstätten, die erfaßten Wasserreserven, der landwirtschaftlich nutzbare Boden, die großen Waldungen, sie alle bestimmen im hohen Grade die Standortverteilung der Volkswirtschaftszweige, die Versorgung des Landes mit Arbeitsgegenständen und somit auch das Niveau der materiell-technischen Basis der Gesellschaft.

Mit der voranschreitenden Entwicklung erkennen die Menschen in immer stärkerem Maße die Gesetze und Erscheinungen der Natur, sie machen sie sich zunutze und setzen sie in der Produktion der materiellen Güter ein. In bestimmten Etappen der Menschheitsgeschichte kommt der Wissenschaft die entscheidende Bedeutung in der Erzeugung der technischen Mittel zu. Und um andererseits die wissenschaftlichen Probleme lösen zu können, schaffen und verwenden die Menschen die erforderlichen technischen Forschungsmittel. Mit anderen Worten, die Wissenschaft bedarf einer materiell-technischen Ausstattung. Deshalb ist bei der Definition des Begriffes „materiell-technische Basis der Gesellschaft" auch die materiell-technische Ausstattung der Wissenschaft zu berücksichtigen.

Somit läßt sich die materiell-technische Basis der Gesellschaft definieren als die Gesamtheit der Produktionsmittel (Arbeitsgegenstände und Arbeitsmittel), der verwendeten Energieformen, der herrschenden technologischen Produktionsweise, der erforderlichen Forschungsmittel sowie aller natürlichen von der Gesellschaft bereits erschlossenen Reserven. Deshalb zeichnet sich jede sozial-ökonomische Formation nicht nur durch ihr spezifisches Entwicklungsniveau der Produktivkräfte aus, sondern auch durch ihre besondere materiell-technische Basis. Den einzelnen Elementen der materiell-technischen Basis muß dabei in den verschiedenen historischen Epochen durchaus nicht die gleiche Bedeutung zukommen.

Die Wechselbeziehungen zwischen den technischen Revolutionen und den Umwälzungen in der Produktion

In der modernen Literatur, und zwar sowohl in der sowjetischen als auch der ausländischen, gibt es keine klare Definition der Begriffe „technische Revolution“, „industrielle Revolution“ und „Revolution der Produktion“. In der Regel wenden die Forscher, wenn sie die Erscheinungen behandeln, die mit der stürmischen Entwicklung von Wissenschaft und Technik zusammenhängen, ihr Hauptaugenmerk auf die grundlegenden Richtungen der gegenwärtigen wissenschaftlich-technischen Revolution, ohne die gewählten Termini hinreichend zu begründen. Deshalb wollen wir zunächst versuchen, die genannten drei Termini zu definieren und die Beziehungen zwischen ihnen zu klären.

Um die hier behandelten Fragen richtig beleuchten zu können, müssen wir auf Erfahrungen aus der Geschichte zurückgreifen und sie im Lichte der Arbeiten der Klassiker des Marxismus-Leninismus analysieren.

Bekanntlich hat die Menschheit bereits viele Umwälzungen durchmachen müssen, die ihre Ursachen in großen technischen Erfindungen und ihrer Nutzbarmachung in der Produktion hatten. Die Erfindung der Arbeitsmaschinen, der Dampfmaschinen und der für ihre Zeit exakt arbeitenden metallverarbeitenden Maschinen gegen Ende des 18. und zu Beginn des 19. Jahrhunderts hatte in Verbindung mit der ihr auf dem Fuße folgenden maschinellen Technik bald die technologische Seite der bisherigen Produktionsweise und ihre soziale Struktur von Grund auf geändert. Diese Ereignisse erhielten die Bezeichnung „industrielle Umwälzung“. Ihre Ursachen, ihre Bedeutung und ihre Folgen wurden von den Begründern des Marxismus-Leninismus ausführlich analysiert.

Dennoch findet sich in vielen Arbeiten eine vereinfachte Darstellung dieser industriellen Umwälzung, die Ende des 18. und Anfang des 19. Jahrhunderts stattgefunden hatte. Sie wird nämlich mitunter einfach mit drei Erfindungen gleichgesetzt: dem mechanischen Webstuhl, der Dampfmaschine und dem mechanischen Werkzeugschlitten der Drehbank. Wendet man sich jedoch den Arbeiten von Marx, Engels und Lenin zu, so kann man sich leicht davon überzeugen, daß eine solche Vereinfachung fehlerhaft ist.

„Dieser Teil der Maschinerie, die Werkzeugmaschine ist“, schreibt Karl Marx, „ist es, wovon die industrielle Revolution im 18. Jahrhundert ausgeht. Sie bildet noch jeden Tag von neuem den Ausgangspunkt, sooft Handwerksbetrieb oder Manufakturbetrieb in Maschinenbetrieb übergeht.“[36]

Und in seinen Ausführungen über die Dampfmaschine, deren Erfindung im 18. Jahrhundert von der Notwendigkeit diktiert war, größere mechanische Vorrichtungen in Gang zu setzen und die Fabriken von den Flußläufen unabhängig zu machen, weist Marx noch auf folgendes hin: „Die Dampfmaschine selbst, wie sie Ende des 17. Jahrhunderts während der Manufakturperiode erfunden ward und bis zum Anfang der 80er Jahre des 18. Jahrhunderts fortexistierte, rief keine industrielle Revolution hervor. Es war vielmehr umgekehrt die Schaffung der Werkzeugmaschinen, welche die revolutionierte Dampfmaschine notwendig machte.“[37]

Wir sehen also, daß die Dampfmaschine nicht von sich aus bzw. ihre Erfindung ein Element der industriellen Revolution war. Sie löste lediglich eine industrielle Revolution aus, und dies nicht mit einem Schlage, sondern erst nach der Schaffung von Arbeitsmaschinen. Eben deshalb räumte Marx der Dampfmaschine auch nur den zweiten Platz ein. Würden die Dampfmaschine und die Arbeitsmaschine als solche tatsächlich den Inhalt der industriellen Revolution bilden, so müßte die Dampfmaschine, da sie als erste erfunden wurde, auch an erster Stelle stehen.

Das grundlegende Element, von dem die industrielle Revolution des 18. Jahrhunderts ihren Ausgang nahm, war die Arbeitsmaschine. Sie machte es möglich, „nicht irgendein besonderes Werkzeug, sondern die menschliche Hand selbst zu ersetzen und „Maschinen durch Maschinen (zu) produzieren“.[38]

Aber die Ausgangspunkte der industriellen Revolution erschöpfen noch nicht ihr Wesen. Unter der industriellen

[36] Marx/Engels, Werke, Band 23, 1962, S. 393.
[37] Ebenda, S. 395. [38] Ebenda, S. 405/6.

Revolution verstand K. Marx eigentlich den Übergang zu einer neuen technologischen Produktionsweise: „So erlebt England", schreibt er, „gegenwärtig in der kolossalen Produktionssphäre des »Wearing Apparel« wie in den meisten übrigen Gewerken, die Umwälzung der Manufaktur, des Handwerks und der Hausarbeit im Fabrikbetrieb ... Diese naturwüchsig vorgehende industrielle Revolution wird künstlich beschleunigt ..."[39]

Das Wesen der industriellen Revolution Ende des 18. und Anfang des 19. Jahrhunderts wurde folglich nicht durch die technischen Erfindungen bestimmt, sondern von den *grundlegenden Veränderungen der materiell-technischen Seite der Produktionsweise und den damit einhergehenden sozialen Verschiebungen.*

Die alte Produktionsstätte war die Manufaktur, die neue die mit Maschinen ausgestattete Fabrik. Die industrielle Umwälzung Ende des 18. und Anfang des 19. Jahrhunderts war somit der revolutionäre Übergang vom Manufaktur- zum Fabrikbetrieb. Im Gefolge dieser Umwälzung veränderte sich auch die soziale Struktur der Gesellschaft. Es bildete sich die Klasse des Proletariats heraus, neue Produktionsverhältnisse gewannen die Oberhand, der Kapitalismus erreichte als sozialökonomische Formation seine volle Blüte und wurde zur weltweit herrschenden Ordnung.

Der grundlegende Inhalt einer industriellen Revolution ist die Veränderung der technologischen Seite der Produktionsweise, die ihrerseits zu einer prinzipiell neuen gesellschaftlichen Kategorie von Produzenten führt, so daß sich neue Produktionsverhältnisse und neue soziale Bedingungen herausbilden und schließlich durchsetzen.

Da Endes des 18. und Anfang des 19. Jahrhunderts die Veränderung der gesellschaftlichen Beziehungen zuerst in der Industrie einsetzte und erst später auf den Transport und auf die Landwirtschaft übergriff, erhielt dieser Prozeß die Bezeichnung „industrielle Revolution" (industrial revolution).[40]

Heute hat die gesamte Produktion, die Landwirtschaft einbegriffen, industriellen Charakter. Deshalb sollten die Prozesse

39 Ebenda, S. 498.

40 Einige Forscher sind der Ansicht, daß man in der russischen Sprache den Terminus „promyšlennaja revoljucija" durch den

die in der Periode des Übergangs vom klassischen Fabriksystem zur komplexautomatisierten Produktion den Bruch der alten gesellschaftlichen Beziehungen eingeleitet haben, unserer Meinung nach richtiger als *Revolution der Produktion* bezeichnet werden. Zudem vollzogen sich, wie im folgenden Kapitel zu zeigen sein wird, ähnliche Prozesse bereits in früheren Entwicklungsstadien der Produktion, als es noch keine Industrie im eigentlichen Sinne gab. Deshalb werden wir im folgenden den Terminus „Revolution der Produktion" verwenden, von der ein spezieller Fall die industrielle Revolution Ende des 18. und Anfang des 19. Jahrhunderts war.

Die Revolution der Produktion an der Wende vom 18. zum 19. Jahrhundert war möglich, weil die Anwendung dampfgetriebener Arbeitsmaschinen grundlegende technische Veränderungen herbeigeführt hatte, die ihrerseits die Voraussetzung für die Herausbildung einen neuer Struktur (Entwicklungsstufe) der Technik waren.

Nicht alle Erfindungen, die Eingang in die Produktion finden, vermögen die Struktur der Technik von Grund auf zu verändern. Der Inhalt einer technischen Revolution wird vielmehr nur von den Erfindungen geprägt, die dazu beitragen, Funktionen, die bisher im Arbeitsprozeß vom Menschen ausgeführt wurden, technischen Mitteln zu übertragen.

In seinen Ausführungen über die Geschichte der Erfindungen betonte MARX, daß man besonders auf die Erfindungen achten müsse, die die Produktionsweise revolutionieren, da nicht alle Arbeitsinstrumente und Maschinen die Struktur der Technik grundlegend wandeln. So wurden beispielsweise bereits in der Manufakturperiode, und in vielen Fällen auch lange davor, Pumpen für den Abzug von Grubenwasser eingesetzt. Sie haben jedoch nicht die Produktionsweise insgesamt revolutioniert, sondern lediglich die technischen Mittel der

Terminus „industrial'naja revoljucija" ersetzen müsse (G. N. Volkov, Zeitalter der Roboter oder Zeitalter des Menschen?, Moskva 1965, S. 139–40). Ein solcher Austausch der Termini kann aber schon einfach deshalb nichts ergeben, weil heute das lateinische Wort „industria", ursprünglich der Fleiß und die Regsamkeit, in fast allen Sprachen der Welt die Wurzel für den Begriff „Industrie" abgibt. Das Wesentliche ist der Inhalt, der einem bestimmten Terminus verliehen wird.

Grundwasserhaltung verändert.[41] Dagegen hatte der Einsatz von Arbeitsmaschinen zunächst in der Textilindustrie und später auch im Maschinenbau sehr wohl zu einer grundlegenden Umwälzung der Struktur der Technik geführt.

Wir sehen somit, daß die Produktivkräfte in bestimmten historischen Epochen eine *technische Revolution durchmachen, deren Wesen Erfindungen sind, die nach ihrer Einführung die Arbeitsmittel, die Energieformen, die Produktionstechnologie und die allgemeinen materiellen Produktionsbedingungen* revolutionieren (grundlegend ändern). Die technische Revolution ist gleichbedeutend mit der Schaffung und Einführung technischer Mittel, die den Übergang zu einer neuen technologischen Produktionsweise vorbereiten. Aber nur unter neuen Produktionsverhältnissen löst eine *technische Revolution auch eine Revolution der Produktion aus, das heißt einen Prozeß, der auf der Grundlage neuer technischer Mittel eine Produktionsweise entstehen läßt, die sich durch eine neue Arbeitsteilung, eine neue Stellung der Produzenten und durch neue gesellschaftliche Beziehungen in der Produktion, also durch eine neue soziale Struktur der Gesellschaft auszeichnet.*

Während eine soziale Revolution zu neuen Produktionsverhältnissen und zur freien Entfaltung der Produktivkräfte führt, wandelte die technische Revolution die Produktionsmittel um, und die Revolution der Produktion, die aus der technischen Revolution hervorgewachsen ist, verhilft einer neuen Produktionsweise zum vollen Siege und zur uneingeschränkten Herrschaft. Die technische Revolution ist der Vorbote der Revolution der Produktion, die sich ohne vorausgehende technische Revolution nicht vollziehen kann. Es ist eine gewisse Zeit erforderlich, um durch die Anwendung revolutionierender Erfindungen gewissermaßen die Möglichkeiten zu schaffen, die technologische Seite der Produktionsweise samt allen eine Revolution der Produktion ausmachenden Prozessen zu verändern. So schrieb zum Beispiel V. I. Lenin in seinen Bemerkungen zur industriellen Revolution im 19. Jahrhundert in Rußland folgendes über die Entstehung des Fabrikbetriebes mit seinen Maschinensystemen: „Ein Maschinensystem erfordert ja zunächst die praktische Er-

[41] Marx/Engels, Werke, Band 23, S. 395.

probung verschiedener Maschinen, erfordert Beispiele der gleichzeitigen Verwendung vieler Maschinen."[42] Die Revolution der Produktion ist ein allmählich verlaufender Prozeß, dessen Anfang nicht genau festgestellt werden kann. Die technische Revolution läßt sich von der Revolution der Produktion nicht genau abgrenzen: letztere fängt nicht dort an, wo erstere anhört, sie wächst vielmehr aus ihr hervor.

[42] V. I. Lenin, Werke, Band 5, Berlin 1959, S. 139.

Technische Revolutionen und Revolutionen der Produktion in den vorkapitalistischen Produktionsweisen

Die von MARX begründete materialistische Auffassung vom gesellschaftlichen Leben hat es erstmalig möglich gemacht, aus der Fülle von historischen Ereignissen und Erscheinungen den gesetzmäßigen Prozeß der Entwicklung der menschlichen Gesellschaft herauszuschälen. Dieser Prozeß besteht vor allem in der Ablösung der sozial-ökonomischen Formationen, das heißt historisch bestimmter Gesellschaftssysteme bzw. besonderer Stufen der gesellschaftlichen Entwicklung, die eigene charakteristische Merkmale aufweisen.

Jede sozial-ökonomische Formation stellt eine besondere Produktionsweise dar, die sich durch eine Einheit spezifischer Produktivkräfte und Produktionsverhältnisse auszeichnet und eine eigene, nur für sie charakteristische Struktur der Technik sowie eine bestimmte Weise der Verbindung von Produzent und Produktionsmittel besitzt. Das wesentliche Merkmal der sozialen Formation sind die Arbeitsmittel, die nach MARX „nicht nur Gradmesser der Entwicklung der menschlichen Arbeitskraft sind, sondern auch Anzeiger der gesellschaftlichen Verhältnisse, worin gearbeitet wird.“[1]

Den Mechanismus, der für die Ablösung der einen Struktur der Technik durch eine andere sorgt, hatten MARX, ENGELS und LENIN vor allem für den Übergang vom Manufakturbetrieb zum maschinellen Fabrikbetrieb beschrieben. Doch ist bis heute folgende Frage noch nicht beantwortet: Gelten die von den Klassikern des Marxismus-Leninismus entdeckten Gesetzmäßigkeiten für jede sozial-ökonomische Formation, oder sind sie nur für die Entstehung des Kapitalismus charakteristisch?

[1] Marx/Engels, Werke, Band 23, Berlin 1958, S. 195.

Bei der Beantwortung dieser Frage muß man von dem reichhaltigen Material ausgehen, das bisher zur Geschichte der Technik vorliegt, und es mittels der marxistischen Methode analysieren. Das erfordert vor allem ein historisches Herangehen an die hier zur Diskussion stehenden Ereignisse und Erscheinungen und die Berücksichtigung der einzelnen Äußerungen der Begründer des Marxismus-Leninismus zu diesen Fragen.

In der sowjetischen Literatur wird in Untersuchungen zum Übergang von einer sozial-ökonomischen Formation zur anderen das Hauptaugenmerk auf die sozial-politischen und ökonomischen Veränderungen gerichtet, während Veränderungen in den Produktivkräften und in der Struktur der Technik in der Regel außer acht bleiben. Das erklärt sich unseres Erachtens bis zu einem gewissen Grade daraus, daß es bis in die jüngste Zeit hinein an Untersuchungen zur Entwicklungsgeschichte der Technik und somit auch an erforderlichem Material für entsprechende Analysen fehlte. Die inzwischen von sowjetischen Wissenschaftlern geleisteten Beiträge zur Entwicklungsgeschichte der Technik versetzen uns nun in die Lage, anhand umfassenden Faktenmaterials die Rolle der Technik in der Übergangsperiode von einer sozialökonomischen Formation zu einer anderen im historischen Prozeß ganz allgemein zu bestimmen.

Gestützt auf die Arbeiten der Begründer des Marxismus-Leninismus und in Verallgemeinerung der Untersuchungen sowjetischer Philosophen, Ökonomen, Historiker und Spezialisten auf dem Gebiete der Entwicklungsgeschichte von Wissenschaft und Technik, wollen wir nun den Versuch unternehmen, den Übergang von der Struktur (Entwicklungsstufe) der Technik der einen sozial-ökonomischen Formation zur Entwicklungsstufe (Struktur) der Technik der nächsten sozialökonomischen Formation zu verfolgen und den Mechanismus, der diesen Veränderungen zugrunde liegt, aufzudecken. Auf diese Weise können wir im weiteren Verlauf unserer Studie die gegenwärtige wissenschaftlich-technische Revolution als eine historische Erscheinung betrachten, das heißt mit anderen Worten, als das Ergebnis der Entwicklung der Produktivkräfte, der Wissenschaft und der Technik.

Die Herausbildung der Struktur der Technik in der Produktionsweise der Urgesellschaft

Die Herausbildung der menschlichen Gesellschaft war etwa vor vierzig- bis dreißigtausend Jahren zum Abschluß gekommen. Die Beherrschung des Feuers und die Verwendung roher, unbehauener Steine als Arbeitsinstrumente hatten in jener Zeit die erste Struktur der Technik entstehen lassen. Die technologische Seite der Produktionsweise bestand damals im Sammeln natürlicher Produkte, in der kollektiven Jagd und in der Beschaffung von Arbeitsinstrumenten und Waffen aus dem Rohstoff Stein. Im Produktionsprozeß gab es nur eine natürliche Arbeitsteilung (nach Geschlecht und Alter).

In Übereinstimmung mit dieser Struktur der Technik und dem Charakter der Produktivkräfte bildeten sich auch die Produktionsverhältnisse der Urgesellschaft heraus, die sich als kollektives Eigentum an den Produktionsmitteln darstellten. Diese Beziehungen eröffneten Raum und Möglichkeiten für die weitere Entwicklung der Produktivkräfte. Wenn auch langsam und zögernd, so kam es doch zu einer weiteren Vervollkommnung der Steinwerkzeuge, zu einer Differenzierung. Außerdem wurden Produktionserfahrungen gesammelt und neue Arbeitsgewohnheiten angenommen, so daß der Produzent selbst Veränderungen unterlag. Dennoch blieb die Struktur der Technik noch lange Zeit unverändert.

Um der Produktionsweise der Urgesellschaft zur allgemeinen Herrschaft verhelfen zu können, mußte ein grundlegender Wandel in der Struktur der Technik eintreten. Dieser kam mit der Erfindung von Pfeil und Bogen und später mit der Verwendung behauener, geschliffener und polierter Steinwerkzeuge, nämlich dem Steinbeil und der Steinhacke mit Schaft. Das war die erste technische Revolution, die eine neue Struktur der Technik einleitete. Sie vollzog sich etwa in der Periode zwischen dem 13. bis 4. Jahrtausend vor unserer Zeitrechnung. Die neuen technischen Mittel verschafften dem Menschen bedeutende Vorteile bei der Beschaffung der Nahrung, was zu einer grundlegenden Veränderung der menschlichen Tätigkeit führte.

Der technischen Revolution folgte eine tiefgreifende Veränderung der gesamten materiellen Produktion: Es kam zur ersten großen gesellschaftlichen Arbeitsteilung. Zunächst sonderten sich die Hirtenstämme ab, und später bildete sich der Ackerbau als selbständiger Produktionszweig heraus. Damit war die materiell-technische Basis der Urgesellschaft gelegt. *Diese Veränderungen bildeten die erste Revolution der Produktion, die zur welthistorischen Herrschaft der Produktionsweise der Urgesellschaft führte.* In Übereinstimmung mit der Struktur der Technik veränderte sich auch die Organisationsform der Gesellschaft: das Patriarchat begann die Oberhand zu gewinnen (Blüte der Gentilordnung).

Die erste technische Revolution hatte sich in zwei Etappen vollzogen. Die erste Etappe war gekennzeichnet durch die Erfindung von Pfeil und Bogen, die für den Menschen entscheidende Waffen darstellten. „Bogen, Sehne und Pfeil bilden schon ein sehr zusammengesetztes Instrument, dessen Erfindung lange, gehäufte Erfahrungen und geschärfte Geisteskräfte voraussetzt, also auch die gleichzeitige Bekanntschaft mit einer Menge anderer Erfindungen."[2] Pfeil und Bogen gestatteten es, von der Jagd in großen Kollektiven zur Jagd in kleineren Gruppen überzugehen, wodurch die Menge der beschaffbaren Nahrung vergrößert wurde. Die im Umgang mit Pfeil und Bogen gesammelten Erfahrungen führten bald zur Erfindung verschiedenster Arten von Fallen, die der Jagd viel von ihrer Gefährlichkeit nahmen, da sie Aktionen ohne unmittelbare Beteiligung des Menschen erlaubten. Damit war eine weitere Steigerung der Effektivität bei der Nahrungs- und Fellbeschaffung verbunden.

Die zweite Etappe dieser ersten technischen Revolution war gekennzeichnet durch die Erfindung und Verwendung des Steinbeils, zunächst ohne Bohrung, später aber mit Bohrung und Schaft. Revolutionierende Erfindungen, die die Herstellung komplizierter zusammengesetzter Werkzeuge ermöglichten, waren das Bohren, Schleifen und Sägen. Mit einem Hohlknochen und feuchtem Sand verstand es der Mensch bald, Öffnungen beliebigen Durchmessers in seine Steinwerkzeuge zu bohren. Hatte man den Schaft solange mit

[2] Marx/Engels, Werke, Band 21, Berlin 1962, S. 31.

Lederstreifen an das eigentliche Werkzeug befestigt, so konnte man nun den Axtkopf direkt auf einen Stiel aufstecken. Damit hatte sich die Arbeitsproduktivität des Menschen beträchtlich vergrößert. Die Kunst des Schleifens erhöhte die Wirksamkeit des geschäfteten Steinbeils noch mehr, da sich mit ihm mannigfaltigste Produktionsoperationen ausführen ließen: der Bau von Wohnstätten, von Transportmitteln usw. Nicht weniger wichtig war die Verwendung geschäfteter Steinhacken, mit denen der Boden bearbeitet und die Produktivität des Ackerbaus erhöht werden konnte.

Obwohl die erste Epoche dieser technischen Revolution dem Mesolithikum (13. bis 7. Jahrtausend vor unserer Zeitrechnung) angehörte und die zweite dem Neolithikum (7. bis 4. Jahrtausend vor unserer Zeitrechnung) – sie lagen also mehrere Jahrtausende auseinander –, gehören sie dennoch zum gleichen Prozeß, nämlich zur Entwicklung der Struktur der Technik der Produktionsweise der Urgesellschaft. Das Hinüberwachsen der technischen Revolution in eine Revolution der Produktion führte zum endgültigen Sieg der ersten sozial-ökonomischen Formation in der Geschichte der Menschheit. Die gesellschaftliche Arbeitsteilung zwischen Ackerbau und Viehzucht und die Arbeitsteilung bei der Herstellung von Werkzeugen und Waffen (häusliches Handwerk) trieben die Entwicklung der Produktivkräfte weiter voran. Die Ackerbau bzw. Viehzucht treibenden Stämme begannen weit mehr Produkte zu erzeugen und leiteten damit den ersten regelrechten Austausch von Produkten in die Wege.[3]

Im Produktionsprozeß machten die Menschen, da sie die auftretenden technischen Aufgaben lösen mußten, immer neue technische Erfindungen. Viele von ihnen revolutionierten die Produktivkräfte und waren so die Keime einer neuen Struktur der Technik, die für die nächste sozial-ökonomische Formation, das heißt für die Produktionsweise der Sklaverei, charakteristisch werden sollte. Solche Keime waren das Töpferhandwerk, die Weberei sowie das Schmelzen und die Bearbeitung von Metallen. Sie brachten die Arbeitsproduktivität erneut ein beträchtliches Stück voran und förderten die weitere gesellschaftliche Arbeitsteilung. ENGELS schreibt dazu: „Von

[3] Vgl. ebenda, S. 156.

den industriellen Errungenschaften dieser Stufe sind zwei besonders wichtig. Die erste ist der Webstuhl, die zweite die Schmelzung von Metallerzen und die Verarbeitung der Metalle. Kupfer und Zinn und die aus beiden zusammengesetzte Bronze waren weitaus die wichtigsten."[4] Weitere Kennzeichen dieser Zeit sind die Zähmung und die sich anschließende Aufzucht von Tieren, so daß nicht nur mehr Milch, Schafwolle, Ziegenfelle und andere Produkte gewonnen wurden, sondern allmählich auch Zugtiere in Gebrauch kamen. Damit hatten die Menschen sich eine neue Energiequelle dienstbar gemacht, sie verstanden es nun, Tiere in ihren Dienst zu stellen und so auch eine neue Lösung der Transportprobleme zu finden.

Die Entwicklung der Produktivkräfte, die gesellschaftliche Entwicklung der Arbeit und der einsetzende Austausch führten rasch zur Entstehung von Privateigentum und zur Teilung der Gesellschaft in zwei Klassen: in Herren und Sklaven. „Die Steigerung der Produktion in allen Zweigen – Viehzucht Ackerbau, häusliches Handwerk – gab der menschliche Arbeitskraft die Fähigkeit, ein größeres Produkt zu erzeugen, als zu ihrem Unterhalt erforderlich war. Sie steigerte gleichzeitig die tägliche Arbeitsmenge, die jedem Mitglied der Gens, der Hausgemeinde oder der Einzelfamilie zufiel. Die Einschaltung neuer Arbeitskräfte wurde wünschenswert. Der Krieg lieferte sie: Die Kriegsgefangenen wurden in Sklaven verwandelt."[5] Die gemeinsame Bearbeitung des Bodens wich in immer stärkerem Maße der Bearbeitung einzelner Landstücke durch getrennte Familien und der allmählich einsetzenden Verwendung von Sklaven.

Das Aufkommen der patriarchalischen Sklaverei kündigte den Zerfall der gesellschaftlichen Beziehungen der Urgesellschaft an. Die Produktivkräfte der Gesellschaft waren zu den noch existierenden urgesellschaftlichen Produktionsverhältnissen in Widerspruch geraten. Die Verhältnisse, die ehedem die Entwicklung der Produktivkräfte gefördert hatten, waren nun zu Fesseln geworden. Soziale Veränderungen waren somit unumgänglich.

[4] Ebenda, S. 156–57.
[5] Ebenda, S. 157.

Die Herausbildung der Struktur der Technik in der Produktionsweise der Sklavenhalterordnung

An der Wende vom 4. zum 3. Jahrtausend vor unserer Zeitrechnung enstanden die ersten antiken Sklavenhalterstaaten im Mittleren Osten (Babylon, Assyrien, Ägypten). „Die Gentilverfassung hatte ausgelebt. Sie war gesprengt durch die Teilung der Arbeit und ihr Ergebnis, die Spaltung der Gesellschaft in Klassen. Sie wurde ersetzt durch den Staat.“[6] Die sich immer stärker durchsetzenden neuen Produktionsverhältnisse gaben der Entwicklung der Produktivkräfte mehr Raum. Die Keime der neuen Struktur der Technik, die bereits in der vorangegangenen Periode gelegt worden waren, entwickelten die Struktur der Technik, auch wenn ihr Charakter vorerst noch unverändert blieb.

Die Vervollkommnung der Bronzegewinnung und der Herstellung von Waffen und Gerät aus Bronze steigerte die Arbeitsproduktivität. „Die Bronze“, schreibt ENGELS, „lieferte brauchbare Werkzeuge und Waffen, konnte aber die Steinwerkzeuge nicht verdrängen; dies war nur dem Eisen möglich, und Eisen zu gewinnen, verstand man noch nicht.“[7] Nach wie vor wurden Beile, Hacken, Meißel, Messer sowie Pfeil- und Speerspitzen aus Stein hergestellt, und auch in die hölzernen Sichelgriffe wurden Steinblätter eingesetzt. Die Viehzucht, der Ackerbau und das häusliche Handwerk blieben weiterhin die Grundlage der materiellen Produktion. Auch wenn die frühen Sklavenhalterstaaten einen auf Bewässerung beruhenden Ackerbau betrieben, konnte dies noch nicht die Struktur der Technik von Grund auf ändern, da die Arbeitswerkzeuge immer noch die alten waren.

Damit sich die Produktionsweise der Sklavenhaltergesellschaft generell durchsetzen konnte, mußte zunächst eine technische Revolution und eine Revolution der Produktion stattfinden, um die neue materiell-technische Basis zu begründen und die alte Produktionsweise abzulösen. *Diese zweite technische Revolution war die Meisterung des Schmelzens von*

[6] Ebenda, S. 164.
[7] Ebenda, S. 157.

Eisenerzen sowie die Herstellung von Arbeitsinstrumenten und Waffen aus Eisen. Die zweite Revolution der Produktion führte zur zweiten großen gesellschaftlichen Arbeitsteilung – der Trennung des Handwerks vom Ackerbau und zu einer veränderten Stellung des Produzenten in der Produktion. Diese zweite technische Revolution machte die Sklavenarbeit zum wesentlichen und grundlegenden Element der gesellschaftlichen Produktionsweise.

Die größte Erfindung der Menschheit in der Periode der zweiten technischen Revolution war das Schmelzen und Härten von Eisen (Abschrecken). Erst nach der Meisterung der Eisengewinnung begann die breite Anwendung von Werkzeugen und Waffen aus Eisen. Die Beherrschung der Eisenverhüttung führte die Menschheit in eine neue Periode, die ENGELS als „die Zeit des eisernen Schwerts, aber auch der eisernen Pflugschar und Axt"[8] charakterisierte. „Das Eisen war dem Menschen dienstbar geworden, der letzte und wichtigste der Rohstoffe, die eine geschichtlich umwälzende Rolle spielten."[9]

Die zweite technische Revolution, die etwa in den Jahren 1000 bis 500 vor unserer Zeitrechnung einsetzte, brachte eine tiefgreifende Veränderung der Technik und der in den verschiedensten Bereichen eingesetzten Arbeitsmittel mit sich. Die eiserne Pflugschar, der Blasebalg des Schmieds, Handmühlen und anderes Arbeitsgerät sowie Waffen aus Eisen verbreiteten sich allenthalben. Die Arbeitsinstrumente aus Eisen bewirkten eine sprunghafte Steigerung der Arbeitsproduktivität und begründeten neue technologische Prozesse. Eiserne Waffen erhöhten die Wirksamkeit der Kriegsführung, die inzwischen zur Hauptquelle für die Versorgung der Wirtschaft mit Arbeitskräften nämlich mit Sklaven, geworden war.

Das allmähliche Hinüberwachsen der technischen Revolution in eine Revolution der Produktion war die Ursache für die Herausbildung der hochorganisierten Sklavenhalterstaaten in Griechenland und Italien (im 5. bis 3. Jahrhundert vor unserer Zeitrechnung). Das Handwerk hatte sich vom Ackerbau getrennt, und die Sklavenhaltung war zum tragenden

[8] Ebenda, S. 158.
[9] Ebenda, S. 158.

Element der gesellschaftlichen Produktion geworden. War das Handwerk bisher eine Nebenbeschäftigung der Ackerbauer und Viehzüchter gewesen, so wurden in der höher entwickelten Gesellschaftsordnung der Sklaverei die Töpferei, die Weberei, die Metallgewinnung, der Bergbau und andere Handwerke zur Hauptbeschäftigung bestimmter Menschengruppen. Die Entwicklung des Handwerks führte zur Entstehung von Städten.

Die Produktionsverhältnisse der Sklavenhaltergesellschaft wurden jedoch bald zu einem Faktor, der das weitere Wachstum der Produktion hemmte und den technischen Fortschritt bremste. Es begann die Krise der Sklavenhaltergesellschaft, die in der Zeit vom 4. bis 2. Jahrhundert unserer Zeitrechnung zu ihrem Zerfall führte. Am Ende dieses Prozesses stand der Niedergang des Römischen Reiches, in dem die Sklavenhaltergesellschaft ihre klarste Ausprägung erfahren hatte.

Gewisse Elemente einer neuen Struktur der Technik begannen sich bereits im Rahmen der Sklavenhaltergesellschaft herauszubilden. Sie entwickelten sich und bestimmten später den Charakter der Produktivkräfte der feudalen Gesellschaftsordnung. Zu diesen Elementen sind das Wasserschöpfrad und die Wassermühle zu zählen. Es waren die ersten Maschinen, die zudem eine neue Energiequelle, nämlich die Naturkraft des Wassers, erschlossen. „Die elementarische Form aller Maschinerie hatte", so lesen wir bei MARX, „das römische Kaiserreich überliefert in der Wassermühle."[10] Das Wasserrad führte zu einer sprunghaften Erhöhung der Arbeitsproduktivität, es vergrößerte das Interesse an der Arbeit und brachte eine gesteigerte Produktion hervor. Das war die Voraussetzung für die neue Produktionsweise.

Die neuen technischen Mittel, die Weiterführung der gesellschaftlichen Arbeitsteilung, die Festigung der Warenproduktion und die Ausdehnung des Handels verschärften die Widersprüche zwischen den Produktivkräften und den Produktionsverhältnissen der Sklavenhaltergesellschaft, vergrößerten den Gegensatz zwischen Stadt und Land und führten zur dritten großen gesellschaftlichen Arbeitsteilung, zur Verselbständigung der Klasse der Kaufleute.

[10] Marx/Engels, Werke, Bd. 23, Berlin 1962, S. 368.

Bereits in der Periode des Zerfalls der Sklavenhalterordnung schälten sich bestimmte Elemente der späteren feudalen Produktionsverhältnisse heraus. So wurden in Rom in den ersten Jahrhunderten unserer Zeitrechnung den Sklaven Landstücke zur Nutzung zugeteilt, um auf diese Weise ihre Arbeitsproduktivität zu erhöhen. Einen Teil der geernteten Produkte durften sie für sich behalten.

Diese Form der Bewirtschaftung erhielt die Bezeichnung Kolonat. Für die weitere Entwicklung der Produktivkräfte waren jedoch noch andere entscheidende soziale Veränderungen erforderlich, die ebenfalls zur Errichtung der feudalen Produktionsverhältnisse beitrugen.

Die Herausbildung der Struktur der Technik in der feudalen Produktionsweise

Im 5. Jahrhundert unserer Zeitrechnung ging infolge der Sklaven- und Kolonenaufstände, aber auch infolge des Einfalls der Germanenstämme, das Römische Reich unter. Für Westeuropa bedeutete dies eine einschneidende soziale Umwälzung sämtlicher Verhltånisse und den Übergang von der Sklaverei zur feudalen sozial-ökonomischen Formation. Zur gleichen Zeit zerfiel auch die Gentilordnung, und bei den Völkern, die nördlich der Donau sowie in Osteuropa lebten, setzte unter Umgehung der Sklavenhalterordnung der direkte Übergang zum Feudalismus ein.

Während des Niedergangs der Sklavenhaltergesellschaft kam es besonders in Kriegszeiten zu riesigen Zerstörungen von Produktivkräften, so daß zahlreiche hervorragende Erfindungen verlorengingen. Darüber schreibt MARX: „Es hängt lediglich von der Ausdehnung des Verkehrs ab, ob die in einer Lokalität gewonnenen Produktivkräfte, namentlich Erfindungen, für die spätere Entwicklung verlorengehen oder nicht. Solange noch kein über die unmittelbare Nachbarschaft hinausgehender Verkehr existiert, muß jede Erfindung in jeder Lokalität besonders gemacht werden, und bloße Zufälle, wie Irruptionen barbarischer Völker, selbst gewöhnliche Kriege, reichen hin, ein Land mit entwickelten Produktivkräften und Bedürfnissen dahin zu bringen, daß es wieder von vorne anfangen muß. In der anfänglichen Geschichte mußte jede Erfindung täglich neu und in jeder Lokalität unabhängig gemacht werden."[11] Nichtsdestoweniger boten die feudalen Produktionsverhältnisse weit mehr Möglichkeiten für die Entwicklung der Produktivkräfte als die Produktionsverhältnisse der Sklaverei, zumal die Bauern und Handwerker im Gegensatz zu den Sklaven ein bestimmtes Interesse an der Arbeit und an der Verbesserung der Arbeitswerkzeuge hatten. Sie besaßen selbst einen Teil der Produktionsmittel und führten eigene Wirtschaften, mußten aber bestimmte Fronleistungen erbringen. Neu waren aber vorerst nur die Produktionsverhältnisse und die Produktionsorganisation; die Struktur der Technik, die Arbeitsmittel und die technologische Produktionsweise waren unverändert die gleichen geblieben. In der ersten Periode des Feudalismus (Frühfeudalismus bzw. frühes Mittelalter) herrschte die Naturalwirtschaft vor. Die Erzeugnisse des Handwerkers wurden von ihm selbst, von seiner Familie und vom Feudalherren aufgebraucht; nur ein unbedeutender Teil ging zum Austausch auf den örtlichen Markt. Die Arbeitsmittel und die Produktionstechnologie waren noch die gleichen wie zur Zeit des Römischen Reiches. Die Periode vom 6. bis zum 10. Jahrhundert kennt keinerlei nennenswerte Erfindungen, die die technologische Produktionsweise hätten ändern können. „... Diese Produktionsstufe war während der folgenden vierhundert Jahre weder wesentlich gesunken noch hatte sie sich wesentlich gehoben."[12]

Seit dem 11. Jahrhundert entstanden in Westeuropa neue Städte, die zu Zentren des Handwerks, der Warenerzeugung und des Handels wurden. Das war für die europäischen Länder die Zeit des Übergangs vom Frühfeudalismus zur zweiten, höheren Stufe der feudalen Produktionsweise, nämlich die Zeit, in der sich der Feudalismus generell durchsetzte. Für den endgültigen Sieg der feudalen Produktionsweise stand jedoch noch die dritte Revolution der Produktion aus. Die handwerkliche Produktion mußte erst die ihr spezifische Struktur der Technik erhalten, das heißt eine ganz bestimmte technologische Grundlage der Produktionsweise, die ihren Ausdruck

[11] Marx/Engels, Werke, Band 3, Berlin 1958, S. 54.
[12] Marx/Engels, Werke, Band 21, Berlin 1962, S. 148.

in der zunftmäßigen Organisation des Handwerks finden sollte.

Der Handwerksbetrieb basierte im Rahmen der Zünfte auf der Ausnutzung von Wasserrädern, die nicht nur die Steine von Getreidemühlen, sondern auch viele andere mechanische Vorrichtungen wie Sägen, Gebläse usw. in Gang setzten. Neben dem Wasserrad hatten mechanische Uhrwerke für die Festigung des zunftmäßig organisierten Handwerksbetriebs große Bedeutung. Die Vervollkommnung der Uhrmechanismen war der Ausgangspunkt verschiedenartigster Vorrichtungen, die in der Produktion auf breiter Ebene eingesetzt wurden (Geschwindigkeitsanzeiger, Klinkensperren, Zahnradgetriebe und -verbindungen).

Obwohl das Wasserrad schon im alten Rom bekannt war, fand es erst zwischen dem 10. und der ersten Hälfte des 12. Jahrhunderts umfassende Verwendung in der Produktion. Es wurden neue Energieformen erschlossen, nämlich die Kraft des Wassers und des Windes, so daß in vielen Fertigungszweigen der Mensch nicht nur als Energieträger schlechthin erstetzt werden konnte, sondern auch ein Teil seiner technologischen Funktionen mechanischen Vorrichtungen übertragen werden konnte: In der Getreidemühle konnte der wichtigste Prozeß, das Zermahlen der Körner, ohne unmittelbaren Eingriff des Menschen ausgeführt werden. Deshalb läßt sich diese Periode als die Zeit der dritten technischen Revolution einstufen. Allmählich wuchs diese technische Revolution in eine Revolution der Produktion hinüber, und das häusliche Handwerk wurde durch das zunftmäßig organisierte Handwerk abgelöst. In Westeuropa vollzieht sich dieser Übergang etwa zwischen dem 12. und der Mitte des 14. Jahrhunderts. Die bereits früher entstandenen Zünfte (10. bis 11. Jahrhundert) waren lediglich das Vorspiel des zunftmäßigen Zusammenschlusses der Handwerker. Die Zünfte wurden noch vielfach von den Feudalherren unterdrückt, wieder aufgelöst und hielten vor allem an der alten technologischen Grundlage der Produktionsweise fest.

Die zunftmäßige Organisation der Produktion brachte, gemessen an den Vorstellungen der damaligen Zeit, sehr vorteilhafte Bedingungen für die weitere Entwicklung der Produktivkräfte, da sie die neue Technik voranbrachte und die handwerklichen Kunstfertigkeiten vervollkommnete. Aber auch dieses zunftmäßig organisierte Handwerk lebte von der manuellen Arbeit. „Im großen und ganzen blieben der Arbeiter und seine Produktionsmittel miteinander verbunden, wie die Schnecke mit dem Schneckenhaus, und so fehlte ... die Verselbständigung der Produktionsmittel als Kapital gegenüber dem Arbeiter.“[13]

Die Produktionseinheit war die Werkstatt, in der der Meister, seine Gesellen und Lehrlinge zusammen arbeiteten. Die Lehrlinge standen unter der Obhut des Meisters, das heißt, er hatte für ihren Unterhalt, zu sorgen. Diese Werkstätten vereinigten sich nach beruflichen Merkmalen zu Zünften. Die Zunft legte die Anzahl der Meister und Lehrlinge (also der künftigen Meister) fest, beschaffte auf gemeinsamer Grundlage das Rohmaterial, setzte die herzustellenden Stückzahlen fest und regelte die Arbeitsdauer. Jeder Meister, der der Zunft beitreten wollte, hatte sich einer Prüfung zu unterziehen. Die Zunft war zugleich eine Vereinigung zur gegenseitigen Unterstützung und Kontrolle. Die gesamte Zunft stand für die Qualität der Erzeugnisse ein, ganz gleich, welcher Werkstatt sie entstammten.

Das Aufkommen und die Entwicklung des zunftmäßig organisierten Handwerkbetriebs hatten eine außerordentlich wichtige Bedeutung für die Geschichte der Gesellschaft. Sie bedeuteten den Triumph den entwickelten Feudalismus. Es traten grundlegende Verschiebungen ein, die dem Menschen eine völlig neue Stellung im Produktionsprozeß verliehen. Diese Verschiebungen waren nicht rein sozialer Natur (anstelle der Fronarbeit freie Lohnarbeit, Trennung des Handwerks vom Ackerbau, Übergang zur Warenproduktion), sondern hatten auch ihre technologischen Auswirkungen. Unter den Zünften kam es bald zu einer Arbeitsteilung, die die Entstehung und Verselbständigung verschiedener technischer Berufe zur Folge hatte. Auch wenn es innerhalb einer Werkstatt so gut wie keine Arbeitsteilung gab, wurden doch die einzelnen Arbeitsarten nach einer strengen Regel auf die Meister, Gesellen und Lehrlinge aufgeteilt. Neue technische Aufgaben zwangen zu neuen Erfindungen, die bereits Elemente einer neuen Struktur der Technik enthielten und die Produktionsweise revolutionierten,

[13] Marx/Engels, Werke, Band 23, Berlin 1962, S. 380.

weil sie die Arbeitsteilung immer weiter vorantrieben und neue Produktionstechnologien mit sich brachten. Die Entwicklung des Handwerks führte zu einer Differenzierung der Arbeitsinstrumente, die später von entscheidender Bedeutung für die Herausbildung der maschinellen Technik werden sollte. Die bedeutendste Neuerung in der Eisengewinnung war die Erfindung eines aus zwei Phasen bestehenden Prozesses: erste Phase – Schmelzen des Eisens, zweite Phase – Frischen des Roheisens. Dieses Verfahren reicht bis ins 14. Jahrhundert zurück, fand aber erst im 17. und 18. Jahrhundert weite Verbreitung. Die wichtigsten Erfindungen, die zu einer neuen Struktur der Technik führten, waren die Buchdruckerkunst, die Feuerwaffen (Schießpulver), der Kompaß und die mechanischen Uhrwerke.[14] Seit dem 14. Jahrhundert begannen sich die ersten Elemente der kapitalistischen Produktionsweise anzumelden, und zwar als Formen kapitalistischer Kooperation, denen bald die ersten Manufakturen folgten. Formen der kapitalistischen Kooperation, die sich von Anfang an auf den freien Lohnarbeiter stützten, entstanden als Gegensatz zur bäuerlichen Wirtschaft und zum unabhängigen Handwerksbetrieb. Der Manufakturbetrieb, der auf dem freien Lohnarbeiter und auf einer neuen Form der Arbeitsteilung (innerhalb der Manufaktur) beruhte, war bereits ein Element der kapitalistischen Produktionsweise innerhalb der feudalistischen Gesellschaftsordnung.

Unser Überblick über den historischen Werdegang der vorkapitalistischen Produktionsweisen hat somit bestätigt, daß die sozial-ökonomischen Formationen einander gesetzmäßig ablösen, was sich in den Beziehungen und der Abfolge der verschiedenen sozialen (politischen), technischen und die Produktion betreffenden Revolutionen niederschlägt.

[14] Vgl. dazu Marx/Engels, Werke, Band 23, Berlin 1962, S. 369.

Die technische Revolution in der zweiten Hälfte des 18. und zu Beginn des 19. Jahrhunderts

In der zweiten Hälfte des 17. Jahrhunderts wurden in England im Gefolge der bürgerlichen Revolution die feudalen Produktionsverhältnisse von den kapitalistischen abgelöst. Die kapitalistische Manufaktur, die in der Periode des Zerfalls der Feudalordnung lediglich, wie K. MARX sagte, eine architektonische Verzierung am ökonomischen Gebäude war, war nun zum herschenden Produktionsbetrieb geworden. Doch die Struktur der Technik war noch immer die alte. V. I. LENIN wies darauf hin, daß die Manufaktur zwar eine Arbeitsteilung und eine grundlegende Umgestaltung der Technik herbeigeführt hatte, daß aber in der Produktion selbst weiterhin die manuelle Arbeit vorherrschte. Die Produktivkräfte entwickelten sich deshalb nur langsam.[1]

Die historische Rolle der Manufakturen bestand in der ersten Phase der kapitalistischen Produktionsweise, also unmittelbar nach dem Siege der bürgerlichen Revolution, darin, die notwendigen Bedingungen für den Übergang zum maschinellen Fabrikbetrieb vorzubereiten. Die Manufaktur trieb die Arbeitsteilung innerhalb des Einzelbetriebes bis an die Grenzen des Möglichen und reduzierte damit viele Teilarbeiten auf einfache Operationen, die leicht von Maschinen übernommen werden konnten. Die Entwicklung der Manufakturen hatte zu einer Spezialisierung und Vervollkommnung der Arbeitsinstrumente geführt, so daß man relativ leicht von den Handwerkzeugen zu Maschinen übergehen konnte. Außerdem waren in den Manufakturen die Kader geschickter Handarbeiter für die maschinelle Großindustrie herangewachsen. Und gerade in dieser Zeit kamen die ersten Maschinen auf, die allerdings vor-

[1] Vgl. dazu V. I. Lenin, Werke, Band 3, Berlin 1971, S. 559.

erst nur sporadisch eingesetzt wurden. Der wichtigste Antrieb der Manufakturen war das Wasserrad.

Die kapitalistische Produktionsweise konnte sich aber erst dann endgültig durchsetzen, als eine neue materiell-technische Basis geschaffen war und in der Produktion umfangreiche Maschinensysteme zum Einsatz kamen, die die Grundlage der maschinellen Großindustrie bildeten. Wie V. I. LENIN hervorhob, vermochte erst die maschinelle Großindustrie, die die Kunstfertigkeiten des Handarbeiters überflüssig machte, die Produktion auf eine prinzipiell neue Grundlage zu stellen, und erst sie erzwang die systematische Anwendung wissenschaftlicher Erkenntnisse in der Produktion.[2]

Hatte der Arbeiter im Handwerksbetrieb mit einfachen Werkzeugen selbst auf den Arbeitsgegenstand eingewirkt, so konnte die Arbeitsmaschine in der Fabrik die Hand des Arbeiters ersetzen. Ihre Funktionen begannen auf die Maschine überzugehen. Damit war die Arbeitsmaschine zu einem Mechanismus geworden, der die gleichen Operationen bewältigte, die ehedem der Arbeiter unter Verwendung ähnlicher Werkzeuge manuell ausgeführt hatte. Dieser grundlegende Wandel der Produktion war die Folge der technischen Revolution, die Ende des 18. und Anfang des 19. Jahrhunderts in eine Revolution der Produktion hinüberwuchs und später die Bezeichnung „industrielle Revolution" erhielt.

MARX hat sehr eingehend die Prozesse untersucht, die den Verlauf der technischen und der industriellen Revolution in der Periode des Übergangs vom Manufaktur- zum maschinellen Fabrikbetrieb ausmachten. Er wandte sich speziell den einzelnen technischen Mitteln zu, die den Anstoß zu diesem Wandel gegeben hatten. Zu ihnen rechnete MARX die mechanische Streckvorrichtung der Spinnmaschine, die es erlaubte, „ohne Finger zu spinnen", und den mechanischen Werkzeugschlitten, „der bald automatisch gemacht und in modifizierter Form von der Drechselbank, wofür er zuerst bestimmt war, auf andre Konstruktionsmaschinen übertragen wurde."[3] Er führte weiter aus, daß jede entwickelte maschinelle Vorrichtung aus dem Antrieb, der Transmission und der Arbeitsmaschine (Werkzeugmaschine) besteht.

[2] Vgl. V. I. Lenin, Werke, Band 3, Berlin 1971, S. 560.
[3] Marx/Engels, Werke, Band 23, Berlin 1962, S. 405–406.

Es sei hier darauf hingewiesen, daß viele Forscher[4] im Aufkommen der Arbeitsmaschinen in der Textilindustrie die erste Etappe der industriellen Revolution sehen und in der Erfindung des mechanischen Werkzeugschlittens die zweite. Das ist aber nur formal richtig (die mechanische Streckvorrichtung der Spinnmaschine war tatsächlich eher da als der mechanische Werkzeugschlitten der Drehbank). Im Grunde genommen haben wir es mit dem gleichen, die technische Revolution schlechthin charakterisierenden Prinzip zu tun, nämlich Arbeitsmaschinen zu konstruieren, die einmal in der Textilindustrie und zum anderen im Maschinenbau grundlegende Produktionsprozesse übernehmen können. An der Spinnmaschine wurde die Hand des Arbeiters, der die Faser auszog, durch eine mechanische Streckvorrichtung ersetzt, die aus mehreren mit unterschiedlicher Geschwindigkeit laufenden Walzenpaaren bestand, die Faser streckte und sie dabei auf eine gleichmäßige Stärke verfeinerte. Diese Vorrichtung bot außerdem die Möglichkeit mehrere Fäden gleichzeitig zu spinnen. An der Drehbank wurde das Schneidwerkzeug, das solange mit der Hand gegen den Arbeitsgegenstand gedrückt werden mußte, durch die Erfindung des mechanisch arbeitenden Werkzeugschlittens in ein Teil der Maschine verwandelt, so daß die Hand des Arbeiters für die Einstellung frei wurde und die Werkstücke unter Verwendung verschiedener Schneidinstrumente nun weit genauer bearbeitet werden konnten. Wir sehen also, daß in beiden Fällen der grundlegende Unterschied zum früheren Zustand darin lag, daß eine mit der Hand ausgeführte Arbeit der Maschine übertragen und durch sie automatisch ausgeführt werden konnte.

Zu den Faktoren, die die industrielle Revolution auslösten, wird neben der Erfindung der Arbeitsmaschine auch oftmals die Erfindung der Dampfmaschine gerechnet. Marx hat jedoch sehr nachdrücklich betont, daß die Dampfmaschine nicht die industrielle Revolution hervorrief, sondern daß umgekehrt die Arbeitsmaschinen vielmehr eine Revolution der Dampfmaschine erforderlich machten.

[4] Siehe zum Beispiel L. D. Bel'kind, O. N. Veselovskij, I. J. Konfederatov, A. J. Šnejberg, Geschichte der Energietechnik, a. a. O., S. 140–160.

Die Erfindung und Einführung von Arbeitsmaschinen in der Textilindustrie Englands in der zweiten Hälfte des 18. und zu Beginn des 19. Jahrhunderts

Die neuen Maschinen, das heißt die Arbeitsmaschinen, wurden zuerst in der Textilindustrie Englands eingeführt. Dieser Zweig war in jener Epoche führend. Ende des 17. Jahrhunderts machte sich in England neben der alteingesessenen Wollindustrie ein relativ junger Zweig breit: die Baumwollindustrie. Bis zum 18. Jahrhundert hatte man Baumwollstoffe aus Indien bezogen. Doch die rasche Ausdehnung des inländischen Marktes erhöhte die Nachfrage nach billigen Baumwollstoffen derart stark, daß der Import mit dem Bedarf nicht mehrSchritt halten konnte. Das führte dazu, daß man nun Baumwolle im Lande selbst zu verarbeiten begann.

Die sich rasch entwickelnde Textilindustrie entwickete fortwährend·einen gewaltigen Bedarf an Neuerungen. Die Erzeugung billiger Stoffe mußte vergrößert und die Herstellungskosten selbst mußten weiter gesenkt werden. Als Reaktion auf dieses ökonomische Bedürfnis setzte seit den dreißiger Jahren des 18. Jahrhunderts eine Welle bedeutender Erfindungen auf dem Gebiet des Spinnens und Webens ein, die allerdings nicht sofort für den praktischen Einsatz tauglich waren.

Im Jahre 1733 erfand der englische Tuchweber John Kay (1704–1774) einen mechanischen Webschützen für einen Webstuhl, auf dem eine einzige Bedienungskraft breit liegende Tuche herstellen konnte. In der Patentbestätigung, die auf den Namen Kay lautet, heißt es, daß der Schützen für „das bessere und genauere Weben breiter Tuche, Serge, Segelleinwand und überhaupt breit liegender Tuche" erfunden wurde. Die Erfindung Kays machte es möglich, das sehr arbeitsintensive manuelle Durchführen des Schützen, das viel Zeit erforderte und die Hand rasch ermüden ließ, wesentlich zu verbessern. Doch trotz seiner Vorzüge wurde der neue Webschützen nur zögernd in die Produktion eingeführt. Seine Verwendung stieß auf den erbitterten Widerstand der Weber, da er die Anzahl der in diesem Beruf benötigten Arbeitskräfte stark zu verringern drohte.

Aus der gleichen Zeit stammen noch einige andere, bedeutendere Erfindungen. So baute der englische Zimmermann und

Mechaniker JOHN WYATT (1700–1783) im Jahre 1753 ein Modell einer Spinnmaschine mit mechanischer Streckvorrichtung. Mehrere Walzenpaare, die sich mit unterschiedlicher Geschwindigkeit drehten und die eintretenden Fasern auf gleichmäßige Stärke brachten, gestatteten die gleichzeitige Herstellung mehrerer Fäden auf der gleichen Maschine. Diese Erfindung war für den Übergang vom Hand- zum Maschinenspinnen von entscheidender Bedeutung, da sie nämlich die Hand des Arbeiters gerade dort ersetzte, wo sie bisher hatte an den Arbeitsgegenstand direkt angelegt werden müssen. Diese Funktionen der menschlichen Hand hatten in der neuen Maschine mechanisch wirkende Organe übernommen.

Auch diese erste Arbeitsmaschine von WYATT konnte sich nur sehr zögernd in der Produktion durchsetzen, wohl vor allem deshalb, weil sie eines mechanischen Antriebs bedurft hätte, und dies zu einer Zeit, als die kleinen Manufakturen und Heimhandwerker nicht in der Lage waren, sich größere Antriebsvorrichtungen anzuschaffen.

In den sechziger Jahren kam es auf dem Gebiete des Spinnens zu einer neuen Serie von Erfindungen. Der Anstoß war der sogenannte „Spinnhunger", der seine Ursache wiederum in den vervollkommneten Webstühlen hatte. Seit den sechziger Jahren arbeiteten in der Baumwollindustrie Webstühle mit dem mechanischen Webschützen von KAY, der bis dahin nur in der Wollindustrie verbreitet war. Gegenüber dem Handwebstuhl hatte sich die Arbeitsproduktivität verdoppelt, so daß es zu gewaltigen Disproportionen zwischen Weberei und Spinnerei kam, da letztere immer noch im wesentlichen auf dem traditionellen Handspinnrad beruhte. Die Spinner kamen nicht nach, so daß die Erzeugung von Baumwollgeweben behindert wurde. Der „Spinnhunger" zwang die Kapitalisten, auch in der Spinnerei nach entsprechenden technischen Verbesserungen zu suchen. Im Jahre 1761 schrieb die „Gesellschaft zur Förderung des Handwerks und der Manufakturen" zwei Preise für solche Verbesserungen des Spinnrades aus, die den großen Mangel an Garn beheben und den „Schaden von den Händlern, den Fabrikanten und der gesamten Nation abwenden könnten."

Als einer der ersten löste der Weber JAMES HARGREAVES (1740/50–1778) diese technische Aufgabe. In den sechziger

Jahren hatte er in einer Baumwollmanufaktur gearbeitet, wo ihm offensichtlich auch der Gedanke gekommen war, das herkömmliche Spinnrad zu vervollkommnen. Im Jahre 1764 konstruierte er eine Spinnmaschine, die er zu Ehren seiner Tochter als „Spinning-Jenny“ bezeichnete und für die ihm 1770 ein Patent zuerkannt wurde. Die Maschine hatte eine Reihe Spulen mit gekämmten Baumwollbändern sowie Spindeln, die über einen gemeinsamen Handantrieb in Bewegung gesetzt wurden. Zwischen Spulen und Spindeln befand sich eine Spannvorrichtung zum Strecken und Verfeinern der Fasern, die dann von den sich drehenden Spindeln verzwirnt wurden. Da sich die Spindeln langsamer drehten als die Spulen, wurden die Faserbänder nicht nur verzwirnt, sondern gleichzeitig auch gewickelt. Hier war also die Hand des Arbeiters durch ein Spann- und Streckwerk ersetzt worden, das nicht nur ein Faserbändchen, sondern gleichzeitig meherer ausziehen konnte. Zunächst besaß die „Spinning-Jenny“ acht Spindeln, sehr bald aber achtzehn. Auf Grund ihrer einfachen Konstruktion, der Billigkeit ihrer Herstellung und des möglichen Handantriebs erhielt sie in der Kleinindustrie der damaligen Zeit eine rasche Verbreitung. 1788 gab es in England bereits 20000 „Spinning-Jennies“, die in den kleineren Spinnereien und in den Häusern der auf dem Lande wohnenden Spinner standen.

Marx und Engels betrachteten die Spinnmaschinen, vor allem die „Spinning-Jenny“, als einen klassischen Typ der Arbeitsmaschine. Sie wiesen nach, daß die Arbeitsmaschinen den Produktionsprozeß von seinen Einschränkungen befreiten, die durch die begrenzte Anzahl menschlicher Organe gegeben waren.[5] Doch konnte die „Spinning-Jenny“ die technischen Aufgaben, die es auf dem Gebiet der Spinnerei gab, noch nicht vollständig lösen. Sie hatte erhebliche Nachteile: auf ihr konnte nur dünnes Garn hergestellt werden, oder anders gesagt, Garn von nicht allzu großer Festigkeit.

1769 meldete Richard Arkwright (1732–1793) sein erstes Patent auf eine Spinnmaschine an, die ihm in der Geschichte Englands den Platz des eigentlichen Begründers der Baumwollindustrie sicherte. Arkwright war einer der ersten Organisatoren des kapitalistischen Fabriksystems. Er hatte

[5] Marx/Engels, Werke, Band 23, Berlin 1962, S. 394.

einen neuen Typ von Spinnmaschine geschaffen, deren Erfinder er (wie die bürgerliche Rechtssprechung noch zu seinen Lebzeiten feststellte) nicht einmal war. ARKWRIGHT hatte sich der Verbesserung der Spinnmaschine deshalb verschrieben, weil er sich aus dieser Beschäftigung raschen Reichtum versprechen durfte. Von Anfang an war seine Maschine wie die Maschine WYATTS auf mechanischen Antrieb ausgerichtet, nämlich auf das Wasserrad, was ihr später den Namen Wassermaschine (waterframe) einbrachte.

Die Wassermaschine ARKWRIGHTS und die „Spinning-Jenny" HARGREAVES, die beide in der Industrie mit großen Erfolg eingesetzt wurden, bedurften aber noch der weiteren Vervollkommnung. Die Wassermaschine lieferte Garn, das sich nur für die Herstellung grober Baumwolltuche eignete, während das Erzeugnis der „Spinning-Jenny" dünn und nicht sehr fest war. Die nächste bedeutsame Verbesserung der Spinnmaschine verbindet sich mit dem Namen SAMUEL CROMPTON (1753–1827). Von 1774 bis 1779 arbeitete er an einer Maschine, die zunächst 400 und dann sogar 900 Spindeln hatte; er gab ihr den Namen Mule-Maschine (Spinning- Mule). Die von ihm eingeführten Verbesserungen boten die Möglichkeit, dünnes und zugleich festes Garn herzustellen.

Die Erfindung und breite Anwendung von Arbeitsmaschinen in der Textilindustrie war also der *Beginn der vierten technischen Revolution*, die zunächst in England und später auch in anderen Ländern die erforderlichen technischen Voraussetzungen für den Sieg des maschinellen Fabriksystems geschaffen hatte.

Die Schaffung einer universellen Wärmekraftmaschine

Nachdem bestimmte Arbeitswerkzeuge, die bisher manuell betätigt werden mußten, zu Bestandteilen von Maschinen geworden waren, war die Möglichkeit gegeben, die Anzahl gleichzeitig tätiger Mechanismen unendlich zu vergrößern. Die Erweiterung und Vergrößerung der Arbeitsmaschinen erfordert leistungsstärkere Antriebsmaschinen. An dieser Aufgabe arbeiteten Erfinder und Wissenschaftler aus England, Frankreich, Rußland, Schweden, Böhmen und anderen Ländern, so daß man die erzielten Ergebnisse zu Recht als international bezeichnen kann. Die Idee einer universellen Wärmekraftmaschine hatte erstmals der russische Wärmetechniker IVAN IVANOVIČ POL'ZUNOV (1729–1766) in seiner Abhandlung über eine atmosphärische Balancier-Dampfmaschine (1763) ausgesprochen.

Die erste funktionstüchtige universelle Dampfmaschine, die sich auch für den praktischen Einsatz eignete, wurde von dem schottischen Instrumentenbauer JAMES WATT (1736–1819) konstruiert. Mit seinen Arbeiten an Dampfmaschinen hatte er 1764 begonnen, nachdem man ihn beauftragt hatte, das Modell der Dampfmaschine von NEWCOMEN zu verbessern. Er widmete seine Aufmerksamkeit vor allem dem hohen unproduktiven Dampf- und folglich auch Brennstoffverbrauch dieser Maschine. Nachdem er die Ursachen lange studiert hatte, kam er zu dem Schluß, daß für eine gute Arbeit der Dampfmaschine zwei Bedingungen erfüllt sein mußten: Erstens mußte der Dampf im Zylinder möglichst vollständig kondensiert werden, um unterhalb des Kolbens ein möglichst hohes Vakuum zu erzeugen, das heißt, der Zylinder mußte möglichst stark abgekühlt werden, und zweitens mußte der Dampf für den nächsten Kolbengang aus dem Kessel in den unabgekühlten, heißen Zylinder gelangen, um unproduktive Dampfverluste zu vermeiden. Diese beiden Bedingungen gleichzeitig zu erfüllen, schien zunächst technisch unmöglich zu sein. Nach einer Reihe von Versuchen fand WATT jedoch eine technische Lösung für dieses komplizierte Problem: Er kondensierte den Dampf in einem getrennten, aber mit dem Zylinder kommunizierenden Behältnis, dem Kondensator.

Die Erfindung des Kondensators ist die bedeutsamste Leistung WATTS aus seiner ersten Schaffensperiode. Das entsprechende Patent wurde ihm 1769 zuerkannt.

Ab 1778 beschäftigte sich WATT mit einer Maschine, die eine kontinuierliche Drehbewegung haben sollte. Das Ergebnis war die doppelt wirkende Dampfmaschine, die als erste universelle Wärmekraftmaschine gelten kann. MARX maß dieser Erfindung WATTS eine außerordentlich große Bedeutung bei. Er stellte fest, daß dies ein erster Motor war, der Kohle und Wasser verspeiste und Antriebskraft abgab und der dem Menschen außerdem die Möglichkeit gab, sich gänzlich der Regelung des Antriebs zu widmen.

Dieser Antrieb war seinen technischen Verwendungsmöglichkeiten nach tatsächlich universell, da er nur wenig von diesen oder jenen Bedingungen und vom Standort abhing. „Das große Genie Watt", schrieb MARX, „zeigt sich in der Spezifikation des Patents, das er April 1784 nahm, und worin seine Dampfmaschine nicht als Erfindung zu besondren Zwecken sondern als allgemeiner Agent der großen Industrie geschildert wird."[6]

Die Erfindung dieses universellen Antriebs war nicht nur für die Herausbildung einer neuen industriellen Technik von größter Bedeutung. Die neue Dampfmaschine übte außerdem, wie jede andere große Erfindung, einen mächtigen Einfluß auf die gesellschaftlichen Beziehungen aus. ENGELS betonte: „Die Männer, die im siebzehnten und achtzehnten Jahrhundert an der Herstellung der Dampfmaschine arbeiteten, ahnten nicht, daß sie das Werkzeug fertigstellten, das mehr als jedes andre die Gesellschaftszustände der ganzen Welt revolutionieren und namentlich in Europa durch Konzentrierung des Reichtums auf Seite der Minderzahl, und der Besitzlosigkeit auf Seite der ungeheuren Mehrzahl, zuerst der Bourgeoisie die soziale und politische Herrschaft verschaffen, dann aber einen Klassenkampf zwischen Bourgeoisie und Proletariat erzeugen sollte, der nur mit dem Sturz der Bourgeoisie und der Abschaffung aller Klassengegensätze endigen kann."[7]

Die Ausarbeitung dieser universellen Dampfmaschine, die zu Beginn des 19. Jahrhunderts in England einsetzte, bestätigte die gewaltige Bedeutung dieser neuen Erfindung. Waren in den zehn Jahren von 1775 bis 1785 66 doppelt wirkende Dampfmaschinen mit einer Gesamtleistung von 1288 PS gebaut worden, so waren es in den folgenden zehn Jahren bereits 144 mit insgesamt 2009 PS, denen sich in den folgenden fünf Jahren noch weitere 79 mit einer Gesamtleistung von 1297 PS hinzugesellten. Dieser universelle Antrieb, der seine Entstehung den Bedürfnissen der maschinellen Produktion zu verdanken hatte, übte nun selbst eine mächtige Wirkung auf diese maschinelle Industrie aus.

[6] Marx/Engels, Werke, Band 23, Berlin 1962, S. 398.
[7] Marx/Engels, Werke, Band 20, Berlin 1964, S. 454.

Die Erfindung und Einführung von Arbeitsmaschinen im Maschinenbau

Nach der Erfindung der Arbeitsmaschinen in der Textilindustrie und der Schaffung einer universellen Wärmekraftmaschine war die technische Neuausrüstung des Maschinenbaus zur dringlichsten Aufgabe der weiteren Entwicklung der Industrie geworden. Die riesigen Möglichkeiten, die sich der Industrie mit der Einführung von Arbeitsmaschinen und universellen Kraftmaschinen eröffnet hatten, konnten nur soweit realisiert werden, wie der Maschinenbau in der Lage war, die Industriezweige in großen Stückzahlen mit den entsprechenden Maschinen zu versorgen.

Der Maschinenbau beruhte indessen selbst in den führenden Ländern in der Mitte des 18. Jahrhunderts auf Handarbeit, das heißt gegenüber der Manufakturperiode hatte sich nichts geändert. MARX charakterisiert diesen Zustand mit folgenden Worten: „Der Maschinenbaubetrieb erhob sich also naturwüchsig auf einer ihm unangemessenen materiellen Grundlage.“[8] Maschinen zu bauen brauchte noch immer seine Zeit, die Stückzahlen waren niedrig, und außerdem kamen Maschinen immer noch sehr teuer. Mit Handarbeit konnten die zahlreichen technischen Aufgaben, die nun vor dem Maschinenbau standen, einfach nicht mehr gelöst werden. Die zunehmende Kompliziertheit der Maschinen forderte höhere Leistungen, höhere Arbeitsgeschwindigkeiten, größere Zuverlässigkeit und Genauigkeit der einzelnen Mechanismen.

Diese Probleme konnten erst gelöst werden, als auch im Maschinenbau Arbeitsmaschinen erfunden und eingeführt wurden. Diese technische Neuausrüstung des Maschinenbaus, der Grundlage der maschinellen Großindustrie, setzte in England etwa in den neunziger Jahren des 18. Jahrhunderts ein und kam um die vierziger Jahre des 19. Jahrhunderts zu einem ersten Abschluß.

Das wichtigste technische Mittel der Metallbearbeitung war in jener Zeit die Handdrehbank. Sollte sie zur Arbeitsmaschine werden, so mußte sie mit einem Mechanismus versehen werden der die Hand des Menschen bei der Arbeit an dieser Maschine

[8] Marx/Engels, Werke, Band 23, Berlin 1962, S. 403.

ersetzen konnte. Dieser Mechanismus war der mechanische Werkzeugschlitten.

Eine der ersten Drehbänke mit mechanischem Werkzeugschlitten war bereits lange zuvor von dem russischen Mechaniker und Erfinder Andrej Konstantinovič Nartov (1693–1756) konstruiert worden. Aber zu seiner Zeit bestand weder in Rußland noch in Westeuropa ein dringendes Bedürfnis nach Verbesserung der Maschinenbautechnik. Deshalb blieb der von ihm erfundene mechanische Werkzeugschlitten der Drehbank praktisch ohne Einfluß auf die Entwicklung des Maschinenbaus.

Den Beginn einer veränderten Maschinenbautechnik setzte der englische Mechaniker Henry Maudsley (1771–1831), der im Jahre 1794 einen mechanischen Werkzeugschlitten für die Drehbank erfand. Die industrielle Nutzung führte zu einer Perfektion, die selbst von der geübtesten menschlichen Hand niemals hätte erreicht werden können, da die neue Erfindung für die Herstellung kleinster und größter Teile verschiedenster Maschinen gleich gut geeignet war. Dabei waren Genauigkeit und Sauberkeit der Arbeit weit ausgrößer als bei der bis dahin üblichen Handarbeit.

Marx maß der Erfindung des mechanischen Werkzeugschlittens eine außerordentliche große Bedeutung bei, und er wies auch auf ihre revolutionierende Bedeutung für den Maschinenbau hin: „Diese mechanische Vorrichtung ersetzt nicht irgendein besonderes Werkzeug, sondern die menschliche Hand selbst, die eine bestimmte Form hervorbringt durch Vorhalten, Anpassen und Richtung der Schärfe von Schneidinstrumenten usw. gegen oder über das Arbeitsmaterial, zum Beispiel Eisen. So gelang, es die geometrischen Formen der einzelnen Maschinenteile mit einem Grad von Leichtigkeit, Genauigkeit und Raschheit zu produzieren, den keine gehäufte Erfahrung der Hand des geschickten Arbeiters verleihen konnte.[9]“

1797 baute Maudsley die erste leistungsfähige Drehbank mit einem gußeisernen Bett, die mit einem Werkzeugschlitten ausgerüstet war. In den folgenden Jahren verbesserte er seine Erfindung weiter, und 1797 baute er bereits eine Zugspindeldrehmaschine mit austauschbarer Spindel, was für diese Zeit eine gewaltige Leistung darstellte. Das Auswechseln der Spin-

[9] Ebenda, S. 406.

del erforderte jedoch noch sehr viel Zeit, und so entwickelte Maudsley 1800 einen Satz auswechselbarer Zahnräder, mit denen die Drehbank relativ rasch für verschiedene Schneidarbeiten umgerüstet werden konnte. Diese Drehbänke führten nicht nur zu einer Verbesserung der Qualität der Erzeugnisse und zu einer Senkung der Herstellungskosten, sondern sie sorgten auch dafür, daß nicht mehr wie bisher Gewinde nach Belieben geschnitten wurden, sondern ihre Typen eingeschränkt wurden. Die mechanische Drehbank von Maudsley war bald eine nicht mehr wegzudenkende Ausrüstung des Maschinenbaus geworden. Sie zeichnete sich durch eine erstaunliche Genauigkeit aus und verlangte von dem Arbeiter, der sie bediente keine allzu großen Anstrengungen.

Der mechanische Werkzeugschlitten der Drehbank hatte es möglich gemacht, Maschinen mit Maschinen zu produzieren, so daß für sämtliche Industriezweige und für den Transport die erforderlichen Maschinen rasch und in großer Stückzahl bereitgestellt werden konnten. Damit hatte die maschinelle Großproduktion die ihr angemessene materiell-technische Basis erhalten.

Die technische Umwälzung in dem einen Bereich der materiellen Produktion hatte ganz zwangsläufig auch in den anderen Bereichen ähnliche Umwälzungen nach sich gezogen. Das maschinelle Spinnen hatte die Aufgabe gestellt, auch das Weben auf Maschinen umzustellen, und dies hatte wiederum zu einer Revolution in der Bleichtechnik, in der Bleichchemie, im Zeugdruck und im Färben geführt. Zu grundlegenden Änderungen kam es auch in der Metallverhüttung, im Transport, in den Mitteln der Nachrichtenübertragung und in der Landwirtschaft.

Der industrielle Einsatz derjenigen Erfindungen, die das Wesen der vierten technischen Revolution ausmachten, führte so in England letzten Endes zu einer neuen Struktur (Entwicklungsstufe) der Technik, die dem maschinellen Fabriksystem entsprach. Diese tiefgreifende Umwälzung erfaßte die Arbeitsmittel, die Energieformen und die allgemeinen materiellen Bedingungen des Produktionsprozesses.

Doch waren bereits vor den Erfindungen von Arkwright, Watt und Maudsley Ideen und Konstruktionen aufgetaucht und auch realisiert worden, die diesen großen Erfindungen nicht viel nachstanden. Wir denken dabei an die Dampfmaschine von POL'ZUNOV, an die Drehbank von NARTOV (Rußland) oder an die Erfindungen von BLASCO DE GARAY (Spanien) PAPIN (Frankreich) und andere. Das zeigt uns, daß die Elemente einer technischen Revolution nicht alle in dem Lande entstehen müssen, in dem diese Revolution zuerst einsetzt, sondern daß sie auch aus technisch und sozial rückständigen Ländern stammen können.

Das Hinüberwachsen der technischen Revolution in eine Revolution der Produktion (industrielle Revolution) Ende des 18. und Anfang des 19. Jahrhunderts

Das erste Gebiet, auf dem es an der Wende vom 18. zum 19. Jahrhundert zu einer Revolution der Produktion gekommen war, war die Industrie. Ihr Ergebnis war, daß die Produktion industriellen Charakter annahm. Selbst der Ackerbau, so schreibt MARX, „wird immer mehr ein bloßer Industriezweig und ist völlig vom Kapital beherrscht.“[1] Deshalb werden wir, wenn wir im folgenden den Übergang vom Manufakturbetrieb zum maschinellen Fabrikbetrieb untersuchen, stets von einer „industriellen Revolution“ sprechen, die, wie wir bereits ausgeführt haben, ein spezieller Fall der Revolution der Produktion ist.

V. I. LENIN führt aus, daß eine industrielle Revolution eine Erscheinung ist, die „unter dem Einfluß der Maschinen (wohlgemerkt, eben unter dem Einfluß der maschinellen Industrie und nicht des „Kapitalismus“) eine jähe und ungestüme Umgestaltung aller gesellschaftlichen Verhältnisse ...“ bewirkt.[2] Denn der Kapitalismus war bereits früher entstanden, konnte aber erst auf einer späteren Entwicklungsstufe eine industrielle Umwälzung vollziehen, das heißt eine maschinelle Großindustrie und neue soziale Beziehungen errichten.

Das erste Land, das in den Übergang vom Manufakturbetrieb zum maschinellen Großbetrieb eintrat, war England. Aber auch die anderen Länder, in denen sich ein solcher Übergang vollzog, erfuhren die Auswirkungen der technischen und der industriellen Revolution. Auch in ihnen wirkte das von MARX entdeckte objektive Gesetz, dessen Wesen es ist, daß der Aus-

[1] K. Marx, Grundrisse der Kritik der Politischen Ökonomie, Berlin 1953, S. 27.

[2] V. I. Lenin, Werke, Band 2, Berlin 1970, S. 234–35.

gangspunkt für die Umstellung vom Handwerks- bzw. Manufakturbetrieb auf den maschinellen Fabrikbetrieb stets die Arbeitsmaschine ist.[3]

In England hatte die technische Umwälzung nach der bürgerlichen Revolution, also nach einem einschneiden sozialpolitischen Umschwung, begonnen und war dann in eine industrielle Revolution hinübergewachsen. In Frankreich, Deutschland und anderen Ländern setzte unter dem Einfluß Englands die technische Revolution ein, noch bevor eine bürgerliche Revolution bzw. eine Reform, die den Weg für die kapitalistische Entwicklung hätte freimachen können, stattgefunden hatte. Die Konkurrenz mit England sowie strategische und andere Überlegungen zwangen diese Länder, englische Arbeitsmaschinen und Dampfmaschinen einzuführen und selbst nachzubauen.

Allerdings konnte in den Ländern, in denen die feudalen Verhältnisse die Oberhand behielten, die technische Revolution nicht in eine industrielle Revolution einmünden. Dazu bedurfte es grundlegender sozialer und politischer Veränderungen um gewissermaßen die Voraussetzungen für eine neue Struktur der Technik zu schaffen. In Frankreich wuchs die technische Revolution erst nach der bürgerlichen Revolution in eine industrielle Revolution hinüber. Dasselbe ist auch in den anderen Ländern, die den kapitalistischen Entwicklungsweg einschlugen, zu beobachten. Die Entstehung des Fabriksystems bedeutete in den meisten Ländern Europas sowie in Japan und in den USA den welthistorischen Sieg der kapitalistischen Produktionsweise.

Die Periode der Durchsetzung des kapitalistischen Fabriksystems ist durch einen stürmischen Fortschritt der Technik gekennzeichnet. „Die Bourgeoisie hat in ihrer kaum hundertjährigen Klassenherrschaft massenhaftere und kollosalere Produktionskräfte geschaffen als alle vergangenen Generationen zusammen“,[4] schreibt Marx. Die maschinelle Produktion, die Anwendung der Chemie in Industrie und Landwirtschaft, die Dampfschiffahrt, die Eisenbahnen und andere Gebiete der Technik erfuhren in der ersten Hälfte des 19. Jahrhunderts einen

[3] Vgl. Marx/Engels, Werke, Band 23, Berlin 1962, S. 393.
[4] Marx/Engels, Werke, Band 4, Berlin 1959, S. 467.

großen Aufschwung. Auf diese Weise erhielt der Übergang vom Manufakturbertieb zum maschinellen Großbetrieb die Bezeichnung „industrielle Revolution“ bzw. „industrielle Umwälzung“ Beide Termini werden erstmalig in den frühen Arbeiten von ENGELS („Die Lage Englands. Das achtzehnte Jahrhundert“[5] (1844) und „Die Lage der arbeitenden Klasse in England“[6] (1844–45) verwendet, und zwar ohne jeden Unterschied der Bedeutung. Außerdem findet sich bei ihm auch öfters zur Bezeichnung der gleichen Erscheinung der Terminus „soziale Revolution“[7], womit unterstrichen wird, daß die industrielle Revolution nicht bloß den Übergang von einer technologischen Produktionsweise zur anderen einschließt, sondern auch die damit einhergehenden grundlegenden sozialen Veränderungen der Gesellschaft.

Die zahlreichen Äußerungen von ENGELS über die industrielle Revolution Ende des 18. Anfang des 19. Jahrhunderts beschränken sich nicht allein auf die Ereignisse in England, obwohl sein besonderes Interesse natürlich der englischen industriellen Revolution galt; immerhin war sie die erste in der Geschichte der Menschheit. Nach seinen Worten „hat England seit der Mitte des vergangenen Jahrhunderts eine größere Umwälzung durchgemacht als irgendein andres Land – eine Umwälzung, die umso folgenreicher ist, je stiller sie bewerkstelligt wurde, und die deshalb aller Wahrscheinlichkeit nach ihr Ziel eher in der Praxis erreichen wird als die französische politische oder die deutsche philosophische Revolution. Die Revolution Englands ist eine soziale und daher umfassender und eingreifender als irgendeine andre. Es gibt kein noch so entlegenes Gebiet menschlicher Erkenntnis und menschlicher Lebensverhältnisse, die nicht zu ihr beigetragen und wiederum von ihr eine veränderte Stellung empfangen hätten. Die soziale Revolution ist erst die wahre Revolution, in der die politische und philosophische Revolution ausmünden müssen; und diese soziale Revolution ist in England schon seit siebzig oder achtzig Jahren im Gange und geht eben jetzt mit raschen Schritten ihrer Krisis entgegen.“[8]

[5] Marx/Engels, Werke, Band 1, Berlin 1956, S. 563.
[6] Marx/Engels, Werke, Band 2, Berlin 1957, S. 239, 250.
[7] Marx/Engels, Werke, Band 1, Berlin 1956, S. 550.
[8] Marx/Engels, Werke, Band 1, Berlin 1956, S. 550.

Das technische Wesen der kapitalistischen maschinellen Produktion

Marx schreibt über die Handwerker der Feudalzeit folgendes: „... und daher mußte Jeder, der Meister werden wollte, seines ganzen Handwerks mächtig sein. Daher findet sich bei den mittelalterlichen Handwerkern noch ein Interesse an ihrer speziellen Arbeit und an der Geschicklichkeit darin, das sich bis zu einem gewissen bornierten Kunstsinn steigern konnte. Daher ging aber auch jeder mittelalterliche Handwerker ganz in seiner Arbeit auf, hatte ein gemütliches Knechtschaftsverhältnis zu ihr und war viel mehr als der moderne Arbeiter, dem seine Arbeit gleichgültig ist, unter sie subsumiert."[9]

Der kapitalistische Manufakturbetrieb nahm eine Zwischenstellung zwischen dem Handwerk und der Fabrik ein, so daß er Elemente beider enthielt. In der Manufaktur hatte die Arbeitsteilung innerhalb der Werkstatt begonnen, ein Prozeß, der für die kapitalistische Produktionsweise charakteristisch werden sollte. Jedem Arbeiter war eine „Teiloperation" zugewiesen und machte ihm zum „Teilarbeiter".

Arbeitsteilung in Form einfacher Kooperation hatte es bereits vor der Manufaktur gegeben. Aber „in der Manufaktur liefert jede Arbeitsgruppe der anderen ihr Rohmaterial. Daher Grundbedingung, daß jede Gruppe in der *gegebenen Zeit ein gegebenes Quantum* erzeugt, also eine ganz andere Kontinuität, Regelmäßigkeit, Gleichförmigkeit und Intensität der Arbeit erzeugt wird als selbst in der Kooperation. *Hier also schon zum technologischen Gesetz der Produktionsprozesse, daß die Arbeit gesellschaftlich notwendige Arbeit sei.*"[10] Der „Teilarbeiter" der Manufaktur war nicht mehr der Künstler und Meister, der der Handwerker war, aber er hatte sich noch Elemente der handwerklichen Arbeit bewahrt: Teile der alten Kunstfertigkeit und folglich auch Interesse am Arbeitsprozeß als schöpferischem Akt, da der lebendige Mechanismus der Manufaktur der sich aus den Teilarbeitern zusammensetzende Gesamtarbeiter war.

In der Manufakturperiode gab es noch kein Proletariat als Klasse, wenn auch bereits Lohnarbeit verwendet wurde und

9 Marx/Engels, Werke, Band 3, Berlin 1958, S. 52.
10 Marx/Engels, Werke, Band 16, Berlin 1962, S. 276–77.

sich gewisse Produktionsmittel zu Kapital verselbständigten und dem Arbeiter gegenübertraten. Jeder Teilarbeiter benutzte bestimmte Werkzeuge, und die Arbeitsteilung wurde zur Ursache für die Differenzierung und Spezialisierung der Arbeitsinstrumente. „Die Manufakturperiode", schreibt MARX, „vereinfacht, verbessert und vermannigfacht die Arbeitswerkzeuge durch deren Anpassung an die ausschließlichen Sonderfunktionen der Teilarbeiter. Sie schafft damit zugleich eine der materiellen Bedingungen der Maschinerie, die aus einer Kombination einfacher Instrumente besteht."[11]

Das Proletariat des kapitalistischen Fabrikbetriebes zeichnete sich durch eine andere Stellung im Produktionsprozeß aus: die letzten Elemente des handwerklichen Kunstfertigkeit waren untergegangen und zusammen mit ihnen auch das Interesse am Arbeitsprozeß.

In der Fabrik sind die Arbeitsinstrumente, die während der Bearbeitung direkt mit dem Arbeitsgegenstand in Berührung kommen, nicht Werkzeuge des Menschen, sondern Werkzeuge der Maschine. Aber die Maschine als Ganzes ist nicht Arbeitsmittel irgendeines einzelnen Arbeiters. Dieser vermittelt nur noch die Arbeit der Maschine, er beaufsichtigt sie und wendet Störungen ab. In der Manufaktur geht die Betätigung des Werkzeugs vom Menschen aus, und er zwingt das Werkzeug, ihm zu gehorchen; in der Fabrik muß der Mensch den Bewegungen des Werkzeugs nachgeben. Deshalb verwendet der Arbeiter nicht das Werkzeug, sondern die Maschine ordnet sich den Arbeiter unter. In der Fabrik existiert der tote Mechanismus unabhängig vom Arbeiter, und letzterer ist ihm als lebendiges Anhängsel angeschlossen.

Die technologischen Prinzipien der maschinellen Produktion bestehen aus der Zerlegung des Produktionsprozesses in seine Bestandteile und in der Lösung der auftretenden technischen Aufgaben „... durch Anwendung der Mechanik, Chemie usw., kurz der Naturwissenschaften ..."[12] Der Produktionsprozeß wird hier zum Unterschied zur Manufaktur nicht dem Arbeiter angepaßt, sondern in Abhängigkeit von der jeweiligen Produktionstechnologie in seine Bestandteile zerlegt. Die Fabrik

[11] Marx/Engels, Werke, Band 23, Berlin 1962, S. 361–62.
[12] Ebenda, S. 485.

ist ein Ort, „wo der Arbeitsgegenstand eine zusammenhängende Reihe verschiedener Stufenprozesse durchläuft, die von einer Kette verschiedenartiger, aber einander ergänzender Werkzeugmaschinen ausgeführt werden."[13] Hier gibt es ebenso wie in der Manufaktur eine auf der ständig zunehmenden Arbeitsteilung beruhende Kooperation, die allerdings eine Kooperation von Teilmaschinen ist. Mit anderen Worten, die materielle Grundlage der Fabrik ist das Maschinensystem, vermittels dessen der kontinuierliche Zusammenhang zwischen den einzelnen Prozessen realisiert wird.

Die Großindustrie, so sagt Marx, beseitigt auf der einen Seite die Arbeitsteilung der Manufaktur, reproduziert aber zugleich „jene Arbeitsteilung noch monströser, in der eigentlichen Fabrik durch Verwandlung des Arbeiters in den selbstbewußten Zubehör einer Teilmaschine . . ."[14]

Im Kapitalismus stehen die Produktionsmittel (Material, Instrumente usw.) dem Arbeiter als Funktionen des Kapitals gegenüber, wobei „andrerseits mit der Entwicklung der Maschinerie auch technologisch die Bedingungen der Arbeit als die Arbeit beherrschend erscheinen und zugleich sie ersetzen, unterdrücken, überflüssig machen in ihren selbständigen Formen."[15] Im maschinellen Fabriksystem werden die qualitativen Unterschiede zwischen der Arbeit beseitigt, sie wird nivelliert, und die Arbeitsteilung läuft auf eine Verteilung der Arbeiter auf die einzelnen Maschinen hinaus, so daß der Arbeiter sein Leben lang Teil der Teilmaschine bleibt.

Der grundlegende Unterschied zwischen der Manufaktur und der Fabrik liegt also darin, daß der Arbeiter dort am Gesamtproduktionsprozeß teilhat, für dessen Durchführung er diese oder jene Arbeitswerkzeuge und gelegentlich auch bestimmte Maschinen betätigt, während er hier den Produktionsprozeß nicht mehr als Ganzes erfaßt, sondern lediglich notwendiges Anhängsel einer Maschine ist, die selbst nur einen bestimmten, nicht sehr großen Teil des Gesamtprozesses ausführt.

Die Klassiker des Marxismus-Leninismus haben gezeigt,

[13] Ebenda, S. 400.

[14] Ebenda, S. 508.

[15] Marx/Engels, Werke, Berlin 26, Erster Teil, Berlin 1965, S. 367.

daß das kapitalistische Fabriksystem den Arbeiter sowohl sozial als auch technisch bzw. technologisch entstellt und verkrüppelt (nicht er unterwirft sich die Maschine, sondern die Maschine unterwirft sich ihn). Und dennoch haben die Begründer des Marxismus-Leninismus stets den fortschrittlichen Charakter des Fabriksystems anerkannt. Für die Länder, die im 19. Jahrhundert ihre große Entwicklung durchmachten, war es unbedingt erforderlich, diese Phase zu durchlaufen.

Die Arbeit im Fabriksystem erfordert eine Entwicklung der Naturwissenschaften, so daß sie zwangsläufig zu einer unmittelbaren Produktivkraft werden muß. In der Fabrik wird der kooperative Charakter des Arbeitsprozesses zur technischen Notwendigkeit, wodurch sich der grundlegende Widerspruch zwischen dem gesellschaftlichen Charakter der Arbeit und der privaten Aneignung ihrer Ergebnisse noch weiter verschärft.

Die Großindustrie revolutioniert beständig die Produktivkräfte, beseitigt sämtliche Überbleibsel des Handwerks und der Manufaktur und legt somit den Grundstein für die neue, zukunftweisende Produktionsweise, die den Kapitalismus ablösen wird. Die Klassiker des Marxismus-Leninismus haben mehrfach betont, daß das Fabriksystem als die der kapitalistischen Formation entsprechende Produktionsform historisch vergänglich ist.

Die industrielle Revolution in England Ende des 18. und Anfang des 19. Jahrhunderts als spezieller Fall der Revolution der Produktion

Etwa in den vierziger Jahren des 19. Jahrhunderts war die technische Neuausrüstung der englischen Textilindustrie zum Abschluß gekommen. An die Stelle der Manufaktur als der alten hauptsächlichen Organisationsform der Produktion war die Fabrik getreten. Die weitere technische Entwicklung der Textilindustrie vollzog sich einerseits über die weitere Vervollkommnung der Arbeitsmaschinen und Hilfsmechanismen und andererseits über die zunehmende Komplizierung der Maschinensysteme. Die einfache Kooperation von Maschinen ging seit der Mitte des 19. Jahrhunderts in gegliederte Maschinensysteme über.

Die erste englische Fabrik im echten Sinne des Wortes war die von Arkwright 1771 in Cromford am Derwent errichtete Spinnerei. An Größe übertraf sie sämtliche Unternehmen dieser Art. Sie verfügte über einen leistungsfähigen Antrieb, nämlich ein Wasserrad, das das ganze Jahr über ohne Unterbrechung laufen konnte, da der Fluß nicht zufriert. Arkwright begann bald, in ganz Lancashire solche Fabriken einzurichten. Später breiteten sie sich über das ganze Land aus und griffen auch in andere Produktionsbereiche über. 1788 gab es in Lancashire bereits 40 Spinnereien mit mechanischen Ausrüstungen; sie lagen gewöhnlich an den Flußläufen, deren Wasserenergie als billige Antriebskraft genutzt wurde, oder aber in der Nähe der großen Handelshäfen. Anfang der achtziger Jahre hatte sich die Baumwollindustrie Englands endgültig auf maschinellen Betrieb umgestellt. Die meisten Fabriken waren zwischen 1775 und 1780 entstanden.

Die Erfindung der ersten Arbeitsmaschinen und die Errichtung der Fabrik verschlechterten die Lage der Arbeiter fühlbar, vor allem aber die der englischen Arbeiterklasse. Die Maschine wurde im Kapitalismus zu einem Mittel der Ausbeutung und Unterdrückung, sie vergrößerte die Arbeitslosigkeit, die ihrerseits das Lebensniveau der Arbeiterklasse merklich abfallen ließ. Die „Spinning-Jenny“, die von einem Arbeiter bedient werden konnte, lieferte etwa sechsmal mehr Garn als das alte Handspinnrad, sie raubte also 5 Arbeitern ihren Arbeitsplatz. Die „Wassermaschine“, ebenfalls eine Einmannmaschine, lieferte noch mehr Garn als die „Spinning-Jenny“, und die „Mule-Maschine“ verringerte die Anzahl der erforderlichen Arbeiter erneut.

Die Einführung dampfgetriebener mechanischer Webstühle war ebenfalls von einem merklichen Rückgang der Beschäftigtenanzahl begleitet. Von 800 000 Webern, die in England zu Beginn des 19. Jahrhunderts an Handwebstühlen arbeiteten, waren 1834 nur noch 200 000 übrig geblieben. „Die Weltgeschichte bietet kein entsetzlicheres Schauspiel“, schrieb Marx, „als den allmählichen, über Dezennien verschleppten, endlich 1838 besiegelten Untergang der englischen Handbaumwollweber. Viele von ihnen starben am Hungertode, viele vegetierten lange mit ihren Familien auf $2^1/_2$ d. täglich."[16]

Die Folge war, daß die Arbeiter diese Maschinen von Anbeginn an bekämpften, das heißt, sie lehnten sich gegen das Arbeitsmittel als der materiellen Existenzform des Kapitals auf. Von den achtziger Jahren des 18. Jahrhunderts bis in die dreißiger Jahre des 19. Jahrhunderts war in England eine breite Bewegung der Maschinenstürmerei zu beobachten, die nach ihrem Anführer NED LUDD als Ludditenbewegung in die Geschichte einging. Die Arbeiter steckten die Fabriken in Brand, zerstörten die Maschinen oder machten sie unbrauchbar verprügelten oder erschlugen die Ingenieure und Erfinder, die die Maschinen in die Unternehmen eingeführt hatten. Kein anderer als ARKWRIGHT mußte mehr als einmal seine Fabriken gegen die Ludditen mit der Waffe in der Hand verteidigen. Schließlich kam es so weit, daß die Kapitalisten gnadenlos das vom Parlament bereits im Jahre 1769 verabschiedete Gesetz anwandten, das jedem die Todesstrafe androhte, der gegen die Maschinen vorging.

Die Aktionen gegen die Maschinen waren Ausdruck des Protestes der gerade im Entstehen begriffenen Arbeiterbewegung gegen die verheerenden Folgen, die die Anwendung von Maschinen im Kapitalismus hatte. Die Arbeiterklasse benötigte eine gewisse Zeit und Erfahrung, um zu erkennen, daß ihr Elend und ihre Unterdrückung nicht von den Maschinen selbst herrührten, sondern von ihrer Anwendung im Kapitalismus.

Die Maschinen waren aber unter kapitalistischen Verhältnissen nicht nur ein unbezwingbarer Konkurrent, der stets bereit war, den Lohnarbeiter überflüssig zu machen. Sie wurden von den Kapitalisten außerdem zum direkten Angriff auf die Arbeiterklasse eingesetzt und waren die mächtigsten Waffen, mit denen die ständig wiederkehrenden Auflehnungen und Arbeitsverweigerungen der Arbeiter, die sich gegen die Herrschaft des Kapitals richteten, niedergehalten werden konnten. Eine bedeutende Anzahl von Erfindungen ist direkt dem von den Kapitalisten gegen die Arbeiter geführten Klassenkampf zu verdanken, das heißt dem Bestreben, durch die Senkung

[16] Marx/Engels, Werke, Band 23, Berlin 1962, S. 454.

der Beschäftigtenanzahl und durch die Einstellung von Arbeitskräften geringerer Qualifikation den Widerstand der Arbeiter gegen das Joch des Kapitals zu brechen. So waren beispielsweise die automatischen Spinnmaschinen, die Selfaktoren, eingeführt worden, nachdem es zwischen den Unternehmern und den Spinnern zu heftigen Auseinandersetzungen um die Verbesserung der Arbeitsbedingungen gekommen war.

Die industrielle Revolution hatte für England unermeßliche Folgen. Mit dem Übergang zum Fabriksystem hatte sich der Kapitalismus die ihm angemessene materiell-technische Basis geschaffen, was für die Übereinstimmung der Produktionsverhältnisse mit dem Charakter der Produktivkräfte von großer Bedeutung war. Für lange Zeit war nun England die „Werkstatt der Welt", das heißt der Warenlieferant für aller Herren Länder. Das erste Ergebnis der industriellen Umwälzung war die Umwandlung Englands aus einem Agrarstaat in einen hochentwickelten Industriestaat. „Durch die industrielle Revolution war die Industrie, kraft deren England den Weltmarkt erobert hatte und unterjocht hielt, zum entscheidenden Produktionszweig für England geworden."[17]

ENGELS hatte die Bedeutung der industriellen Revolution für England mit folgenden Worten charakterisiert: „Vor sechzig, achtzig Jahren ein Land wie alle andern, mit kleinen Städten, wenig und einfacher Industrie und einer dünnen, aber verhältnismäßig großen Ackerbaubevölkerung; und jetzt ein Land wie kein andres, mit einer Hauptstadt mit drittehalb Millionen Einwohnern, mit kolossalen Fabrikstädten, mit einer Industrie, die die ganze Welt versorgt und die fast alles mit den kompliziertesten Maschinen macht, mit einer fleissigen, intelligenten, dichtgesäten Bevölkerung, von der zwei Drittel durch die Industrie in Anspruch genommen werden..."[18]

Die maschinelle Produktion hatte die Preise der Industriegüter um ein Vielfaches gesenkt, so daß die Manufakturen endgültig zum Untergang verurteilt waren. Das Fabriksystem hatte auf der Grundlage der maschinellen Technik die Handarbeit durch dampfgetriebene Maschinen ersetzt. Dadurch

[17] Marx/Engels, Werke, Band 7, Berlin 1960, S. 236.
[18] Marx/Engels, Werke, Band 2, Berlin 1957, S. 249–50.

war es nun möglich, im großen Umfange zur Frauen- und Kinderarbeit überzugehen.

Ein weiteres Ergebnis der industriellen Revolution war die Übernahme der vollen politischen Macht durch die Bourgeoisie und die Herausbildung des Proletariats als Klasse. Die dem Kapitalismus innewohnenden Widersprüche, nämlich die grausame und immer stärker werdende Ausbeutung, erzeugten die Unzufriedenheit des Proletariats und verschärften den Klassenkampf, in dessen Verlauf das Selbstbewußtsein und die Macht des Proletariats wuchsen. Deshalb bereitete, wie ENGELS feststellte, die industrielle Revolution die soziale Revolution vor, die das Proletariat einst vollziehen sollte.[19]

Die technischen und die industriellen Revolutionen in anderen Ländern

Die technische und industrielle Revolution an der Wende vom 18. zum 19. Jahrhundert war ein welthistorisches Ereignis. Auf Grund der besonderen Entwicklung Englands hatte sie ihren Ursprung in diesem Lande genommen, sich aber später auch auf andere Länder ausgedehnt, die im 19. Jahrhundert den kapitalistischen Entwicklungsweg einschlugen. In Frankreich gab es 1788, also am Vorabend der Französischen Revolution, 864 Eisenhütten und 182 eisenverarbeitende Unternehmen, die insgesamt im Jahre 110 000 t Roheisen, 84 000 t Gußeisen sowie etwas Stahl und Blech erzeugten. Im Grunde genommen handelte es sich um kleinere Manufakturen, die entlang der Flüsse in den Bergbaugebieten der Champagne, der Franche-Comté und anderer Departements lagen. Größere Betriebe gab es bereits in Lothringen (die DE WENDEL), im Elsaß (DIETRICH), in Berry (AUBERTOT) und an einigen anderen Orten. Doch lieferten sie nur 10 Prozent des Roheisens und 4 Prozent des Gußeisens, das damals in Frankreich insgesamt erzeugt wurde.[20] Im höchstentwickelten Industriezweig des damaligen Frankreichs, der Seidenspinnerei, waren bereits in

19 Vgl. Marx/Engels, Werke, Band 4, Berlin 1959, S. 369.

20 V. Virginskij, Aus der Geschichte der Industriepolitik der französischen bürgerlichen Revolution, in: Istorik-marksist 1936, Band 5, S. 85–86.

der Mitte des 18. Jahrhunderts verschiedene Maschinen und mechanische Vorrichtungen aufgetaucht, die von J. De Vaucanson und anderen Erfindern stammten. Der französische Forscher Ch. Ballot konnte nachweisen, daß schon im 18. Jahrhundert „die Seide mit sehr vervollkommneten Maschinen verzwirnt wurde, die völlig automatisch arbeiteten und bei denen der Arbeiter nichts weiter zu tun hatte, als sich um ihren Gang zu kümmern."[21] Es gab aber noch andere Erfindungen. So hatte 1755 B. De Barneville eine Maschine konstruiert, auf der Wolle, Flachs und Baumwolle versponnen werden konnte, und 1782 tauchten die ersten Walzen im Zeugdruck auf.[22]

Die technische Revolution in England konnte nicht ohne Wirkung auf die französische Industrie bleiben. Dafür sorgte besonders der englisch-französische Vertrag von 1786. Der Einfluß zeigte sich besonders stark in der Leinenindustrie in der Normandie, in den Spitzenklöppeleien in Valencienne und in der Zuckerindustrie, die in dieser Zeit zu einem selbständigen Zweig wurde. In den Strumpfwirkereien wurden trotz der Proteste der Handwerker Arbeitsmaschinen eingesetzt.[23]

Bereits 1777 waren englische Meister nach Louviers gerufen worden, um die französischen Arbeiter im mechanischen Wollekämmen zu unterweisen. Etwa um 1780 kamen zwei englische Mechanikerfamilien nach Frankreich, die sieben Maschinen Arkwrights mitbrachten und eine Wollspinnerei einrichteten. Der Unternehmer Perret aus Neuville-sur-Saône erwarb Maschinen von den Milne (Engländern, zwei Brüder, die eine Konzession für den Verkauf englischer Maschinen hatten), um eine mechanische Wollspinnerei aufzumachen. In einer 1787 errichteten Manufaktur gab es bereits 18 Kardenmaschinen und 3 Spinnmaschinen, und etwa zur gleichen Zeit wurde eine Spinnerei in Amiens mit „Spinning-

[21] E. Potemkin, Die industrielle Revolution in Frankreich, in: Istorik-marksist 1929, Band 12, S. 121–122.

[22] V. Dalin, Das Manufakturstadium des Kapitalismus im Frankreich des 18. Jahrhunderts, in: Istorik-marksist 1929, Band 14, S. 102, 105.

[23] Ebenda, S. 79, 80, 88.

Jennies“ ausgerüstet.[24] Auch in der Metallurgie wurden in den vier größten Hütten die neuesten Errungenschaften aus England eingeführt: Strahlöfen, Zylindergebläse, verbesserte Schmiede- und Bohrausrüstungen. In vielen Fällen wurden die Hämmer, Gebläse und Pumpen bereits mit Dampfmaschinen betrieben.[25]

Trotz alledem blieben in Frankreich die Bedingungen für die Einführung von Maschinen noch bis in die neunziger Jahre hinein recht ungünstig. Nach den Worten von V. S. VIRGINSKIJ wurde im vorrevolutionären Frankreich der Übergang zur neuen Technik von der grundlegenden Richtung der Industriepolitik nicht sonderlich gefördert. Eine ganze Reihe von Verordnungen schränkte die Neuausrüstung der Eisen- und Glashütten sowie anderer Betriebe ein oder verbot sie ganz, um in der Landwirtschaft weiterhin Mensch, Wald und Boden schamlos ausplündern zu können. Die Flüsse waren zwar zu staatlichem Eigentum erklärt, wurden aber in Wirklichkeit von den Grundbesitzern genutzt usw.[26]

Ungeachtet des Einsatzes von Maschinen und mechanischen Vorrichtungen machte die industrielle Revolution in Frankreich nur langsame Fortschritte. Bemerkenswert ist in dieser Hinsicht, daß in einer Gedenkrede, die 1783 unter dem Titel „Gedanken zum Wollspinnen in Frankreich“ an der Pariser Akademie zu Ehren des Erfinders TABARIN vorgetragen wurde, die technischen Erfindungen VAUCANSONs (ökonomische Feuerung, doppelter Kessel u. a.) und die gesamte Entwicklung der Wollspinnerei schlechthin als klägliche Ergebnisse der von der Regierung angeregten Versuche zur künstlichen Errichtung von Fabriken abgetan wurden.

Eine weitere Tatsache sollte ebenfalls nicht unerwähnt bleiben: Als im Jahre 1788 eine Menge aufgebrachter Frauen eine Maschine verbrannte, die in Falaise, einem Zentrum der Baumwollindustrie, eben erst aufgestellt worden war, ergriff der Staatsanwalt Partei für die Frauen, und zwar mit der

[24] Ebenda, S. 99, 100.

[25] V. S. Virginskij, Die Eisenverhüttung in Frankreich in der zweiten Häfte des 18. Jahrhunderts, in: Trudy Instituta istorii estestvoznanija i techniki AN SSSR 1959, Band 20, S. 174.

[26] Ders., Aus der Geschichte der Industriepolitik der französischen bürgerlichen Revolution, a. a. O., S. 86, 87.

Begründung, daß dort, wo achttausend Menschen in den Spinnereien beschäftigt sind, es gefährlich sei, Aufstände zu schüren und die Maschinen deshalb zu verbieten seien. Der Handelsrat (Conseil de Commerce), der sich über diesen Ausgang der Angelegenheit beunruhigt zeigte, wandte ein, daß die Maschinen im Kampf gegen die englische Konkurrenz benötigt würden.[27]

Gab es schon derart große Schwierigkeiten bei der Einführung von Maschinen in die Manufakturen, so waren die Bedingungen für den Übergang von der Manufaktur zur Fabrik noch weit ungünstiger. E. V. Tarlé war der Meinung, daß im Frankreich des 18. Jahrhunderts die industrielle Tätigkeit fast gänzlich auf dem flachen Lande und nicht in den Städten konzentriert war und daß das flache Land im gesamten industriellen Leben tonangebend war.[28] Ungeachtet dieser Tatsachen beweist auch hier die Einführung von Arbeitsmaschinen und universellen Dampfmaschinen, daß die Anfänge der technischen Revolution vor dem Jahre 1789 anzusetzen sind.

Nach der bürgerlichen Revolution von 1789 bis 1794 nahm die industrielle Entwicklung Frankreichs einen fühlbaren Aufschwung. Es wurden zahlreiche Erfindungen gemacht und industriell genutzt: chemische Verfahren (C. L. Berthollet) zur Chlorbleichung und zum Färben von Textilien, die erstmalig in der Bleichanstalt Descroizilles ausgenutzt wurden, die Gewinnung künstlicher Soda (Le Blanc) u. a.[29] Nach der bürgerlichen Revolution entstanden in Frankreich zahlreiche industrielle Großunternehmen und Großmanufakturen, in denen bedeutende Kapitalien angelegt wurden. 1806 wurde in Paris ein „Komitee der Spinner“ gegründet, ein Beweis für die Macht, die die Industrie inzwischen erlangt hatte. Besonders rasch nahmen die Waffenfabriken zu. 1795 gab es in Frankreich bereits 30 neue, gut ausgerüstete Waffenfabriken,

27 V. Dalin, a. a. O., S. 102.

28 E. V. Tarlé, Die Arbeiterklasse in Frankreich in der Epoche der Revolution, Teil II, Sankt Petersburg 1911, S. 86, 114, 139.

29 O. A. Starosel'skaja, Zur Geschichte der Wissenschaft in der Epoche der französischen bürgerlichen Revolution von 1789–94, in: Istorik-Marksist, 1939, Band 3, S. 112, 126, 130, 132

gegenüber 4 im Jahre 1793. 1796 war die Gesamtzahl der Eisenhütten und Werkstätten auf 1513 angestiegen; sie erzeugten zusammen 132400 t Roheisen und 99900 t Gußeisen und Stahl.

Die bürgerliche Revolution von 1789 bis 1794 hatte dem technischen Fortschritt Tür und Tor geöffnet, aber für den Übergang von der technischen zur industriellen Revolution mußte der Einsatz von Arbeits- und Dampfmaschinen auf eine bedeutend breitere Grundlage gestellt werden. Man mußte die in England gesammelten Erfahrungen voll nutzen und in den grundlegenden Industriezweig Frankreichs, die Seidenspinnerei, einführen. Die stürmischen Ereignisse der neunziger Jahre, die pausenlosen Kriege Napoleons und die von ihm verhängte Kontinentalsperre konnten dazu nur wenig beitragen. Erst in den zwanziger Jahren des 19. Jahrhunderts begann in der Seidenspinnerei und später auch in anderen Industriezweigen das Fabriksystem Fuß zu fassen. Die Entwicklung der Seidenspinnerei wurde durch eine französische Erfindung ein bedeutendes Stück vorangebracht, so daß auch dieser Zweig mechanisiert werden konnte. Es wurden nur noch halb so viel Arbeitskräfte benötigt, und beim Haspeln entfiel die Funktion der drehenden Arbeiterinnen. In den dreißiger Jahren war die Einführung von Spinnmaschinen im wesentlichen abgeschlossen. Ab 1827 begannen sich die Fabriken im Department Seine-Maritime im großen Ausmaß auf Dampfantrieb umzustellen. In diese Zeit fällt auch der Bau von Fabriken, in denen Maschinen mit Maschinen gebaut wurden. Zwischen 1830 und 1848 kamen Zwirnmaschinen, automatische Webstühle für die Verarbeitung von Hanf, Flachs, Wolle und Seide auf, Nähmaschinen, Dreschmaschinen, Gras- und Getreidemähmaschinen usw. Im Jahre 1854 schrieb die Jury einer Industrieausstellung: „Es sind nunmehr fünfzehn Jahre vergangen, seitdem der Bau von Maschinen in Frankreich einen wichtigen Platz einnimmt. Die Stätten ihrer Herstellung haben sich rasch vermehrt und sie werden außerdem mit immer besseren Produktionsmitteln ausgestattet.“[30]

In Deutschland, Österreich und Ungarn setzte unter dem

30 E. V. Tarlé, Die Arbeiterklasse in Frankreich in der ersten Zeit der maschinellen Produktion, Moskva-Leningrad 1928, S. 55.

Einfluß Frankreichs und Englands die technische Umwälzung im zweiten Viertel des 19. Jahrhunderts ein. In Preußen herrschte 1815 noch die Zunftordnung, und 1822 gab es erst ganze zwei Dampfmaschinen. 1837 waren es bereits 300, und zwischen 1849 und 1851 erhöhte sich ihre Anzahl auf 1100. In Österreich waren 1849 647 Dampfmaschinen in Betrieb und in Ungarn 100.[31]

„Die alten Manufakturen Deutschlands", bemerkte ENGELS, „waren durch das Aufkommen der Dampfkraft und durch die sich rasch ausbreitende Vorherrschaft der englischen Industrie zugrunde gerichtet worden." Obwohl, wie ENGELS weiter ausführt, die deutsche Industrie infolge der geographischen Lage und vor allem wegen der ununterbrochenen Kriege auf dem Territorium Deutschlands zurückgeblieben war, waren dennoch seit 1815 der Reichtum und das politische Gewicht der deutschen Bourgeoisie ständig größer geworden.[32]

Österreich versuchte, gegen die Anwendung der Maschinen ein System von Schutzzöllen aufzubauen. Das erwünschte Ergebnis blieb jedoch aus, die Einfuhr von Maschinen nahm vielmehr noch zu. In Böhmen entwickelte sich die Baumwollindustrie, in der Lombardei die maschinelle Seidenspinnerei, und in Wien selbst tauchten Maschinenbaubetriebe auf.

1848 hatte die Industrie Österreichs und Deutschlands bereits beträchtliche technische Umstellungen zu verzeichnen. Um sie jedoch in eine technische Revolution ausmünden zu lassen, bedurfte es einer bürgerlichen Revolution, die die neuen Produktionsverhältnisse hätte festigen können. Deshalb setzte die eigentliche industrielle Umwälzung in diesen Ländern auch erst nach den Revolutionen von 1848 ein. ENGELS wies auf diesen Umstand hin und schrieb, daß die ökonomische Revolution „. . . seit 1848 den ganzen Kontinent ergriffen und die große Industrie in Frankreich, Österreich, Ungarn, Polen und neuerdings Rußland erst wirklich eingebürgert, aus Deutschland aber geradezu ein Industrieland ersten Ranges gemacht hat – alles auf kapitalistischer, im Jahre 1848 also noch sehr ausdehnungsfähiger Grundlage.

[31] I. M. Kulišer, Die Geschichte des ökonomischen Daseins Westeuropas, Band II, Moskva-Leningrad 1931, S. 395.

[32] Marx/Engels, Werke, Band 8, Berlin 1960, S. 8, 9.

Gerade diese industrielle Revolution aber ist es, die überall erst Klarheit geschaffen hat in den Klassenverhältnissen, die eine Menge von aus der Manufakturperiode und im östlichen Europa selbst aus dem Zunfthandwerk her übernommenen Zwischenexistenzen beseitigt, eine wirkliche Bourgeoisie und ein wirkliches großindustrielles Proletariat erzeugt und in den Vordergrund der gesellschaftlichen Entwicklung gedrängt hat.“[33]

Die 1848 einsetzende industrielle Umwälzung kam in Deutschland zunächst nur langsam voran, weil erstens das Land zersplittert war und zweitens die bürgerliche Revolution von 1848 wegen der Feigheit und dem Verrat der liberalen Bourgeoisie nicht ein für allemal und vollständig mit den feudalen Überbleibseln aufgeräumt hatte. Wenn wir hier von Deutschland sprechen, so meinen wir zuallererst Preußen und einige mit ihm verbündete Staaten. Was allerdings Deutschland als ganzes betrifft, so wurde dort die industrielle Revolution erst nach der Einigung von 1871 wirksam.

In diesem Zusammenhang sei darauf hingewiesen, daß die deutschen Forscher Mottek, Blumberg, Wutzmer und Becker in ihrer Arbeit zur Geschichte der industriellen Revolution in Deutschland[34] die Geschichte Deutschlands des 19. Jahrhunderts in drei Perioden gliedern: das Vorbereitungsstadium der industriellen Revolution (von 1784 bis 1833), das Stadium der eigentlichen industriellen Revolution (von 1834 bis 1873) und das Stadium des Übergangs zum Monopolkapitalismus (von 1873 bis 1895). Uns scheint diese Periodisierung einer weiteren Präzisierung zu bedürfen. Die Periode von 1784 bis 1833 war durch das Aufkommen von Elementen einer neuen Struktur (Entwicklungsstufe) der Technik gekennzeichnet. Von 1834 bis 1848 vollzog sich in Deutschland eine technische Revolution, die nach 1848 in eine industrielle Revolution hinüberwuchs, die ihrerseits im Jahre 1873, nämlich mit dem Sieg des Fabriksystems, ihren Abschluß fand.

In Italien setzte die industrielle Revolution erst in den siebziger Jahren des 19. Jahrhunderts ein, das heißt nach der

[33] Marx/Engels, Werke, Band 22, Berlin 1963, S. 515.

[34] Mottek, Blumberg, Wutzmer, Becker, Studien zur Geschichte der industriellen Revolution in Deutschland, Berlin 1960, S. 26–63.

Wiedervereinigung des Landes, die mit gewissen unbedeutenden bürgerlichen Reformen einherging. Dem liberalen Adel war es in diesem Lande gelungen, seine Stellung und damit auch die Monarchie zu erhalten. Zu einer industriellen Revolution kam es in diesem Lande erst zwischen 1898 und 1908. Diese Zeit waren für das Land Jahre des industriellen Aufschwungs, in denen mit Hilfe ausländischen Kapitals und unter dem Schutz von Protektionszöllen rasch eine einheimische Großindustrie entstand: die Metallurgie, die Metallverarbeitung, die Chemie und andere Industriezweige begannen sich zu entfalten.

Sehr aufschlußreich für das Verhältnis zwischen industrieller und technischer Revolution ist auch die Geschichte Spaniens. Im 19. und 20. Jahrhundert machte Spanien sechs bürgerliche und bürgerlich-demokratische Revolutionen durch: 1808 bis 1814, 1820 bis 1823, 1834 bis 1843, 1854 bis 1856, 1868 bis 1873 und 1931 bis 1933. Die erste von ihnen stand im Zeichen der nationalen Befreiung und weitete sich zu einem Kampf um die Befreiung des Landes von den feudalen Fesseln aus. Die bürgerliche Revolution von 1820 bis 1823 gab den ersten Anstoß für die Entwicklung der Industrie, die neu ausgerüstet wurde, so daß man von einer technischen Revolution sprechen kann. Zu einer industriellen Revolution kam es in Spanien erst in den revolutionären Jahren von 1834 bis 1843; sie erreichte aber erst in den zwanziger und dreißiger Jahren unseres Jahrhunderts einen gewissen Abschluß. Diese langwierige Verzögerung erklärt sich daraus, daß sich die industrielle Revolution nach ihren ersten Anfängen nur stoßweise und mit zahlreichen Unterbrechungen fortsetzen konnte. Jede neue bürgerliche Revolution gab der industriellen Revolution einen weiteren Anstoß. Da aber die bürgerlichen Revolutionen letztlich immer wieder scheiterten, gab es immer wieder Jahre der Reaktion, in denen die industrielle Revolution bis zum nächsten Anstoß aufgehalten wurde.

Ein ähnliches Bild können wir auch in den Niederlanden beobachten, die bekanntlich als erstes europäisches Land eine bürgerliche Revolution hatten. Diese Revolution (in den siebziger und achtziger Jahren des 16. Jahrhunderts) hatte jedoch nicht die erforderlichen Voraussetzungen für eine technische und folglich auch eine industrielle Revolution schaffen können. Der in Holland Ende des 16. Jahrhunderts erfundene Stuhl für die Anfertigung von Seidenbändern wurde laut Gesetz von 1623 wieder verboten. Ähnliche Gesetze wurden in den Niederlanden im 17. Jahrhundert auch in bezug auf andere Erfindungen angenommen. Eine eigentliche technische und industrielle Revolution fand in diesem Lande erst in der zweiten Hälfte des 19. Jahrhunderts statt, nachdem 1870 das staatliche Monopol über die Ausbeutung der Kolonien abgeschafft worden war.

Wir wenden uns nun der industriellen Entwicklung der Vereinigten Staaten zu, die für unsere Zwecke von ganz besonderem Interesse ist, da sich in diesem Lande der Übergang von der technischen zur industriellen Revolution so klar verfolgen läßt wie in keinem anderen Lande der Welt.

In der Mitte des 17. Jahrhunderts, als der Bürgerkrieg in England die Versorgung der Kolonien zusehends erschwerte, setzte in den Vereinigten Staaten die Entwicklung eigener Manufakturen ein. Die ersten von ihnen wurden auf kommunaler Grundlage betrieben, und bis in die Mitte des 18. Jahrhunderts waren sie Anstalten der öffentlichen Unterweisung und Wohltätigkeit, auch wenn bereits Privatkapital hinzugezogen wurde. Die Zünfte waren in den Vereinigten Staaten nur sporadisch in Erscheinung getreten; bis in das 18. Jahrhundert hinein herrschten Heimhandwerk und Wandergewerbe in der Produktion vor.[35]

Im 17. und 18. Jahrhundert waren die herrschenden Klassen bemüht, in den neuen Staaten feudale Verhältnisse durchzusetzen; ihre besonderen Anstrengungen galten der Errichtung eines Bodenmonopols. Im Norden erwies sich dieses Vorhaben als undurchführbar, weil es einen Überfluß an frei zugänglichem Land gab, in den mittleren Staaten wurde es durch die Squatter zum Scheitern gebracht, die auf eigene Faust unbebautes Land in Besitz nahmen, und im Süden kam es zur Ausbildung der Sklaverei. Ende des 18. und Anfang des 19. Jahrhunderts existierten in den neuen Staaten die unterschiedlichsten Formen der Bodenbewirtschaftung nebeneinander, da das Land in einer Übergangsperiode kolonisiert worden war.

35 A. Efimov, Zur Geschichte des Kapitalismus in den USA, Moskva 1934, S. 197–200.

Dennoch gab es kein anderes Land, das so reich an technischen Erfindungen und in der industriellen Nutzung der Technik so weit vorangeschritten war wie die Vereinigten Staaten. Die ersten „Spinning-Jennies" tauchten bereits 1787 in Philadelphia auf, und im gleichen Jahre wurde eine Manufaktur eingerichtet, die mechanische Karden hatte. In ihr gab es 1789 bereits 10 „Spinning-Jennies" mit insgesamt 630 Spindeln, und außerdem wurden verschiedene andere Maschinen eingesetzt, so Vorrichtungen mit mechanischer Führung der Kettfäden und Wickelmaschinen. Aus der gleichen Zeit stammt eine Werkstatt mit zwei „Spinning-Jennies" und mechanischen Karden in New York, in der 130 Weber und 14 Spinner beschäftigt waren. Danach entstanden weitere Textilfabriken in Paterson (1794), Pawtucket (1799), Pomphrete (1806), Coventry (1808) und in anderen Orten. Sie alle waren dem direkten Einfluß Englands zu verdanken. Die ersten Textilmaschinen waren englischer Herkunft, wurden aber in den Vereinigten Staaten sofort weiter vervollkommnet; außerdem begann man, neue Muster zu konstruieren. 1789 baute man bereits eine Spinnmaschine, die mit Wasserkraft betrieben wurde. In den Werkstätten der Unternehmer Brown und anderen baute der Mechaniker S. Slater 1791 einen mechanischen Webstuhl. 1793 erfand der Amerikaner Ely Whitney eine Maschine für die Baumwollentkernung, der er den Namen „Cotton Gin" gab. Sie verbreitete sich rasch in Amerika und Europa, so daß zu Beginn des 19. Jahrhunderts in der Baumwollreinigung die Handarbeit fast gänzlich durch Maschinen ersetzt war. In den zwanziger Jahren des 19. Jahrhunderts kamen zahlreiche technische Neuerungen hinzu, so eine wasserradgetriebene Zylindermaschine für den Zeugdruck, der Sammeltrichter von Goulding, eine mechanische Karde usw. In den Fabriken von Lowell in Waltham gab es bereits einen mechanischen Weitertransport des Rohstoffes von Maschine zu Maschine.

Auch in der Metallverarbeitung und im Maschinenbau gab es neue Erfindungen: So wurden Anfang des 19. Jahrhunderts erstmalig Nagelkuppen maschinell gefertigt und die Zähne der Kardenwalzen mechanisch aufgesetzt. Arbeitsmaschinen wurden außerdem in Fabriken eingesetzt, die Nähmaschinen, Uhren und landwirtschaftliche Maschinen herstellten. 1844 begann McCormick mit der Serienherstellung landwirtschaftlicher Maschinen, und 1850 wurde die erste Drehmaschine mit Separator gebaut (H. und J. Pitts).

Dampfmaschinen wurden in den Vereinigten Staaten zwischen 1790 und 1800 eingeführt, und die erste Hochdruckdampfmaschine war bereits eine amerikanische Erfindung. Dennoch verbreiteten sich die Dampfmaschinen in den Vereinigten Staaten nur langsam, vor allem wohl wegen des Überflusses an Wasserkraftreserven. Noch 1820 hatten nur vereinzelte Unternehmen eine Dampfmaschine, und 1840 verfügten erst 8 Prozent der insgesamt 1240 Textilfabriken des Landes über Dampfantrieb, während es zur gleichen Zeit in England bereits 75 Prozent der Textilfabriken waren. Auch in der Metallverhüttung hinkten die Vereinigten Staaten hinterher: Bis in die sechziger Jahre hinein gab es lediglich Kleinbetriebe und eine große Anzahl einfacher Schmelzöfen. Die Geschichte der Vereinigten Staaten zeigt uns somit, daß dieses Land an der Wende vom 18. zum 19. Jahrhundert eine technische Revolution durchmachte. Doch trotz des umfassenderen Einsatzes von Maschinen gegenüber Europa waren die Unternehmungen weiterhin Manufakturen und gingen nicht zum kapitalistischen Fabrikbetrieb mit Maschinensystemen über, wo Maschinen mit Maschinen hergestellt wurden und die Maschinen sich die Arbeiter unterordneten. Die eigentliche industrielle Umwälzung setzte in den Vereinigten Staaten erst nach dem Bürgerkrieg der sechziger Jahre ein, als sich das Land in einen zentralisierten bürgerlichen Staat zu verwandeln begann und die Überbleibsel der vorkapitalistischen sozial-ökonomischen Formationen überwunden wurden.

Die Besonderheiten der technischen Revolution (die Dauer und Intensität der technischen Entwicklung) erklären sich in den Vereinigten Staaten zum Großteil aus dem Vorhandensein freien Landes im Westen, das die Arbeitskräftereserven aufsog. Dieser Umstand zwang zu Erfindungen und zum Einsatz von Maschinen. Die unterschiedlichen sozialen Formen und die Elemente der vorkapitalistischen Gesellschaftsformationen, die sich bis zum Ende des Bürgerkrieges hatten halten können, beeinträchtigten das Tempo der technischen Revolution in bedeutendem Maße. In Amerika, so schreibt

W. I. Lenin, „werden die Verschärfung der Gegensätze und die Verdrängung der Kleinbetriebe nicht aus der Welt geschafft, sondern auf einen größeren Schauplatz verlegt. Der kapitalistische Feuerbrand scheint »langsamer« um sich zu greifen, aber um den Preis der Anhäufung von neuem, gewaltigem, noch leichter entzündbarem Material."[36]

In der Tat hatte der lang anhaltende und zugleich stürmische Verlauf der technischen Revolution die eigentliche industrielle Umwälzung in den Vereinigten Staaten außerordentlich komprimiert. Die industrielle Revolution hatte in den Vereinigten Staaten Anfang der sechziger Jahre begonnen und war bereits zehn Jahre später im wesentlichen abgeschlossen.

Der amerikanische Bürgerkrieg, der mit dem Sieg des Nordens endete, hatte besonders in seiner zweiten Phase (1863 bis 1865) den Charakter einer bürgerlich-demokratischen Revolution, und er führte deshalb zu jenen neuen Produktionsverhältnissen, die Produktivkräfte freisetzten und den Übergang von der technischen zur industriellen Revolution sicherten. In der Periode der industriellen Umwälzung, die dem Bürgerkrieg und der politisch-ökonomischen Umgestaltung des Südens folgte, verwandelten sich die Vereinigten Staaten in einen hochentwickelten kapitalistischen Industriestaat, der hinsichtlich des Umfangs der industriellen Produktion bald den ersten Platz in der Welt erobert hatte.

In Japan zeigt der Übergang von der technischen zur industriellen Revolution ebenfalls seine besonderen Merkmale, auf die wir im folgenden näher eingehen wollen.

Am Ausgang des 18. Jahrhunderts setzte in Japan der Zerfall der Feudalordnung ein. Das Land war jedoch von der übrigen Welt abgeschnitten, und die Produktion hatte keine Kontakte zur Außenwelt, so daß die historische Entwicklung des Landes einen besonderen Verlauf nahm. Zu Beginn des 19. Jahrhunderts gab es ganze 146 Manufakturen in Japan, das Handwerk und das bäuerliche Heimgewerbe waren nach wie vor vorherrschend. 1854 wurde Japan unter Androhung von Waffengewalt gezwungen, mit den USA einen Vertrag

[6] V. I. Lenin, Werke, Band 22, Berlin 1960, S. 85.

abzuschließen, der die Häfen Simoda und Hakodate für Ausländer öffnete; einige Jahre später kamen noch die Häfen Kanagawa, Ningato, Osaka und Iedo hinzu. Damit war Japan gewaltsam in den weltweiten Warenumschlag einbezogen worden. Die USA begannen Japan mit Dampfmaschinen zu beliefern und Experten zu entsenden. Das brachte den amerikanischen Kapitalisten große Profite, förderte aber gleichzeitig die Entwicklung verschiedener Industriezweige in Japan selbst. Diese Zeit kann man als den Beginn einer technischen Revolution in Japan bezeichnen, die allerdings wegen der im Lande herrschenden feudalen Verhältnisse nur mühsam vorankam.

Von 1867 bis 1868 fand in Japan die sogenannte Meiji-Restauration statt, im Grunde genommen eine bürgerliche Revolution. Ungeachtet ihres gemäßigten Charakters und ungeachtet der Tatsache, daß sie auf halbem Wege stehenblieb, entfernte sie doch die reaktionärsten Feudalen aus den Regierungsämtern und ersetzte sie durch fortschrittlichere Kräfte, die dem Bürgertum und dem niederen Adel nahestanden. Das Ergebnis war, daß Japan den kapitalistischen Entwicklungsweg einschlug. Die neuen sozial-ökonomischen Verhältnisse beschleunigten die technische Revolution, die etwa um die achtziger Jahre des vorigen Jahrhunderts in eine industrielle Umwälzung hinüberwuchs. Die Industrie hatte zwar noch einen recht einseitigen Charakter, so entwickelte sich vor allem nur die Textilindustrie, doch wurden immerhin die Fundamente für das maschinelle Fabriksystem gelegt.

Der Übergang der technischen in die industrielle Revolution sicherte dem japanischen Kapitalismus einen raschen Aufstieg, der kaum in irgendeinem Lande seinesgleichen hat.[37]

Interessante Besonderheiten weist auch die Geschichte Schwedens auf, wo seit Beginn des 19. Jahrhunderts die Handelsschiffahrt und auch der Bergbau einen beachtlichen Aufschwung erfuhren. Der Einsatz von Arbeitsmaschinen in den Manufakturen kündigte auch hier den Beginn einer technischen Revolution an. Bis in die Mitte des 19. Jahrhunderts stieß jedoch die technische Entwicklung der Produktion auf

[37] V. Svetlov, Der Ursprung des kapitalistischen Japan, Moskva-Leningrad 1934, S. 111.

unzählige Hindernisse, die ihre Ursache allesamt in den feudalen Verhältnissen hatten. In Schweden herrschten noch immer die alten Zünfte und Gilden, die erst 1846 durch Handwerker- und Fabrikantenverbände abgelöst wurden. Vor der Bergbaureform von 1859 waren die Erzgruben mit erdrückenden Abgaben belegt, die Schweden all der Vorteile beraubten, die ihm die Erzeugung hochqualitativen Eisens hätte bringen können. Gewiß war die Regierung Schwedens bemüht, die Industrie des Landes zu entwickeln, und, wie E. Berendts feststellte, gab es auch eine „Reihe von Regierungserlassen, die kraft der königlichen ‚Wirtschaftsgesetzgebung' verabschiedet wurden und die alte Gesetzesordnung und die alten Polizeivorschriften stark erschütterten. Aber trotz alledem hielten sich die Überbleibsel der Vergangenheit in derart starkem Maße, so daß eine völlig ungehinderte und lebendige Entwicklung allenthalben auf Hindernisse und Fesseln stieß".[38]

Die Verschärfung der Widersprüche zwischen den in voller Entwicklung begriffenen Produktivkräften und den veralteten Produktionsverhältnissen zwang die schwedische Regierung im Jahre 1864, die völlige industrielle Freiheit zu verkünden. Am 3. Dezember 1865 beschloß der schwedische Reichstag die Durchführung von Reformen, die mit den russischen Reformen von 1861 oder der japanischen „Meiji-Restauration" verglichen werden können. Schweden beschritt nun den Weg der kapitalistischen Entwicklung. Damit war eine industrielle Umwälzung in die Wege geleitet, die etwa Anfang der neunziger Jahre zum Abschluß kam.

Der Übergang von der technischen zur industriellen Revolution im Rußland des 19. Jahrhunderts

Die Frage, wann in Rußland die industrielle Umwälzung begann, ist sehr umstritten. Es gibt dazu zwei entgegengesetzte Ansichten: die einen Forscher sind der Meinung daß in Rußland seit etwa 1830 die systematische industrielle Ver-

[38] E. Berendts, Die staatliche Wirtschaft Schwedens, Teil II, Abteilung 1, Jaroslavl' 1894, S. 37.

wendung von Maschinen und mechanischen Einrichtungen einsetzt. Das beweist nach Ansicht dieser Forscher, daß die industrielle Umwälzung bzw. das neue Stadium in der Entwicklung des russischen Kapitalismus nicht allein technische, sondern auch sozialökonomische Veränderung betraf.[39] Einige Vertreter dieses ersten Standpunktes, denen natürlich gewisse Widersprüche nicht entgehen konnten, wollen die Erscheinungen des 19. Jahrhunderts so erklären, daß die industrielle Umwälzung zwar schon in den dreißiger Jahren begann, aber erst nach den Reformen von 1861 zum Abschluß kommen konnte.[40] Die Forscher, die den zweiten Standpunkt vertreten, bestreiten dagegen, daß die industrielle Umwälzung bereits in den dreißiger Jahren eingesetzt hat, sie führen vielmehr an, daß eine industrielle Umwälzung nicht das Auftauchen der ersten Maschinen ist, sondern ihr breiter Einsatz und die sich daraus ergebenden sozialen Veränderungen.[41]

Wir glauben, daß die von uns unterbreiteten Thesen vom Hinüberwachsen der technischen Revolution in eine Revolution der Produktion diese beiden einander widersprechenden Standpunkte miteinander vereinen können und daß sie uns außerdem in die Lage versetzen, die Erscheinungen zu klären, die im 19. Jahrhundert vor und nach der Reform in Rußland zu beobachten waren.

In Rußland waren natürlich genauso wie in allen anderen Ländern die ursprüngliche Akkumulation von Kapital und die Entwicklung der Manufaktur en die notwendigen Voraus setzungen für die Entstehung der kapitalistischen Produktion. Auch wenn es in Rußland bereits Ende des 18. Jahrhunderts vereinzelte Arbeitsmaschinen gab, so wurden sie dennoch erst seit den zwanziger Jahren des 19. Jahrhunderts systematisch eingesetzt, und zwar zunächst in der Textilindustrie und später auch in anderen Manufakturen. Zur gleichen Zeit verbreiteten sich auch die doppelt wirkenden Dampfmaschinen. Deshalb ist der Beginn der technischen Revolution in Rußland

39 S. G. Strumilin, Die industrielle Umwälzung in Rußland, Moskva 1944.

40 G. D. Bakulev, Die Eisenmetallurgie im Süden Rußlands, Moskva 1953, S. 57–58.

41 V. K. Jacunskij, Die industrielle Umwälzung in Rußland, in: Voprosy istorii, 12/1952, S. 55.

zu Recht in die zwanziger Jahre des 19. Jahrhunderts zu verlegen, also in die Zeit, als eine größere Anzahl von Manufakturen zur technischen Neuausrüstung schritt, englische Arbeitsmaschinen für die Textil- und Metallfabriken eingeführt wurden und russische Erfinder die Dampfmaschinen lieferten. So gab es beispielsweise 1820 in der Prochorowsker Manufaktur (Prochorovskaja trechgornaja manufaktura Moskau) nur 5 neue Webstühle mit Schnellschützen, 1822 waren es bereits 83, 1823/24 120 und 1825 schließlich 170. Ab 1828 wurde in der gleichen Manufaktur damit begonnen, JACQUARD-Stühle aufzustellen, und von 1832 bis 1833 folgten Maschinen für die Herstellung gemusterter Stoffe. Danach wurden von 1836 bis 1837 Flechtmaschinen angeschafft und von 1837 bis 1838 hydraulische Pressen.[42] 1860 gab es in Rußland bereits 13131 mechanische Webstühle.[43]

Seit Beginn des 19. Jahrhunderts ist in Rußland auch eine eigenständige Entwicklung des Maschinenbaus zu beobachten. 1825 gab es 25 Maschinenfabriken, 1866 waren es bereits 99, und ihr Produktionsvolumen hatte sich verneunzehnfacht.

Ab 1802 baute die Firma WILSON in Moskau Dreschmaschinen, zu denen bald weitere Landmaschinenfabriken hinzukamen: die KRIVOROTOV-Werke in Elez (1815) die ANDREJEV-Werke in Simbirsk (heute: Uljanowsk), die BUTENOP-Werke in Moskau (1830) und die KONOVALOV-Werke in Tula (1832)[44].

In den dreißiger Jahren des 19. Jahrhunderts setzte die Stahlgewinnung nach dem Puddelverfahren ein, das an die Stelle des Frischherdverfahrens trat. 1859 gab es neben den 1142 Frischherdöfen bereits 225 Puddelöfen.[45]

Das erste Roheisen auf der Grundlage von Koks wurde in Rußland 1859 in den Werken Bachmut (heute Artjomowsk) gewonnen. Die Hauptenergiequelle blieb jedoch in der Eisen-

[42] N. Rožkov, Die Prochorowsker Manufaktur, in: Istorik-marksist 1927, Band 6, S. 105.

[43] S. G. Strumilin, a. a. O., S. 18.

[44] V. V. Černjaev, Der landwirtschaftliche Maschinenbau, in: Istoriko-statističeskij obzor promyšlennosti Rossii, Band I (Rubrik III), Sankt Petersburg 1883, S. 142.

[45] S. G. Strumilin, Die Eisenmetallurgie in Rußland und in der UdSSR. Der technische Fortschritt in 300 Jahren, Moskva-Leningrad 1935, S. 207.

verhüttung noch lange Zeit die Wasserkraft. Noch 1860 waren in den Hütten nur 8,8 Prozent der Kraftmaschinen Dampfmaschinen.[46]

Die doppelt wirkende Dampfmaschine kannte man in Rußland bereits in den neunziger Jahren des 18. Jahrhunderts, doch wurde sie erst ab 1820 auch in mehreren Produktionszweigen eingesetzt. Die Erfinder Čerepanov konstruierten für die Hütten- und Metallindustrie des Ural eine ganze Serie von Dampfmaschinen.[47] Trotz alledem nahm der Dampf in der Energiewirtschaft Rußlands noch in den sechziger Jahren nur einen recht unbedeutenden Platz ein. Im Ural gab es eine Gesamtantriebsleistung von 36900 PS, aber nur 7 Prozent entfielen davon auf Dampfmaschinen.[48]

Die eben angeführten Daten zeigen uns, daß in Rußland etwa zwischen 1820 und 1850 bis 1860 eine technische Revolution stattfand. Damit sie in eine industrielle Revolution hinüberwachsen konnte, mußten erst neue Produktionsverhältnisse geschaffen sein. Das war aber erst nach den Reformen von 1861 möglich, die eine neue Epoche in der kapitalistischen Entwicklung Rußlands einleiteten.

Die industrielle Umwälzung setzte in Rußland nach dem Krimkrieg ein, also etwa 1861, und war in den neunziger Jahren beendet. In seinem Brief an N. F. Danielson vom 22. September 1892 schrieb Engels: „Ich pflichte Ihnen bei, wenn Sie den Beginn der neuen industriellen Ära Ihres Landes ungefähr mit dem Jahre 1861 ansetzen ... Ich kann nur nicht einsehen, inwiefern die Resultate der industriellen Revolution, die sich in Rußland vor unseren Augen abspielt, in irgendeiner Beziehung von denen verschieden sind, die sich in England, Deutschland, Amerika zeigen oder gezeigt haben. In Amerika sind die landwirtschaftlichen Betriebs- und Besitzverhältnisse anders. Und das ist allerdings ein Unterschied."[49]

V. I. Lenin gliederte die Gesamtperiode der kapitalistischen Entwicklung Rußlands in drei Stadien, die sich durch unter-

46 Ebenda, S. 220–221.

47 V. S. Virginskij, Leben und Wirken der russischen Mechaniker Čerepanov, Moskau 1956.

48 S. P. Sigov, Bemerkungen zur Geschichte der Hüttenindustrie des Ural, Sverdlovsk 1936, S. 87.

49 Marx/Engels, Werke, Band 38, Berlin 1968, S. 467, 468.

schiedliche Strukturen (Entwicklungsstufen) der Technik gegeneinander abgrenzen: die Periode der kleinen Warenproduktion, der kapitalistischen Manufaktur und der maschinellen Großindustrie. Er schreibt: „Die drei obengenannten Grundformen der Industrie unterscheiden sich voneinander vor allem durch verschiedene Entwicklungsstufen (russ: uklad – der Übers.) der Technik. Die kleine Warenproduktion ist gekennzeichnet durch eine ganz primitive, manuelle Technik, die seit fast unvordenklichen Zeiten unverändert blieb. Der Gewerbetreibende bleibt Bauer, der die Methoden der Rohstoffbearbeitung als Tradition übernimmt. Die Manufaktur führt die Arbeitsteilung ein, die eine wesentliche Umgestaltung der Technik zur Folge hat und den Bauern in einen gewerblichen Arbeiter, in einen Teilarbeiter verwandelt. Aber die manuelle Produktion bleibt bestehen, und auf ihrer Basis können sich die Produktionsmethoden nur sehr langsam entwickeln. Die Arbeitsteilung bildet sich spontan heraus und wird – genauso wie die Arbeit der Bauern – als Tradition übernommen. Erst die maschinelle Großproduktion bringt eine radikale Änderung, wirft die handwerksmäßige Kunstfertigkeit über Bord, gestaltet die Produktion nach neuen, rationellen Prinzipien um und wendet die Ergebnisse der Wissenschaft systematisch in der Produktion an."[50] In seiner Analyse der Entwicklung des Kapitalismus in Rußland hat V. I. Lenin nachgewiesen, daß erst in der Periode nach den Reformen von 1861 der endgültige Übergang von der Manufaktur zum Fabriksystem stattfand, das heißt, daß erst in dieser Zeit die industrielle Revolution zum Abschluß kam.

Wir sehen, daß sowohl Engels als auch Lenin die industrielle Umwälzung als die Durchsetzung des maschinellen Fabriksystems der kapitalistischen Produktionsweise und als die Entstehung der kapitalistischen sozial-ökonomischen Formation betrachten: für Rußland nahmen sie diese Periode für die sechziger bis neunziger Jahre des 19. Jahrhunderts an.

Die industrielle Umwälzung war in Rußland etwa um 1895 bis 1897 abgeschlossen. In den siebziger bis neunziger Jahren hatten sich im Süden des Landes die Hüttenindustrie und der Maschinenbau entwickelt, wobei eigentliche Maschinenbaube-

[50] V. I. Lenin, Werke, Band 3, Berlin 1971, S. 559–60.

triebe (die Herstellung von Maschinen mit Maschinen) erst gegen Ende der achtziger und Anfang der neunziger Jahre entstanden. In den siebziger bis neunziger Jahren kamen in der Industrie Rußlands außerdem metallurgische Prozesse und Aggregate zum Einsatz, die zwar schon vorher bekannt waren, aber in Rußland, wie in allen anderen Ländern, erst in der Epoche des maschinellen Fabriksystems voll zur Geltung kamen.

Die Entwicklung ganzer Produktionskombinate (zum Beispiel des Unternehmens „Russkij providans") mit vollständigem Produktionszyklus, angefangen bei der Erz- und Kohleförderung bis hin zur Erzeugung von Stahlwalzgut, vergrößerte die Eisengewinnung ganz erheblich. War sie beispielsweise von 1830 bis 1860 lediglich von 187700 Tonnen auf 328000 Tonnen angestiegen, und von 1860 bis 1885 von 328000 auf 515200 Tonnen, so betrug die Steigerung von 1885 bis 1900 bereits 2131200 Tonnen. Das maschinelle Fabriksystem hatte sich in der russischen Hütten- und Metallindustrie in den achtziger bis neunziger Jahren des 19. Jahrhunderts durchgesetzt, was klar wird, wenn man die Produktionstechnologien und die technischen Mittel betrachtet. Das gleiche gilt auch für den Maschinenbau, denn schließlich konnten die von den Hüttenbetrieben anfallenden Metallmengen nicht mehr in Manufakturen verarbeitet werden. Untersucht man die technischen Dokumente jener Zeit, so stellt man fest, daß der Maschinenbau erst zu dieser Zeit eine Form und einen Inhalt annahm, der dem maschinellen Fabriksystem entsprach und folglich auch die Forderungen erfüllen konnte, die an die an den neuen Werkbänken stehenden Arbeiter gestellt wurden.[51]

Somit hatten in den neunziger Jahren des 19. Jahrhunderts die Fabriken mit ihren Maschinensystemen und die Herstellung von Maschinen mit Maschinen endgültig die Oberhand

[51] Es liegen bereits voll detaillierte technische Zeichnungen für die Herstellung der einzelnen Maschinen vor, mit Hinweisen für die Fertigungstechnologie der Einzelteile; Auftragsscheine kommen in Gebrauch sowie die Lichtpause technischer Zeichnungen. (Vgl. dazu A. A. Kuzin, Zur Geschichte der technischen Zeichnung im Maschinenbau Rußlands in der zweiten Hälfte des 19. und zu Beginn des 20. Jahrhunderts, in: Trudy Instituta istorii estestvoznanija i techniki AN SSSR, 1965, Band 8, S. 166–184.

gewonnen. Zur gleichen Zeit entstand auch das Proletariat als Klasse.

Fassen wir also zusammen: Obwohl sich in den einzelnen Ländern die konkreten Bedingungen, die Formen, der Beginn und der Verlauf der technischen bzw. der industriellen Revolution stark unterscheiden, bleibt doch ein gemeinsames Merkmal unverändert bestehen: die industrielle Revolution setzt stets und überall erst nach sozialen und politischen Umwälzungen ein, nämlich entweder nach bürgerlichen Revolutionen wie in Frankreich und Deutschland, nach auf halben Wege stehengebliebenen Revolutionen wie in Japan oder nach Reformen von oben wie in Rußland und Schweden.

Die erfolgreiche Beendigung der industriellen Revolution Ende des 18. und Anfang des 19. Jahrhunderts setzte einen zentralisierten bürgerlichen Staat voraus. Das beweist sehr über zeugend die Geschichte Italiens, Deutschlands und besonders der Vereinigten Staaten. Die bürgerlichen Umwälzungen (wir werden damit jede beliebige bürgerliche sozial-politische Umgestaltung bezeichnen) waren die unabdingbaren Voraussetzungen für die industriellen Revolutionen, nicht aber für die technischen Revolutionen, die sowohl vor (Rußland, Schweden und andere Länder) als auch nach (England, Italien und Spanien) solchen sozial-ökonomischen Umwälzungen einsetzen konnten.

Die Entstehung von Elementen einer neuen Struktur der Technik im Schoße der kapitalistischen Produktionsweise

Zu Beginn der siebziger Jahre des 19. Jahrhunderts war der Kapitalismus zum herrschenden System in der Welt geworden. Die Produktivkräfte der kapitalistischen Gesellschaft hatten ein Niveau erreicht, von dem die Menschen der vorangegangenen Zeiten nicht einmal zu träumen gewagt hätten, und sie begannen bald den Rahmen der bürgerlichen Verhältnisse zu sprengen. Es häuften sich Anzeichen dafür, daß sich die bürgerlichen Produktionsverhältnisse allmählich von der Haupttriebkraft des industriellen Aufschwungs, die sie zu Beginn des 19. Jahrhunderts waren, in einen Hemmschuh ihrer Entwicklung verwandelten. Der grundlegende Widerspruch des Kapitalismus, der Widerspruch zwischen dem gesellschaftlichen Charakter der Produktion und der privatkapitalistischen Aneignung des Produkts, trat in Form ökonomischer Krisen zutage, die seit 1825 die verschiedenen Länder Europas und die Vereinigten Staaten heimsuchten. Seit den siebziger Jahren des 19. Jahrhunderts erlangten nach und nach im ökonomischen und politischen Leben der kapitalistischen Welt Erscheinungen eine entscheidende Bedeutung, die den Übergang der kapitalistischen Gesellschaftsordnung in ein neues Entwicklungsstadium ankündigten, nämlich den Übergang vom vormonopolistischen Kapitalismus zum Monopolkapitalismus. Das letzte Drittel des vorigen Jahrhunderts stand im Zeichen gewaltiger technischer Veränderungen, der Ausdehnung und Konzentration der Industrie. Noch bis in die Mitte des 19. Jahrhunderts hinein hatte die Leichtindustrie den führenden Platz in den kapitalistischen Ländern inne. Zahlreiche, verhältnismäßig nicht sehr große Betriebe gehörten Einzelunternehmern, und die Anzahl der Aktiengesellschaften war noch relativ klein.

Die kapitalistische Weltwirtschaftskrise von 1873, die nicht nur die alten kapitalistischen Länder wir England, sondern auch die Vereinigten Staaten, Deutschland und Rußland erfaßte, ruinierte eine große Anzahl kleinerer Betriebe und gab so den Anstoß zur Konzentration der Produktion. In der Industrie der kapitalistischen Länder begann nun die Schwerindustrie – Metallurgie, Maschinenbau und Bergbau – die entscheidende Rolle zu spielen. Das waren aber gerade die Zweige, die für ihre Entwicklung riesige Kapitalien benötigten. Die intensive technische Entwicklung führte im letzen Drittel des 19. Jahrhunderts zu einer raschen Akkumulation, mit der die Produktion nicht Schritt hielt. Die Akkumulationstätigkeit des einzelnen Kapitalisten erwies sich in der Regel als nicht ausreichend für die Anschaffung der immer komplizierter und teurer werdenden technischen Mittel. Die Folge war, daß die neue Technik bei etwaigen Erweiterungen von Einzelbetrieben nicht voll zur Geltung kommen konnte und deshalb zunächst im Bergbau und später auch in der Metallurgie, der Chemie, der Textilindustrie und anderen Zweigen die Gründung von Aktiengesellschaften einsetzte. Die breite Entfaltung der Aktiengesellschaften verstärkte die Konzentration der Produktion und trieb die technische Entwicklung weiter voran.

Auf einer bestimmten Entwicklungsstufe führte die Konzentration der Produktion zur Entstehung von Monopolen, die die allumfassende Grundlage des Imperialismus sind. In den letzten Jahrzehnten des 19. Jahrhunderts eroberten die Monopole einen Industriezweig nach dem anderen. Ende des 19. Jahrhunderts hatten sie in den wichtigsten kapitalistischen Ländern die Schwerindustrie, die Eisenbahnen, den Wassertransport, die Banken, den Innen- und Außenhandel und viele Zweige der Leichtindustrie an sich gerissen, und sie begannen bereits, in die Landwirtschaft vorzudringen.

Die Entstehung des Imperialismus läßt sich natürlich nicht irgendeinem genau bestimmbaren Jahr zuordnen. Doch für Europa läßt sich, wie V. I. LENIN ausführt, „die Zeit der endgültigen Ablösung des alten Kapitalismus durch den neuen ziemlich genau feststellen: Es ist der Anfang des 20. Jahrhunderts.“[52]

In seiner klassischen Arbeit „Der Imperialismus als höchstes Stadium des Kapitalismus“ gab V. I. LENIN eine tiefreichende wissenschaftliche Analyse des politischen und ökonomischen Wesens des Imperialismus als der höchsten und letzten Entwicklungsstufe des Kapitalismus. Er wies nach, daß sich der Kapitalismus erst in einer bestimmten, und zwar sehr hohen Entwicklungsstufe in den Imperialismus umgewandelt hat, als sich gewisse grundlegende Eigenschaften des Kapitalismus in ihr Gegenteil zu verkehren begannen und sich die Merkmale einer Übergangsepoche vom Kapitalismus zu einer höheren sozialökonomischen Ordnung abzuzeichnen und immer deutlichere Formen anzunehmen begannen. Deshalb ist der Monopolkapitalismus das höchste und zugleich auch das letzte Stadium des Kapitalismus.

Doch der Imperialismus stirbt genauso wie jede andere Gesellschaftsordnung nicht ab, ohne zuvor die Voraussetzungen für die Entwicklung einer neuen Gesellschaftsordnung geschaffen zu haben. V. I. LENIN charakterisiert deshalb den Imperialismus als „sterbenden Kapitalismus, | der | den Übergang zum Sozialismus bildet: das aus dem Kapitalismus hervorwachsende Monopol ist bereits das Sterben des Kapitalismus, der Beginn seines Übergangs in den Sozialismus.“[53] In dieser Periode be-

52 V. I. Lenin, Werke, Band 22, Berlin 1960, S. 204–205.

ginnen die Elemente einer neuen Struktur der Technik hervorzutreten, die die neue, nämlich die kommunistische Produktionsweise charakterisieren werden. Die Grundlage dieser neuen Struktur der Technik ist die breite Anwendung der Elektroenergie, die es gestattet, die Produktionsfunktionen des Menschen vollständig durch technische Mittel zu ersetzen.

Die revolutionierende Rolle der Elektroenergie ist darin zu sehen, daß sie in großer Entfernung vom Erzeugungsort genutzt werden kann (das heißt weit entfernt von den Flüssen und den Kohle- bzw. Öllagerstätten). Das ermöglicht eine rationelle Standortverteilung der Industrie. Die Elektroenergie erhöht außerdem die Produktivität und die allgemeine Produktionskultur, sie vergrößert die Leistung der Antriebsaggregate und ist zudem die Grundlage der Elektronik, also der modernen Automatisierungsmittel. Schließlich ermöglicht sie den Einsatz moderner technischer Mittel, die die Elektroenergie direkt an den Arbeitsplatz heranführen (etwa in der Metallbearbeitung). Die Anwendung der Elektroenergie erfordert dabei durchaus nicht die sofortige Veränderung der gesellschaftlichen Produktion, ihrer Technologie, der Struktur der Technik und der Arbeitsteilung. Es vergeht vielmehr eine gewisse Zeit, bevor die Anwendung der Elektroenergie eine neue Qualität erfährt und zur Grundlage der technischen Revolution wird.

Marx hat bereits 1850 auf die Bedeutung der Elektroenergie für die Schaffung einer neuen Struktur der Technik hingewiesen. In einem Gespräch mit W. Liebknecht führte er folgendes aus: „Die Herrschaft seiner Hoheit Dampf, die im vergangenen Jahrhundert die Welt umgewälzt hat, ist zu Ende, an seine Stelle wird eine unvergleichlich revolutionärere Kraft, der elektrische Funke treten.“ Und weiter: „Jetzt ist die Aufgabe gelöst, und die Folgen dieser Tat sind unübersehbar. Die unausweichliche Folge der ökonomischen Revolution wird die politische Revolution sein, da die zweite nur ein Ausdruck der ersten ist.“[54]

Die Elektroenergie war nicht das einzige Element der neuen Technik, das die maschinelle Produktion revolutionierte. Be-

[53] V. I. Lenin, Werke, Band 23, Berlin 1960, S. 104.

[54] W. Liebknecht, Erinnerungen an Marx, Moskau 1958, S. 6 (russ.).

sonders viele Elemente der künftigen Technik sind in der Periode des Imperialismus entstanden, als der Charakter und das Entwicklungsniveau der Produktivkräfte beharrlich auf eine Ablösung der kapitalistischen Produktionsverhältnisse drängten, auf eine Veränderung der Arbeitsteilung, der technologischen Produktionsweise und der Stellung des Menschen in der Produktion schlechthin. Viele Erfindungen, die Elemente der künftigen Struktur der Technik sind, wurden entweder zunächst gar nicht genutzt, wenn aber, dann nicht in der Produktionstätigkeit des Menschen. So wurde beispielsweise die Tonaufzeichnung, die heute wesentlicher Bestandteil vieler neuer Automaten und Steuereinrichtungen ist, im 19. Jahrhundert und zu Beginn des 20. Jahrhunderts lediglich zur Konservierung von Musik und menschlicher Sprache verwendet. Die Wissenschaftler und Ingenieure, die die Photoelemente und die ersten Elektronenröhren konstruierten, hatten wohl kaum eine Vorstellung von den revolutionären technischen Veränderungen, die der Einsatz ihrer Erfindungen einst aus lösen würde. Das gleiche gilt von den ersten Versuchen zur Erzeugung synthetischer Materialien, die bereits zu Beginn unseres Jahrhunderts durchgeführt wurden, und für die Metallurgie der seltenen Metalle. Dies alles waren lediglich Elemente der künftigen Technik, das heißt der Technik unserer Tage.

Die Entstehung von Elementen der Struktur der Technik der künftigen Gesellschaftsordnung noch im Verlauf einer bestimmten Entwicklungsstufe der bestehenden Gesellschaftsordnung ist eine historische Gesetzmäßigkeit. Marx schreibt: „Das *allgemeine Gesetz* aber, das durchgeht, daß die materielle Möglichkeit der späteren Form in der früheren geschaffen wird, sowohl die technologischen Bedingungen, als die ihnen entsprechende ökonomische Struktur des Ateliers.“[55]

[55] K. Marx, Zur Kritik der Politischen Ökonomie (1861–1863), Heft XIX, S. 1199, in: Voprosy istorii estestvoznanija i techniki, Moskva, 25/1968, S. 51 (K. Marx, Die Maschinen. Die Anwendung der Naturkräfte und der Wissenschaft).
Der hier und in weiteren Fußnoten wiedergegebene Text bisher im Deutschen nicht veröffentlichter Schriften von Marx stützt sich auf die vom IML, Berlin, freundlicherweise zur Verfügung gestellte Entzifferung der entsprechenden Handschriften von Marx (Anm. d. Verlages).

Gesellschaftsordnungen, in denen die Ausbeutung des Menschen durch den Menschen nicht beseitigt war, sondern lediglich jeweils andere Formen annahm, entwickelten sich diese Elemente zusammen mit den Elementen der neuen Produktionsverhältnisse. Im Kapitalismus, der letzten Gesellschaftsordnung mit Ausbeutung des Menschen durch den Menschen, entstehen lediglich Elemente der künftigen Struktur der Technik, während Elemente der neuen sozialistischen Produktionsverhältnisse im Kapitalismus bekanntlich nicht bzw. so gut wie nicht entstehen.

Die Elemente der neuen Struktur der Technik und ihre erste Anwendung in der Industrie sind in der Regel zunächst in den wissenschaftlich-technisch und industriell hochentwickelten Ländern zu beobachten. Das bedeutet aber keinesfalls, daß in diesen Ländern auch die neue technologische Produktionsweise, also die neue Struktur der Technik, zuerst errichtet wird. Marx und Engels schrieben dazu folgendes: „Alle Kollisionen der Geschichte haben also nach unsrer Auffassung ihren Ursprung in dem Widerspruch zwischen den Produktivkräften und der Verkehrsform. Es ist übrigens nicht nötig, daß dieser Widerspruch, um zu Kollisionen in einem Lande zu führen, in diesem Lande selbst auf die Spitze getrieben ist. Die durch einen erweiterten internationalen Verkehr hervorgerufene Konkurrenz mit industriell entwickelteren Ländern ist hinreichend, um auch in den Ländern mit weniger entwickelter Industrie einen ähnlichen Widerspruch zu erzeugen.“[56]

Somit hat uns die Geschichte der kapitalistischen Produktionsweise vor Augen geführt, daß sich auch in diese Gesellschaftsformation eine bestimmte, historisch festgelegte Abfolge von Ereignissen vollzieht und daß wir auch hier den Zusammenhang zwischen diesen Ereignissen und den Veränderungen der Struktur der Technik erkennen können, den wir weiter oben durch die vorkapitalistischen Formationen verfolgt hatten.

[56] Marx/Engels, Werke, Band 3, Berlin 1958, S. 73.

Das Wesen der gegenwärtigen wissenschaftlich-technischen Revolution und ihre Besonderheiten gegenüber den Technischen Revolutionen der Vergangenheit

Hatten früher grundlegende Veränderungen in der Technik (technische Revolutionen) ausgereicht, um neue technologische Produktionsweisen hervorzubringen, so sind heute für den Übergang vom klassischen Fabriksystem zur vollautomatisierten Produktion völlig neue Entdeckungen nicht nur in der Technik, sondern auch in der Wissenschaft erforderlich: es bedarf nicht nur einer technischen, sondern auch einer wissenschaftlichen Revolution. Da aber diese beiden Revolutionen auf das engste miteinander verknüpft sind, können sie sich nicht voneinander getrennt vollziehen, und da sie außerdem gemeinsame Ursachen und Folgen haben, findet gegenwärtig nicht einfach eine technische Revolution – oder eine technische und getrennt von ihr eine wissenschaftliche Revolution statt – sondern eine wissenschaftlich-technische Revolution.

Die Revolution in der Wissenschaft und die Revolution durch die Wissenschaft

In seiner Arbeit „Materialismus und Empiriokritizismus" hat V. I. Lenin nachgewiesen, daß die großen Entdeckungen, die Ende des 19. und Anfang des 20. Jahrhunderts gemacht wurden (Elektron, Radioaktivität), die Grundlage für den radikalen Bruch mit den alten Vorstellungen und Theorien der Physik bildeten. Dies war die jüngste Revolution in der Naturwissenschaft, die die alten metaphysischen Vorstellungen von der Unteilbarkeit des Atoms, der Unveränderlichkeit der chemischen Elemente, der Konstanz der Masse der Körper usw. endgültig über Bord warf. Viele Wissenschaftler vermochten, da sie die dialektisch-materialistische Methode nicht beherrschten, diese Entdeckungen nicht richtig einzuschätzen und wechselten von den Positionen eines elementaren Materialismus auf die des Idealismus über. Die Lage gegen Ende des 19. und zu Beginn des 20. Jahrhunderts bezeichnete V. I. LENIN als die „Krise der Physik". Er schrieb: „Das *Wesen* der Krise der modernen Physik besteht in der Zerstörung der alten Gesetze und Grundprinzipien, in der Preisgabe der außerhalb des Bewußtseins existierenden objektiven Realität, d. h. in der Ersetzung des Materialismus durch Idealismus und Agnostizismus."[1]

Die Herausbildung von Theorien, die die neu gewonnenen Fakten zu erklären und die alten Fakten neu zu interpretieren vermochten, zeigte deutlich, daß eine qualitativ neue Epoche der Naturwissenschaften begonnen hatte. Und eben dieser Prozeß ist die Revolution der Wissenschaft. Aber nicht alle Forscher sind geneigt, die Existenz solcher Revolutionen der Wissenschaft zuzugeben. V. I. LENIN zitiert als Beispiel ABEL REY, der noch 1907 in seinem Buche „La théorie physique chez les physiciens contemporains" ausgeführt hatte, daß „der Historiker, der die Ereignisse später mit dem notwendigen Abstand betrachtet, ohne Mühe dort, wo die Zeitgenossen nur Konflikte, Widersprüche, Spaltungen in verschiedene Schulen sahen, eine stetige Entwicklung erblicken wird."[2] Die Wissenschaftler von heute sind aber durchaus in der Lage anzugeben, wann die einen Theorien durch andere abgelöst werden, das heißt, wann es zu einer Revolution in der Wissenschaft kommt.

Heute wird genauso wie schon seit langer Zeit darüber gestritten, ob sich die Wissenschaft evolutionär oder revolutionär entwickelt. In dieser Hinsicht ist die Arbeit des japanischen Professors SIBATA SINGO „Die Theorie der wissenschaftlich-technischen Revolution"[3] von besonderem Interesse. Er weist nämlich darauf hin, daß auf der Konferenz der Wissenschaftshistoriker von 1960 immer wieder hervorgehoben wurde, daß etwa folgende Fragen einer dringenden Lösung bedürfen:

[1] V.I.Lenin, Werke, Band 14, Berlin 1970, S. 257.

[2] Ebenda, S. 308.

[3] S. Singo, Die Theorie der wissenschaftlich-technischen Revolution (aus: Kangae, Sept. 1963), in: Informacionnyj bjulleten' referativnoj gruppy Instituta istorii estestvoznanija i techniki AN SSSR, 1965, Ausg. IX, S. 110–129.

1. Warum bezeichnen wir die in den modernen Wissenschaften zu beobachtenden Veränderungen als „wissenschaftliche Revolution“?
2. Was ist eine „wissenschaftliche Revolution“, eine „Revolution in der Wissenschaft“ oder eine „Revolution durch die Wissenschaft“?
3. Wann begann sie und wann hört sie auf?
4. Welches ist der Charakter dieser „wissenschaftlichen Revolution“, wiederholt sie sich mehrere Male oder nicht?

Die zu diesen Fragen geführten Diskussionen machten jedermann klar, daß man an ihre Lösung von sehr vielen Seiten herangehen muß. Vorläufig sind sie aber in der Literatur noch nicht hinreichend erforscht, auch wenn eine Reihe von Arbeiten vorliegt, in denen die unterschiedlichen Aspekte zur Sprache gebracht werden.[4] Es steht fest, daß es neben Revolutionen in den Einzelwissenschaften (Physik, Chemie, Biologie usw.) auch eine wissenschaftliche Revolution der Naturwissenschaften insgesamt gibt. Als wir an der Schwelle der wissenschaftlich-technischen Revolution standen, wurde wie nie zuvor klar, daß heute eine der wichtigsten Erscheinungsformen des gesellschaftlichen Fortschritts der Fortschritt der Wissenschaft ist, der ein evolutionäres und ein revolutionäres Stadium durchläuft. Im evolutionären Entwicklungsstadium handelt es sich um eine sukzessive Faktenanhäufung, um die Untersuchung der von der Wissenschaft bereits entdeckten Erscheinungen und Pro-

[4] Th. Kuhn, The Structure of Scientific Revolutions, Band 1, Chicago-London 1962; I. A. Majzel', Der Kommunismus und die Umwandlung der Wissenschaft in eine unmittelbare Produktivkraft, Moskva 1963; M. M. Karpov, Die grundlegenden Gesetzmäßigkeiten der Entwicklung der Naturwissenschaft, Rostov am Don 1963; N. F. Ovčinnikov, Über die Ausarbeitung einer Theorie der wissenschaftlichen Kenntnisse, in: Voprosy filosofii 2/1964; S. R. Mikulinskij, Methodologische Probleme der Geschichte der Biologie, in: Voprosy filosofii 9/1964; ders. „Widersprüche in der Entwicklung der Naturwissenschaft“, Moskva 1965; Symposium „Der Prozeß der Umwandlung der Wissenschaft in eine unmittelbare Produktivkraft“, abgedruckt in: Voprosy istorii estestvoznanija i techniki 24/1968, S. 22–24; I. A. Majzel', Die gegenwärtige wissenschaftlich-technische Revolution und die Entwicklung der Wissenschaftswissenschaft, in: Aktual'nye problemy filosofskoj nauki, Leningrad 1968, S. 81–98.

zesse und um die Formulierung einzelner Gesetze der Wissenschaft und wissenschaftlicher Teiltheorien. So läßt sich die zweite Hälfte des 19. Jahrhunderts als eine Periode in der Entwicklung der Naturwissenschaften erkennen, in der auf der Grundlage der uneingeschränkt herrschenden klassischen Theorien in den verschiedenen naturwissenschaftlichen Disziplinen bereits entdeckte Einzelerscheinungen und -gesetze der Natur detailliert erforscht und der gesamte wissenschaftliche Apparat zu einem geschlossenen harmonischen Gebäude zusammengefügt wurde.

Der evolutionären Entwicklungsetappe folgt in der Wissenschaft eine revolutionäre Entwicklungsetappe. Die Revolution in der Wissenschaft bedeutet die Entdeckung prinzipiell neuer Gesetze und Erscheinungen, die sich mit den alten wissenschaftlichen Theorien nicht mehr erklären lassen. Sie ist ein einschneidender und radikaler Bruch mit den bisherigen Ansichten und führt zur Ausarbeitung einer neuen, umfassenderen und allgemeineren Theorie, innerhalb der sich die alte Theorie als Spezialfall aufhebt. Die Revolution in der Wissenschaft bedeutet außerdem die Anwendung neuer Methoden und neuer technischer Forschungsmittel, so daß neue Fakten gewonnen werden können, die sich ebenfalls nicht mehr mit den alten Theorien erklären lassen. Eine solche Revolution in der Wissenschaft gab es beispielsweise an der Wende vom 19. zum 20. Jahrhundert, als das Elektron entdeckt wurde und als man feststellte, daß sich Atome des einen Elements unter Freisetzung eines großen Betrages von Kernenergie in Atome eines anderen Elementes überführen lassen und Masse in Energie und Energie in Masse umgewandelt werden können.

Bevorstehende revolutionäre Umwälzungen der Wissenschaft anhand einer Analyse ihrer evolutionären Entwicklung vorauszusagen, ist eine sehr wichtige Aufgabe der Geschichte der Naturwissenschaften.

In der Geschichte der Wissenschaften gab es immer wieder Perioden, in denen es schien, als seien die Gipfel der Erkenntnis erklommen und als werde man bald alles wissenschaftlich erklären können. Ihnen folgten aber stets grundlegende revolutionäre Veränderungen, die qualitativ neue Etappen der wissenschaftlichen Erkenntnis einleiteten. Immer wieder äußern einzelne Wissenschaftler, die diese sich in der Wissenschaft vollziehenden Veränderungen nicht sehen, die Meinung, daß die Grundlagen der Wissenschaften unerschütterlich und ein für allemal gelegt seien und daß sich die Wissenschaft gewissermaßen „erschöpft“ habe.

Die erste Revolution der Wissenschaft setzte in der zweiten Hälfte des 15. Jahrhunderts ein und dauerte bis zum 18. Jahrhundert. „Die moderne Naturforschung“, schreibt ENGELS, „... datiert wie die ganze neuere Geschichte von jener gewaltigen Epoche, die wir Deutsche, nach dem uns damals zugestoßenem Nationalunglück, die Reformation, die Franzosen die Renaissance und die Italiener das Cinquecento nennen, und die keiner dieser Namen erschöpfend ausdrückt. Es ist die Epoche, die mit der letzten Hälfte des 15. Jahrhunderts anhebt ... Es war die größte progressive Umwälzung, die die Menschheit bis dahin erlebt hatte, eine Zeit, die Riesen brauchte und Riesen zeugte, Riesen an Denkkraft, Leidenschaft und Charakter, an Vielseitigkeit und Gelehrsamkeit.“[5]

Dabei stellte F. ENGELS fest, daß sich die Erforschung der Natur unter Bedingungen einer allgemeinen Revolution vollzogen hatte und daß die Naturwissenschaft jener Zeit selbst durch und durch revolutionär war, sich aber erst ihre Daseinsberechtigung erkämpfen mußte. Diese Revolution der Wissenschaft begann mit den Arbeiten von LEONARDO DA VINCI, NICOLAUS KOPERNIKUS, GALILEO GALILEI und KEPLER, wurde fortgeführt von FRANCIS BACON, DESCARTESIUS, FERMAT, BOYLE und HOOKE und fand ihren Abschluß in den Arbeiten von HUYGENS und NEWTON. Am Ende dieses langen Entwicklungsweges hatte die Wissenschaft die Fesseln der Scholastik abgeworfen, und die modernen Naturwissenschaften waren geboren. Die erste Revolution der Wissenschaft war jedoch nicht von einer technischen Revolution begleitet. Natürlich gewann die Technik in der Produktion ständig an Bedeutung, doch kam es in ihrer Entwicklung zu keiner fundamentalen qualitativen Veränderung. „In technischer Hinsicht vollzog sich in diesem Jahrhundert der Fortschritt in bezug auf Ausmaß und Leistung stetig, ohne irgendeine jener umwälzenden Neuerungen, die die Jahrhunderte davor und danach charakterisierten.“[6]

[5] Marx/Engels, Werke, Band 20, Berlin 1962, S. 311, 312.
[6] J. D. Bernal, a. a. O., S. 256.

Die Entwicklung der Technik fußte in dieser Periode auf zahlreichen technischen Neuerungen, die ihren Ausgang in der Praxis genommen hatten. Wenn auch in den wissenschaftlichen Untersuchungen Erfordernisse der Produktion bereits ins Auge gefaßt wurden, so wurden sie doch niemals so weit geführt, daß man sie hätte direkt praktisch nutzen können. Außerdem hatte die Technik noch nicht den Entwicklungsstand erreicht, der ein weiteres Voranschreiten der Wissenschaft vorausgesetzt hätte. Mit anderen Worten, von einer *Revolution durch die Wissenschaft* kann noch keine Rede sein. Aber das ist gerade die Erscheinung, die uns hier zuallererst interessiert. Will man das Wesen der modernen wissenschaftlich-technischen Revolution erkennen, so muß man die Wirkungen der Wissenschaft auf die Produktion sichtbar machen. Wie wir in den vorangegangenen Kapiteln dargelegt haben, haben sich in den Übergangsperioden von einer Produktionsweise zur anderen technische Revolutionen vollzogen, ohne daß es vor der gegenwärtigen Epoche jemals zu einer wissenschaftlich-technischen Revolution gekommen wäre. Außerdem hatte es Revolutionen in der Wissenschaft gegeben, die aber nur von relativ geringer Wirkung auf die Produktion geblieben waren. Deshalb kann man nicht der Behauptung zustimmen, daß sich heute die *zweite wissenschaftlich-technische Revolution* vollzieht. Die vor unseren Augen ablaufenden Prozesse werden vor allem durch eine veränderte Rolle und Stellung der Wissenschaft in der modernen Gesellschaft bestimmt. Das wirkt sich auch in fundamentaler Weise auf die technische Revolution aus, die heute zu einer wissenschaftlich-technischen Revolution geworden ist, was von keiner anderen technischen Revolution früherer Epochen gesagt werden kann. Deshalb ist die gegenwärtige wissenschaftlich-technische Revolution, die erste wissenschaftlich-technische Revolution, die die menschliche Gesellschaft durchmacht.

Auffassungen vom Wesen der gegenwärtigen wissenschaftlich-technischen Revolution

Dem Wesen der gegenwärtigen wissenschaftlich-technischen Revolution werden sowohl in der Sowjetunion als auch im Ausland zahlreiche Monographien, Artikel und Bemerkungen gewidmet. Doch sind die Ansichten zu dieser Frage durchaus nicht einheitlich. Die Situation kompliziert sich noch dadurch, daß für die Bezeichnung der heutigen Entwicklung von Wissenschaft und Technik neben dem Terminus „wissenschaftlich-technische Revolution" auch zuweilen der Terminus „neue bzw. zweite industrielle Revolution" verwendet wird, wobei nicht einmal zu ersehen ist, ob die Autoren zwischen diesen beiden Begriffen einen Unterschied machen.

Welche Standpunkte gibt es nun zu dieser Frage? G. V. Osipov schreibt, daß sich gegenwärtig eine zweite wissenschaftlich-technische Revolution vollzieht, deren Hauptinhalt die Atomenergie, die Automatisierung der Produktion und die Anwendung synthetischer Materialien sind. Die erste wissenschaftlich-technische Revolution, deren Hauptmerkmale die Erfindung von Arbeitsmaschinen und die weite industrielle Nutzung der Dampfkraft waren, bringt Osipov mit der ersten industriellen Revolution in Zusammenhang, deren Inhalt und Bedeutung „über den Rahmen einer Revolution in der Technik" hinausgingen.[7] 1964 änderte G. V. Osipov, wie aus dem Autorreferat zu seiner Dissertationsschrift hervorgeht, seinen Standpunkt, und seitdem bezeichnet er die stürmische Entwicklung der Technik der Gegenwart als die zweite industrielle Revolution.

V. N. Saprykov unterscheidet in seinem Artikel „Mythos und Wirklichkeit" Sinn und Inhalt von wissenschaftlich-technischen Revolutionen in sozialistischen und in kapitalistischen Ländern. Er entlarvt die Theorie von der zweiten industriellen Revolution, die die offizielle Doktrin der Sozialdemokratischen Partei der Deutschen Bundesrepublik ist (C. Schmid, F. Sternberg u. a.) und auch in Frankreich aktiv verbreitet wird, und weist zugleich darauf hin, daß man die Begriffe „technische Revolution" und „industrielle Revolution" nicht gleichsetzen könne, wie dies C. Schmid und andere tun, wenn sie technische Veränderungen mit Veränderungen der Produktionsverhältnisse gleichsetzen. Die technische Revolution vollzieht sich erst nach der sozialistischen Revolution.

Das Wesen der neuen industriellen Umwälzung verbindet V. N. Saprykov mit den tiefgreifenden Veränderungen in den

[7] G. V. Osipov, Technik und gesellschaftlicher Fortschritt, Moskva 1959, S. 98.

ökonomischen Produktionsverhältnissen und mit der Liquidierung der Ausbeuterklassen durch die Vergesellschaftung der Produktionsmittel. Die neueste Technik fordert für ihren störungsfreien, umfassenden und raschen Fortschritt die Zusammenfassung aller Industriezweige, der Landwirtschaft, des Transports und des Bauwesens zu einem einheitlichen volkswirtschaftlichen Organismus. „Da aber die kommunistische Produktionsweise der kapitalistischen direkt entgegengesetzt ist, kann sie nicht innerhalb der alten Gesellschaftsordnung ausreifen. Das bedeutet, daß die zweite industrielle Revolution im Kapitalismus nicht realisiert werden kann. Ihr muß unbedingt eine sozialistische Revolution vorangehen ..."[8]

N. GAUZNER stellt fest, daß die Automatisierung der Produktion und die Erschließung neuer Energiequellen nicht die bloße Weiterführung des technischen Fortschritts ist, sondern vielmehr der Beginn einer wissenschaftlich-technischen Revolution, die in ihrem Verlauf und in ihren Folgen eng mit dem Charakter der Produktionsverhältnisse zusammenhängt. Der Autor weist nach, daß die wissenschaftlich-technische Revolution zu einem Bruch mit den kapitalistischen Produktionsverhältnissen und zur Überwindung des kapitalistischen Systems führen muß.[9]

Der gleiche Gedanke wird auch von G. KOZLOV geäußert, der folgendes ausführt: „Alles zeugt davon, daß die heute einsetzende große technische Revolution, die die automatisierte Produktion zum Siege führt, nur vollendet werden kann, wenn es eine kommunistische Umgestaltung der Gesellschaft gibt."[10]

In seinem Artikel „Der technische Fortschritt in der Periode des entfalteten Aufbaus des Kommunismus" bezeichnte A. A. ZVORYKIN die Anwendung von Düsentriebwerken in der Luft- und Raumfahrt und die Erschließung und industrielle Nutzung neuer Energiequellen als einen gewaltigen Sprung in der Entwicklung der Produktivkräfte und als eine tiefgreifende technische Revolution. Weiter führt er aus, daß auf der Grundlage

[8] V. N. Saprykov, Mythos und Wirklichkeit, S. 59.

[9] N. Gauzner, Der Kapitalismus und die neue Technik, in: Kommunist 10/1959, S. 97.

[10] G. Kozlov, Über die Gesetzmäßigkeiten der Entwicklung der Produktivkräfte der kommunistischen Formation, in: Kommunist, 3/1961, S. 36.

der Radiotechnik und Elektronik die Methoden zahlreicher Fertigungsverfahren revolutioniert werden und daß noch nie dagewesene Möglichkeiten eröffnet wurden, die Naturkräfte im Interesse der Menschen zu nutzen. Außerdem verweist er auf die Rolle der Verbesserung der Technologie, der Gewinnung neuer Materialien, der Automatisierung der Produktion sowie auf die wachsende Bedeutung der Wissenschaft für den weiteren Aufschwung der Produktivkräfte.[11]

In einem späteren, in der Zeitschrift „Voprosy istorii" veröffentlichten Beitrag hat A. A. Zvorykin seinen Standpunkt weiter präzisiert. Heute steht die Menschheit, so heißt es dort, vor einer neuen wissenschaftlich-technischen Revolution, die eng mit der Entwicklung der modernen Wissenschaft zusammenhängt. Das beweisen die Automatisierung der Produktion, der immer stärkere Einsatz der Atomenergie und die anderen bedeutsamen Veränderungen in der Entwicklung der Technik. Es handelt sich dabei nicht um vereinzelte Erfindungen und Verbesserungen, die diesen oder jenen Produktionsbereich umgestalten, sondern vielmehr um eine qualitative Veränderung des gesamten Produktionsapparates. Die gegenwärtige wissenschaftlich-technische Revolution ist ein gesetzmäßiger Prozeß, der durch die gesamte bisherige Entwicklung der Produktivkräfte der menschlichen Gesellschaft vorbereitet wurde.[12] In einer Broschüre mit dem Titel „Die wissenschaftlich-technische Revolution und ihre sozialen Folgen" erläutert A. A. Zvorykin die von ihm aufgestellten Thesen. Er führt dort folgendes aus: „Die wissenschaftlich-technische Revolution ist die Erscheinungsform des technischen Fortschritts unter Bedingungen, in denen gleichzeitig tiefreichende qualitative Veränderungen in Wissenschaft und Technik vor sich gehen und in denen die führende Rolle in der Entwicklung an die Wissenschaft übergeht."[13]

Fast in allen Beiträgen, die sich mit der Errichtung der materiell-technischen Basis des Kommunismus befassen, wird

[11] A. A. Zvorykin, Der technische Fortschritt in der Periode des entfalteten Aufbaus des Kommunismus, in: Kommunist, 7/1959, S. 28–33.

[12] Ders., Die materiell-technische Basis des Kommunismus, S. 37.

[13] Ders., Die wissenschaftlich-technische Revolution und ihre sozialen Folgen, Moskva 1967.

darauf hingewiesen, daß sich gegenwärtig eine wissenschaftlich-technische Revolution vollzieht. Dabei wird stets betont, daß nur der Sozialismus jene unbegrenzten Möglichkeiten schaffen kann, die für die Vollendung der wissenschaftlich-technischen Revolution erforderlich sind.

S. Chejnman bezeichnet die Automatisierung der Produktion, die Beherrschung der Atomenergie, die Erschließung des Kosmos, die Entwicklung der Chemie usw. als die wichtigsten Richtungen der gegenwärtigen wissenschaftlich-technischen Revolution. Die ökonomische Realisierung der Errungenschaften dieser Revolution bedeutet vor allem einen bedeutsamen Aufschwung der Arbeitsproduktivität.[14]

S. G. Strumilin schrieb bereits 1958: „Und heute – wir befinden uns bereits in der Epoche des Niedergangs des überreifen Kapitalismus – eröffnet die Automatisierung der Produktion allen Industrieländern die Möglichkeit, die technische Revolution, deren sozialen Folgen noch niemand untersucht hat, auf einer noch breiteren Ebene durchzuführen.“[15]

P. Judin geht besonders auf die Bedeutung ein, die die Entwicklung neuer Materialien bereits heute für den technischen Fortschritt hat. Er schreibt: „Hatte die Elektrifizierung vor allem zu einer erhöhten Energieausstattung der Arbeit geführt und die Mechanisierung und Automatisierung sämtlicher Bauteile und -gruppen der modernen Maschinen verändert, das heißt die Produktivkräfte insgesamt revolutioniert, so erfaßt die gegenwärtige wissenschaftlich-technische Revolution auch den Arbeitsgegenstand. Die Revolutionierung der Materialien, dieses konservativsten Elements des technischen Fortschritts, wird vor allem durch die Chemisierung der Produktion erreicht die ein charakteristisches Merkmal der materiell-technischen Basis des Kommunismus ist.“[16]

Nach Meinung von G. M. Dobrov und A. J. Goljan-Nikol'skij zeigt die gegenwärtige wissenschaftlich-technische Revo-

[14] S. Chejnman, Die Errichtung der materiell-technischen Basis des Kommunismus und die wissenschaftlich-technische Revolution, in: Kommunist, 12/1962, S. 47, 48, 54.

[15] S. G. Strumilin, Die ökonomischen Tendenzen in der Automatisierung der Produktion, in: Kommunist, 18/1958, S. 38.

[16] P. Judin, Der gesetzmäßige Charakter des Übergangs vom Sozialismus zum Kommunismus, in: Kommunist, 12/1961, S. 48–49.

lution folgende Haupterscheinungsformen: ein rasches allgemeines Wachstum der technischen und energetischen Ausstattung der Arbeit, eine beschleunigte Entwicklung und immer breitere praktische Ausnutzung automatisch wirkender Mittel der physischen und geistigen Arbeit des Menschen, die Erschließung neuer Energiequellen und die weitere praktische Verwendung von Kernenergie, die breite Ausnutzung der Errungenschaften der Chemie, insbesondere neuer, vom Menschen geschaffener Materialien, die erfolgreiche Entwicklung neuer Transport- und Kommunikationsmittel, die die entferntesten Punkte unseres Planeten einander näherbringen und dem Menschen den Weg in den Kosmos eröffnen, die außerordentlich stürmische Entwicklung der Wissenschaft (insbesondere von Grenzgebieten) und der große Anteil wirksam werdender Ergebnisse der wissenschaftlichen Forschung, wodurch die Wissenschaft auf das Niveau einer unmittelbaren Produktivkraft gehoben wird.[17]

Im Jahre 1962 erschien in der DDR ein Buch von K. TESSMANN zu den Problemen der wissenschaftlich-technischen Revolution. Seiner Meinung nach besteht das Wesen der gegenwärtigen wissenschaftlich-technischen Revolution darin, daß sie eine neue Etappe in der Entwicklung der gesellschaftlichen Produktion darstellt. Diese Etappe ist durch die Weiterführung der Automatisierung und die Schaffung der komplexautomatisierten Produktion gekennzeichnet, die ihrerseits zu einem unbegrenzten Fortschritt in der Umgestaltung und Vervollkommnung des technologischen Prozesses führen.[18] Der Autor hebt hervor, daß der Arbeiter dabei von der sklavischen Abhängigkeit befreit werden muß, die ihm die Arbeitsteilung aufgezwungen hat. Eben dadurch wird sich der Produktionsprozeß vom einfachen Arbeitsprozeß zu einem wissenschaftlichen Prozeß umgestalten, mit dessen Hilfe sich der Mensch die Naturkräfte rationell, planmäßig und zu friedlichen Zwekken unterordnen wird.

Die wissenschaftlich-technische Revolution wird von K. TESSMANN als Bestandteil der sozialistischen Revolution be-

[17] G. M. Dobrov, A. J. Goljan-Nikol'skij, Ein Jahrhundert großer Hoffnungen, Kiev 1964, S. 28.

[18] K. Tessmann, a. a. O., S. 47.

trachtet. Sie schafft die neue materiell-technische Basis der Produktion und erstreckt sich auf alle Sphären des gesellschaftlichen Lebens. War die industrielle Revolution des 18. und 19. Jahrhunderts durch die Entstehung des industriellen Kapitalismus gekennzeichnet, so ist das besondere Merkmal der wissenschaftlich-technischen Revolution unserer Tage darin zu sehen, daß sie die materiell-technische Basis der kommunistischen Gesellschaft schafft. TESSMANN setzt sich auch mit seinen Landsleuten (zum Beispiel SACHSE) auseinander, die der Ansicht sind, daß die technische Revolution ausschließlich eine Revolution der Produktionstechnik ist und daß sie sowohl in den sozialistischen als auch in den kapitalistischen Ländern stattfindet.

1965 revidierte K. TESSMANN seinen Standpunkt, wie aus dem Artikel „Technische Revolution und Sozialismus" hervorgeht. Heute gibt er zu, daß die gegenwärtige wissenschaftlich-technische Revolution sowohl in den kapitalistischen als auch in den sozialistischen Ländern stattfindet und daß viele kapitalistische Konzerne den wissenschaftlich-technischen Höchststand erreicht haben. TESSMANN empfiehlt zu untersuchen, welche Entwicklungsmöglichkeiten die Technik im Kapitalismus hat und wie sie in der Praxis des ökonomischen Aufbaus der sozialistischen Länder und im ökonomischen Wettstreit zwischen Sozialismus und Kapitalismus berücksichtigt werden können.

Da TESSMANN aber nicht zugeben will, daß in den sozialistischen Ländern die technische Revolution in eine Revolution der Produktion hinüberwachsen wird, kommt er zu einer Reihe von Widersprüchen. So schreibt er: „Es wäre absolut falsch anzunehmen, daß die technische Revolution, die qualitative Veränderung der Produktivkräfte, erst mit dem Übergang von der sozialistischen zur kommunistischen Etappe der gesellschaftlichen Entwicklung einsetzt."[19] Hier hat K. TESSMANN offensichtlich unseren Standpunkt im Auge (siehe Artikel „Die gegenwärtige wissenschaftlich-technische Revolution", in: Kommunist 1964). Doch wenn wir vom Beginn einer wissenschaftlich-technischen Revolution sprechen, so meinen wir

[19] Ders., Technische Revolution und Sozialismus, in: Einheit, 2/1965, S. 22.

daß die gesamte Menschheit infolge der Entwicklung ihrer Produktivkräfte an der Schwelle des Übergangs vom Kapitalismus zum Kommunismus angelangt ist und daß in den sozialistischen Ländern bereits die realen Bedingungen für den allmählichen Übergang vom Sozialismus zum Kommunismus eingetreten sind. Die oben zitierten Ausführungen TESSMANNS lassen sich nicht mit einer anderen, ebenfalls von ihm stammenden Behauptung vereinbaren: „Die technische Revolution ist die materielle Grundlage für den weltweiten Übergang vom Kapitalismus zum Kommunismus." Wir sehen, daß der Autor die technische Revolution mit der Produktion eben der kommunistischen Gesellschaft verbindet, diese Gesellschaft wächst aber nur aus dem Sozialismus hervor.

Sobald in der sozialistischen Gesellschaft ein Prozeß einsetzt, der objektiv bestimmte Seiten der kommunistischen Gesellschaft aufweist (in unserem Falle werden die technischen Mittel geschaffen, die für die Produktionstechnologie des Kommunismus erforderlich sind), kündigt dies offensichtlich den nahen Übergang vom Sozialismus zum Kommunismus an.

In der DDR wurden in der letzten Zeit mehrere Arbeiten zu Fragen der gegenwärtigen wissenschaftlich-technischen Revolution veröffentlicht, darunter auch ein interessanter und ausführlicher Artikel von LUDLOFF (Karl-Marx-Stadt).[20] Seiner Meinung nach ist das Charakteristikum der wissenschaftlich-technischen Revolution die Schaffung der wissenschaftlich-technischen, organisatorischen und ökonomischen Voraussetzungen für den Übergang zur komplexen Anwendung automatisch gesteuerter Produktionssysteme.

Unsere Epoche steht im Zeichen der allmählichen, wenn auch langsamen Befreiung des Menschen vom unmittelbaren Eingriff in den Produktionsprozeß. Und es ist kein Zufall, daß diese Entwicklung in eine Zeit fällt, in der die bedeutsamen Fortschritte der Technik mit der Ablösung der sozial-ökonomischen Formation einhergehen.

HERLITZIUS und ALBERT haben ebenfalls Ergebnisse aus Untersuchungen zu Wesen und Inhalt der gegenwärtigen wis-

[20] R. Ludloff, Die technische Revolution in der Geschichte. Zum 50. Jahrestag der Großen Sozialistischen Oktoberrevolution, in: Die Technik, 7/1967, S. 7–10.

senschaftlich-technischen Revolution veröffentlicht. Entsprechend ihrer Konzeption ist der Inhalt der gegenwärtigen wissenschaftlich-technischen Revolution nicht allein die Veränderung der Arbeitsmittel, sondern auch die der anderen Elemente der Produktivkräfte; außerdem umfaßt sie auch die komplizierten Wechselbeziehungen zwischen Produktivkräften und Produktionsverhältnissen. Die gegenwärtige wissenschaftlich-technische Revolution ist also auch als ein sozialer Prozeß aufzufassen, und die produktionstechnischen Zusammenhänge sind nur dann hinreichend determiniert, wenn sie mit dem Wesen der gesellschaftlichen Organisation in Beziehung gesetzt sind, mit ihrer Einheit und mit den in ihr herrschenden Kräfteverhältnissen. Das Wesen der modernen wissenschaftlich-technischen Revolution, so heben HERLITZIUS und ALBERT hervor, entzieht sich unserem Verständnis, solange wir diese Revolution nicht als eine Erscheinung auffassen, die sich in verschiedenen gesellschaftlichen Systemen erfolgreich entwickeln kann, dort aber unterschiedliche soziale Folgen hat.

In sozialistischen Produktionsverhältnissen ist die wissenschaftlich-technische Revolution ein Mittel zur Ausbildung allseitig gebildeter Persönlichkeiten, da ihre gesellschaftliche Entwicklung bewußt gelenkt wird. In der sozialistischen Gesellschaftsordnung zeigen sich die der wissenschaftlich-technischen Revolution innewohnenden Gesetzmäßigkeiten darin, daß die Wissenschaft als Produktivkraft fungiert, die ihren Wirkungsbereich in der theoretisch begründeten Praxis der sozialistischen Planung hat. Zu einer solchen Produktivkraft sind auch die Gesellschaftswissenschaften geworden, die mit den Natur- und technischen Wissenschaften eine harmonische Einheit bilden.

In Übereinstimmung damit wird das Wesen der gegenwärtigen wissenschaftlich-technischen Revolution unter sozialistischen Produktionsverhältnissen über die äußeren Erscheinungsformen der wissenschaftlich-technischen, organisatorischen und ökonomischen Voraussetzungen bestimmt, die für den Übergang zur komplexen Anwendung automatisch gesteuerter Prozesse gegeben sein müssen. Der Übergang vom klassischen Fabriksystem zur komplexautomatisierten technologischen Produktionsweise mit adäquater Arbeitsteilung, adäquaten gesellschaftlichen Beziehungen in der Produktion, einer neuen

Stellung des Menschen in der Produktion und einer neuen sozialen Struktur der Gesellschaft ist nach HERLITZIUS und ALBERT Bestandteil der technischen Revolution.

In bezug auf die kapitalistischen Länder kommen HERLITZIUS und ALBERT faktisch einer Verneinung der gegenwärtigen wissenschaftlich-technischen Revolution sehr nahe. Unter kapitalistischen Produktionsverhältnissen, so führen sie aus, vollzieht sich die wissenschaftlich-technische Revolution unter der Wirkung einer spontanen Dynamik derjenigen Prozesse, die die Automatisierung vorantreiben. Ihnen sind aber Grenzen gesetzt, und schon heute kommen sie dank der organisierten Kraft der Arbeiterklasse, dank der marxistisch-leninistischen Parteien und dank kollektiver Entscheidungen und geplanter Maßnahmen im Interesse der Werktätigen immer weniger zum Tragen. Da die wissenschaftlich-technische Revolution im Kapitalismus spontan verläuft, gründet sich die Erzielung von Maximalprofit mit Hilfe der Automatisierung auf die Ausbeutung des Menschen durch den Menschen.[21]

Der tschechoslowakische Forscher R. RICHTA sieht das Wesen der gegenwärtigen wissenschaftlich-technischen Revolution darin, daß es zu einer grundlegenden Veränderung sämtlicher Bestandteile der Produktion kommt, so daß die Gesamtkeit der gesellschaftlichen Produktivkräfte eine Umwälzung durchmacht.[22]

Im Jahre 1964 konstituierte sich in der ČSSR am Institut für Philosophie der Akademie der Wissenschaften ein Interdisziplinärer Wissenschaftlicher Rat, der sich mit Fragen der gegenwärtigen wissenschaftlich-technischen Revolution beschäftigt. Als Ergebnis der durchgeführten Untersuchungen erschien 1966 das Buch „Zivilisation am Scheidewege. Gesellschaftliche und menschliche Abhängigkeiten der wissenschaftlich-technischen Revolution.“ (eine Kollektivarbeit unter der Redaktion von R. RICHTA).[23] R. RICHTA hat das Wesen der

[21] E. Herlitzius, J. Albert, Technik und Demokratie in unserer Epoche, in: Deutsche Zeitschrift für Philosophie, Sonderheft 1967.

[22] R. Richta, Člověk a technika v revoluci našich dnů, Praha 1963, S. 12.

[23] Civilizace na rozcestí. Společenské a lidské souvislosti vědeckotechnické revoluce, Praha 1966, 1969[3].

gegenwärtigen wissenschaftlich-technischen Revolution auch in einem Vortrag „Mensch und Gesellschaft in der wissenschaftlich-technischen Revolution" umrissen, den er auf einer Konferenz in Mariánské Lázně (1. bis 6. April 1968) hielt. Damals sagte er folgendes: „Bei der Erforschung des Wesens der wissenschaftlichen und technischen Revolution zeigt sich erstens, daß es sich bei dieser Revolution um einen allgemeinen und langwierigen Prozeß handelt, in welchem die Produktivkräfte des menschlichen Lebens, ihre Struktur und ihre Dynamik verändert werden. Die Wissenschaft wird zur Grundlage der gesamten Produktion; sie macht es möglich, die komplizierte Technik in ihre Fundamente einzufügen, sie enthebt den Menschen vom unmittelbaren Eingriff in die Produktion, sie setzt die Energie des Menschen auf diese Weise für Arbeiten im Vorproduktionsstadium und für schöpferische Tätigkeiten frei, sie sichert Bedingungen für eine allseitige Entwicklung des Menschen, seiner Fähigkeiten und Möglichkeiten, um diese zum grundlegenden Element des gesamten Zivilisationsprozesses zu machen."[24] V. ROMAN (Rumänien) führt in seinem Buche „Die industrielle Revolution in der Entwicklung der Gesellschaft"[25] aus, daß das wichtigste Element der gegenwärtigen wissenschaftlich-technischen Revolution die allseitigen Zusammenhänge und die untrennbare Einheit zwischen Wissenschaft und Produktion sind und daß diese Dinge sowohl die Wissenschaft als auch die Produktion revolutionieren.

Im September 1963 wurde in der Zeitschrift „Kangae" ein Artikel des japanischen Wissenschaftlers SIBATA SINGO mit dem Titel „Die Theorie der wissenschaftlich-technischen Revolution"[26] veröffentlicht. 1966 erschien er in einer etwas überarbeiteten und erweiterten Fassung in deutscher Sprache[27] und später auch in englischer. SINGO ist der Ansicht, daß weder die wissenschaftliche noch die technische Revolution eine industri-

[24] R. Richta, Die wissenschaftlich-technische Revolution und die Möglichkeiten der modernen Zivilisation (russ.), Praha 1968, S. 28.

[25] V. Roman, Revoluţia industrialâ in dezvoltarea societaţii, Bucureşti 1965.

[26] Eine vollständige russische Übersetzung ist enthalten in: Informacionnyj bjulleten' referativnoj gruppy Instituta istorii estestvoznanija i techniki AN SSSR, IX/1965.

elle Revolution darstellen; sie stehen lediglich mit dieser und folglich auch mit dem Übergang von einer sozial-ökonomischen Formation zur nächsten in einem engen Zusammenhang. Die technische Revolution ist der Ausgangspunkt der industriellen Revolution. Der Autor weist darauf hin, daß man bei der Lösung des Problems der gegenwärtigen wissenschaftlich-technischen Revolution und bei der Erklärung ihres Wesens und ihrer Rolle in der Geschichte der Menschheit unbedingt in die Geschichte zurückgehen muß, und zwar nicht, um historische Parallelen zu suchen, sondern um diese Frage theoretisch zu begründen.

Viele Forscher bezeichnen die Prozesse, die mit der gegenwärtigen stürmischen Entwicklung von Wissenschaft, Technik und Produktion zusammenhängen, als die zweite industrielle Revolution. Dieser Terminus wurde von G. FRIEDMANN im Jahre 1936 geprägt; er bezeichnete damit jene Veränderungen in den Produktivkräften, die Ende des 19., Anfang des 20. Jahrhunderts ihren Anfang genommen hatten.[28] Später wurde jedoch der gleiche Terminus auf die Erscheinungen angewandt, die nach dem zweiten Weltkrieg zu beobachten waren. Andrerseits neigen einige Autoren, so zum Beispiel H. PASGERMADJAN zu der Annahme, daß die heutige wissenschaftlich-technische Revolution die dritte industrielle Revolution sei.[29]
Sehr ausführlich befaßt sich P. HORSKÁ-VROBOVA (ČSSR) mit der sogenannten zweiten industriellen Revolution, die sich angeblich Ende des 19., Anfang des 20. Jahrhunderts vollzogen haben soll.[30] Sie kommt zu dem Schluß, daß die Entwicklung der Produktivkräfte in der Übergangsepoche vom vormonopolistischen Kapitalismus zum Imperialismus nicht als zweite industrielle Revolution bezeichnet werden kann. Die Autorin

[27] Historischer Materialismus und Sozialforschung, Berlin 1966.

[28] G. Friedmann, La crise du progrès. Esquisse d'histoire des idées 1895–1935, Paris 1936.

[29] H. Pasgermadjan, La deuxième Révolution industrielle, Paris 1959.

[30] P. Horská-Vrobova, Problém tzy. druhé průmyslové revoluce v dějinách techniky (Das Problem der sogenannten zweiten industriellen Revolution in der Geschichte der Technik), in: Sbornik pro dějiny přirodnich věd a techniky, Praha 1963, Bd. 8, S. 85–111.

ist der Ansicht, daß in unseren Tagen eine wissenschaftlich-technische Revolution stattfindet, die den kapitalistischen Ländern Arbeitslosigkeit und ökonomische Krisen bringt und den sozialistischen Ländern die Errichtung der materiellen Basis einer neuen Gesellschaft.

N. Wiener schreibt in seinem Buch „Mensch und Menschmaschine" folgendes: „Schon einmal in der Geschichte ist von der Maschine ein Anstoß mit ungeheuren Auswirkungen auf die menschliche Kultur ausgegangen, der als die industrielle Revolution bekannt ist. Hier trat die Maschine rein als Ersatz des menschlichen Muskels in Erscheinung. Es ist vielleicht sinnvoll, bei der Untersuchung der gegenwärtigen Krise, die wir die zweite industrielle Revolution nennen werden, die Geschichte der frühen Krise als Muster zu erörtern, auf das wir zurückgreifen können."[31]

Führende Sozialdemokraten der BRD, Frankreichs, Belgiens, der USA und anderer Länder (C. Schmid, W. Brandt, F. Erler u. a.) und weitere bürgerliche Autoren bezeichnen die gegenwärtige wissenschaftlich-technische Revolution als eine neue industrielle Revolution. Ihren grundlegenden Inhalt und ihr Wesen sehen sie in den in der Produktion zu beobachtenden Veränderungen, die angeblich zu einer Stabilisierung der kapitalistischen Gesellschaftsordnung führen. Im Parteiprogramm der SPD von 1959 heißt es: „Die zweite industrielle Revolution schafft Voraussetzungen, den allgemeinen Lebensstandard stärker als bisher zu erhöhen und die Not und das Elend zu beseitigen, die noch immer viele Menschen bedrücken. Die gewaltige Entfaltung der Produktivkräfte durch Wissenschaft und Technik brachte einer kleinen Schicht Reichtum und Macht, dem Lohnarbeiter zunächst nur Not und Elend . . . Der einst das bloße Ausbeutungsobjekt der herrschenden Klasse war, nimmt jetzt seinen Platz ein als Staatsbürger mit anerkannten gleichen Rechten und Pflichten."[32] Von einer Modernisierung des Kapitalismus als einer Folge der gegenwärtigen wissenschaftlich-technischen Revolution haben auch die Apologeten des Kapitalismus auf dem Internationalen Soziologenkongreß gesprochen, der 1959 in Italien stattfand.

[31] N. Wiener, Mensch und Menschmaschine, Frankfurt a. M.-Westberlin 1952, S. 150.

[32] Jahrbuch der SPD 1958/59, Bonn 1960, S. 377, 385, 386.

Von den bürgerlichen Autoren, die in der Automatisierung der Produktion die Heilung von allen Übeln des Kapitalismus sehen, sind zu nennen H. Schelsky, J. Diebold, L. Emrich, P. F. Drucker und andere. Aber es gibt auch entgegengesetzte Stimmen; so sehen beispielsweise E. Salin, P. E. Cleator, N. Wiener und andere in der Automatisierung das Hauptübel der Gegenwart, wenn auch keiner ihre entscheidende Bedeutung bezweifelt, das heißt die Tatsache, daß derjenige als Sieger aus dem ökonomischen Wettstreit hervorgehen wird, der der Automatisierung die größeren Entfaltungsmöglichkeiten zu bieten vermag.

Im Jahre 1964 haben R. Theobald, C. W. Harrington, L. Pauling, G. Myrdal sowie andere Gelehrte und Persönlichkeiten des öffentlichen Lebens der USA, Schwedens und anderer Länder das „Manifest des Spezialkomitees der dreieinigen Revolution" unterzeichnet.[33] Wie dieses Manifest besagt, wird unsere Epoche von drei Revolutionen charakterisiert: einer kybernetischen (Entwicklung der Automatisierung der Produktion), einer militärisch-technischen (Raketen und Kernwaffen) und einer bürgerrechtlichen (Kampf der Neger der USA um die Bürgerrechte). Die Verfasser des Manifestes geben zwar zu, daß sich die Entwicklung der Automatisierung nicht mit der kapitalistischen Distribution der materiellen Güter vereinen läßt, sind aber dennoch der Meinung, daß die Kybernetisierung von sich aus das ökonomische und soziale System reorganisieren wird, so daß nicht die Notwendigkeit besteht, für seine Veränderung zu kämpfen. Die dreieinige Revolution ist in ihren Augen eine Übergangsperiode von einer Gesellschaft des Mangels zu einer Gesellschaft des Überflusses. Dieser Übergang vollzieht sich automatisch. Um ihn zu beschleunigen, unterbreiten die Autoren des Manifestes ein Neunpunkteprogramm, das erweiterte Arbeitslosenunterstützung, staatliche Regelung des technischen Fortschritts und andere Dinge vorsieht.

In den USA sind in letzter Zeit zahlreiche Arbeiten zur gegenwärtigen wissenschaftlich-technischen Revolution erschienen. Die Autoren untersuchen jedoch das Problem in der Regel nicht als Ganzes, sondern suchen vielmehr eine Antwort auf

33 Die dreieinige Revolution, in: Mirovaja ekonomika i meždunarodnye otnošenija, 4/1965, S. 81–90.

die Teilfrage, was die Atomenergie, die Raumfahrt und die Automatisierung der Produktion in Zukunft der Menschheit bringen werden. Diesen Arbeiten ist gemeinsam, daß sie die Lösung sozialer Probleme aus der Sphäre der gesellschaftlichen Beziehungen in eine Sphäre des reinen Technizismus und abstrakter gedanklicher Operationen übertragen.

Unterschiedliche Ansichten zum Wesen der gegenwärtigen wissenschaftlich-technischen Revolution kamen auch auf der Konferenz zum Ausdruck, die im Februar 1964 vom Institut für Geschichte der Naturwissenschaft und Technik an der Akademie der Wissenschaften der UdSSR durchgeführt wurde. Im folgenden wollen wir auf die Ansichten einiger der dort anwesenden Wissenschaftler eingehen.

A. A. Zvorykin führte aus, daß das „Wesen der gegenwärtigen wissenschaftlich-technischen Revolution vor allem in der Umgestaltung der Produktion und der Technologie bestehe sowie in dem daraus resultierenden Übergang zu natürlich ablaufenden, das heißt vom Menschen unabhängigen Prozessen. Die Automatisierung ist zwar ein wichtiges, aber eben nicht das einzige Mittel zur Umgestaltung der modernen Produktion. Auch die Wissenschaft formt die moderne Produktion auf der Grundlage der Elektrifizierung und der Chemisierung um."[34] Doch scheint uns A. A. Zvorykin hier nicht so sehr vom Wesen als vielmehr von den Erscheinungsformen der gegenwärtigen wissenschaftlich-technischen Revolution zu sprechen, da die Umgestaltung der Produktion nur der äußere Ausdruck des Wesens dieser Revolution ist. Man muß unbedingt bis zum Ausgangspunkt dieser Umgestaltung vordringen und die inneren, tiefer liegenden Zusammenhänge und Beziehungen aufdecken, die die mit dem Übergang vom klassischen Fabriksystem zur komplexautomatisierten Produktion zusammenhängenden Erscheinungen determinieren.

Viele Forscher fragen nicht nach dem Wesen der gegenwärtigen wissenschaftlich-technischen Revolution, sondern nach den Hauptrichtungen des wissenschaftlich-technischen Fortschritts (A. J. Goljan-Nikol'skij, J. E. Stul').

[34] Probleme der gegenwärtigen wissenschaftlich-technischen Revolution (Konferenzmaterialien), in: Voprosy istorii estestvoznanija i techniki 19/1965, S. 11–12.

L. N. MALKOV meint, daß die „wissenschaftlich-technische Revolution ein qualitativer Sprung in der Entwicklung von Wissenschaft und Technik ist, nämlich die Gewinnung prinzipiell neuer Einsichten in die uns umgebende Welt und prinzipiell neuer Methoden der Umformung und Verwendung von natürlichen Gegenstanden und Kräften. Ein unerläßliches Element der wissenschaftlich-technischen Revolution ist die grundlegende Veränderung der Stellung und Rolle des Menschen im Produktionsprozeß."[35] Diese Feststellung ist ganz offensichtlich derart allgemein, daß sie kaum das Wesen der gegenwärtigen wissenschaftlich-technischen Revolution aufzudecken vermag. L. N. MALKOV erklärt zwar weiter, daß dieser Prozeß mit großen Entdeckungen in den verschiedensten Wissensgebieten verbunden ist, besonders in der Physik und in der Chemie und daß die neue Revolution in den grundlegenden Veränderungen besteht, die sich in der Produktionstechnik vollziehen. Den qualitativen Sprung sieht L. N. MALKOV in der Entwicklung der Energetik, in der technischen Nutzung neuer Konstruktionsmaterialien sowie in neuen technologischen Arbeitsverfahren und Konstruktionsprinzipien der Maschinen. Aber selbst diese Erläuterungen vermögen nicht das Wesen der hier zur Diskussion stehenden Erscheinungen zu erfassen, da auch sie uns nicht das Allgemeine zeigen, das die Wissenschaft und Technik unserer Tage charakterisiert.

G. N. VOLKOV kommt in seinem Konferenzbeitrag und auch später, nämlich in seinem Artikel „Automatisierung – eine neue historische Etappe in der Entwicklung der Technik"[36], zu anderen Ansichten. Er behauptet, daß der Übergang von einer historischen Entwicklungsetappe der Technik zur nächsten stets den Beginn einer industriellen Revolution kennzeichnet. Eine solche Umwälzung ist durch die veränderte technologische Vereinigung der dinglichen und persönlichen Elemente der Produktivkräfte charakterisiert. Infolgedessen verändern sich auch der Inhalt und der Charakter der Arbeit und die soziale Struktur der Gesellschaft. Er stellt ferner fest, daß heute sowohl in den kapitalistischen als auch in den sozialistischen Ländern Erscheinungen zu beobachten sind, die den Beginn

[35] Ebenda, S. 31.
[36] Voprosy filosofii, 6/1964, S. 15–26.

einer neuen industriellen Revolution ankündigen. Außerdem weist er darauf hin, daß gerade die Automatisierung die Art und Weise der Verbindung von Mensch und Technik im Produktionsprozeß verändert. In den sozialistischen Ländern führt das zu einer neuen industriellen Umwälzung und in den kapitalistischen Ländern zu einer weiteren Verschärfung der Gegensätze innerhalb der bürgerlichen Gesellschaft, zu einer „technologisch begründeten Arbeitslosigkeit, Teilauslastung der vorhandenen Kapazitäten, Überproduktion usw."[37]

In ihrem Beitrag „Die wissenschaftlich-technische Revolution" definieren G. N. Volkov und J. M. Šejnin die gegenwärtige wissenschaftlich-technische Revolution als einen qualitativen Sprung in der Erkenntnis der Natur und in der Ausnutzung der Naturgesetze durch den Menschen, der durch die Umwandlung der Wissenschaft in eine unmittelbare Produktivkraft der Gesellschaft und eine daraus resultierende Umwälzung des gesamten Systems der Produktivkräfte charakterisiert ist. Die wesentliche Besonderheit der wissenschaftlich-technischen Revolution ist die Einheit von wissenschaftlicher und technischer Revolution, die zu einer qualitativen Veränderung der Produktivkräfte insgesamt führt.[38]

G. D. Danilin berührt das Wesen der gegenwärtigen wissenschaftlich-technischen Revolution, wenn er ausführt, daß das Wesen der Automatisierung der Produktion aus technischer Sicht darin besteht, daß die Funktion der Steuerung der Instrumente und Arbeitsprozesse Maschinen übertragen wird. Die Ersetzung des Arbeiters durch Mechanismen gestattet es, die für die weitere Steigerung der Produktivität der gesellschaftlichen Arbeit vorhandenen Hindernisse aus dem Wege zu räumen, die in unserer Epoche in Form eingeschränkter psychophysiologischer und teils auch intellektueller (im rein quantitativen Sinne) Fähigkeiten des Menschen sichtbar werden. G. D. Danilin begründet seine Ansichten genauer in seinem Artikel „Die gegenwärtige wissenschaftlich-technische Revolution".[39]

[37] Ebenda, S. 24. Ausführlich legt G. N. Volkov seinen Standpunkt in der Broschüre „Ära der Roboter oder Ära des Menschen?" dar.

[38] Filosofskaja Enziklopedija, Band 4, Moskva 1967.

[39] Mirovaja ekonomika i meždunarodnye otnošenija, 12/1966.

Am treffendsten wurde das Wesen der gegenwärtigen wissenschaftlich-technischen Revolution in dem Konferenzbeitrag von B. M. Kedrov dargelegt. Kedrov führte aus, daß im Verlaufe der Entwicklung der menschlichen Gesellschaft zunächst die Hände des Menschen frei wurden, so daß sie bestimmte Arbeitsoperationen übernehmen konnten. Unter dem Einfluß dieser Tätigkeit begann sich das menschliche Gehirn herauszubilden. War nun das Wesen der technischen Umwälzung in der zweiten Hälfte des 18. und zu Beginn des 19. Jahrhunderts die Schaffung von Arbeitsmaschinen, das heißt die Ersetzung der menschlichen Hand durch Mechanismen, so ist das Wesen der gegenwärtigen wissenschaftlich-technischen Revolution die Ersetzung der logischen Funktionen des Produzenten durch Maschinen. Damit hat B. M. Kedrov genau das Wesen dieser Erscheinung getroffen. Unsere Aufgabe ist es nun, zu zeigen, wie sich dieser Prozeß vollzieht und wie er mit dem Übergang von einer Produktionsweise zur anderen zusammenhängt.

Nach der Konferenz zu Problemen der gegenwärtigen wissenschaftlich-technischen Revolution wurden mehrere Artikel, Bücher und Sammelbände zu dieser Problematik veröffentlicht, in denen auch auf das Wesen dieser Revolution eingegangen wird. Ein Studium dieser Literatur zeigt jedoch, daß in den meisten Beiträgen recht unterschiedliche Standpunkte vertreten werden, was wiederum beweist, daß dieser Fragenkomplex noch der weiteren Diskussion bedarf. Das läßt sich sehr gut an einigen Beispielen zeigen.

A. Arakeljan weist in seinem Artikel „Einige Probleme der wissenschaftlich-technischen Revolution in der UdSSR“ darauf hin, daß „das Wesen der wissenschaftlich-technischen Revolution aus der Sicht der marxistischen Theorie vor allem in den qualitativen Veränderungen der Arbeitsmittel zu sehen ist. Der Kommunismus unterscheidet sich als neue ökonomische Formation vom Kapitalismus nicht hinsichtlich der Materialarten und Energieformen, sondern hinsichtlich des Charakters der Arbeitsmittel und ihrer Anwendung. Das ist ein wichtiger methodologischer Grundsatz, von dem man sich bei der Untersuchung des Wesens der wissenschaftlich-technischen Revolution leiten lassen muß. Der Ausgangspunkt dieser Revolution ist in der UdSSR der Übergang zu einem qualitativ neuen Maschinensystem, das sowohl eine sprunghafte Steigerung der

Arbeitsproduktivität als auch eine grundlegende Veränderung des Charakters der Arbeit und des Typs des Arbeiters selbst zu sichern vermag."[40]

A. P. Kudrjašov bezeichnet in seinem Buch, das speziell den Problemen der gegenwärtigen wissenschaftlich-technischen Revolution gewidmet ist, diese Revolution als eine besondere revolutionäre Form des wissenschaftlich-technischen Fortschritts, die „die untrennbare Einheit der grundlegenden Bewegungen in Wissenschaft und Technik und die breite Ausnutzung der qualitativen Veränderungen im System der modernen wissenschaftlichen Kenntnisse, besonders auf dem Gebiet der naturwissenschaftlichen und technischen Disziplinen, bedeutet." Nach seinen Worten zeichnet sich die gegenwärtige wissenschaftlich-technische Revolution gegenüber dem wissenschaftlich-technischen Fortschritt der früheren Zeiten, der stets nur eine oder eine geringe Anzahl wissenschaftlicher und technischer Disziplinen betraf, durch ihren universellen Charakter aus. A. P. Kudrjašov ist ferner der Ansicht, daß der Anstoß zum Heranreifen der Voraussetzungen der gegenwärtigen wissenschaftlich-technischen Revolution der Sieg der Großen Sozialistischen Oktoberrevolution und der danach einsetzende ökonomische Wettstreit zwischen Kapitalismus und Sozialismus waren.[41]

Einen analogen Standpunkt bezieht A. M. Omarov, wenn er schreibt, daß der Fortschritt von Wissenschaft und Technik eine Reihe qualitativer Besonderheiten angenommen hat, wodurch er zu Recht als wissenschaftlich-technische Revolution bezeichnet werden kann. Jedoch geht er nicht auf das Wesen der in den naturwissenschaftlichen und technischen Disziplinen ablaufenden Prozesse ein, wo sich seiner Meinung nach diese Revolution vollzieht. Er spricht zwar vom wesentlichen Zug der gegenwärtigen wissenschaftlichen Revolution, ist dabei aber der Meinung, daß sie ihren endgültigen und klarsten Ausdruck in der Veränderung der Arbeitsmittel finden wird.[42]

V. Marachov und J. Meleščenko schreiben in einem 1966 veröffentlichten Artikel, daß jede technische Revolution durch

[40] Voprosy ekonomiki, 8/1940, S. 126.

[41] A. P. Kudrjašov, Die gegenwärtige wissenschaftlich-technische Revolution und ihre Besonderheiten, Moskva 1955, S. 14–18,37.

[42] A. M. Omarov, Technik und Mensch, Moskva 1965.

Veränderungen der Arbeitsmittel und der Technologie charakterisiert wird. Sie kann sich dabei entweder auf einzelne Elemente der Technik und einzelne Arten von technischen Mitteln erstrecken oder aber mehr oder weniger alle Bereiche der Technik erfassen. Ist das letztere der Fall, so bildet sich eine qualitativ neue materiell-technische Basis der Gesellschaft heraus. Eine wissenschaftliche Revolution ist hingegen an Entdeckungen gebunden, die die herkömmlichen Vorstellungen von den Naturerscheinungen und vom gesellschaftlichen Leben von Grund auf verändern. Die gegenwärtige wissenschaftlich-technische Revolution verkörpert die Einheit der Revolution von Wissenschaft und Technik.[43] Diese Ansichten werden von J. S. Meleščenko in dem Artikel „Charakter und Besonderheiten der wissenschaftlich-technischen Revolution" (1968) weiter ausgebaut. Er betont dort, daß jede technische Revolution stets eine grundlegende Veränderung der Arbeitsmittel und die Schaffung eines prinzipiell neuen Typs von Technik bedeutet und daß „erst heute die Revolution in der Wissenschaft zugleich auch eine Revolution ist, die sich durch die Wissenschaft vollzieht, und dies nicht in einem engeren Rahmen, sondern im Maßstab des Gesamtsystems von Wissenschaft und Technik."[44] Auch die Arbeiten anderer sowjetischer Forscher lassen recht unterschiedliche Standpunkte zu dieser Frage erkennen.[45] Die

[43] V. Marachov, J. Meleščenko, Die gegenwärtige wissenschaftlich-technische Revolution und ihre sozialen Folgen unter den Bedingungen des Sozialismus, in: Voprosy filosofii, 3/1966.

[44] J. S. Meleščenko, Der Charakter und die Besonderheiten der wissenschaftlich-technischen Revolution, in: Voprosy filosofii, 7/1968, S. 19.

[45] G. Mechanik, Die wissenschaftlich-technische Revolution und ihre Auswirkungen auf die kapitalistische Wirtschaft, in: Mirovaja ekonomika i meždunarodnye otnošenija, 12/1966; N. Gauzner, Die sozialen Folgen der wissenschaftlich-technischen Revolution in den kapitalistischen Ländern, in: Mirovaja ekonomika i meždunarodnye otnošenija, 1/1967; I. Dvorkin, Die wissenschaftlich-technische Revolution: Eine Kritik der bürgerlichen Theorien, in: Mirovaja ekonomika i meždunarodnye otnošenija, 2/1967; I. Tamarin, Die wissenschaftlich-technische Revolution und die Verschärfung der Widersprüche des Kapitalismus, in: Mirovaja ekonomika i meždunarodnye otnošenija, 4/1967; S. Chejnman, Die wissenschaftlich-technische Revolution und die Errichtung

hier angeführten Fakten reichen jedoch sicherlich aus, um uns davon zu überzeugen, daß dringend Untersuchungen erforderlich sind, die das Wesen der gegenwärtigen wissenschaftlich-technischen Revolution klären.

In den Jahren 1965 bis 1968 wurden in der ČSSR und in der DDR eine Reihe spezieller Konferenzen zu Problemen der gegenwärtigen wissenschaftlich-technischen Revolution durchgeführt und auch zahlreiche Arbeiten zu dieser Thematik veröffentlicht.[46]

Die große Anzahl sehr unterschiedlicher Standpunkte zum Wesen der gegenwärtigen wissenschaftlich-technischen Revolution zeigt uns lediglich, wie kompliziert die grundlegenden Probleme unserer Zeit tatsächlich sind. Sie lassen sich nur richtig lösen, wenn die historischen Fakten und die Angaben über den gegenwärtigen Stand und die gegenwärtigen Entwicklungstendenzen der Wissenschaft, Technik, Produktion und der zur Zeit objektiv ablaufenden Prozesse analysiert werden.

Das Grundgesetz der Entwicklung der Produktivkräfte ist die allmähliche Übertragung von Arbeitsfunktionen des Produzenten, auf technische Mittel. Jedesmal wenn grundlegende Funktionen des Produzenten, die er in der materiellen Produktion innehat, durch technische Mittel ersetzt werden, beobachten wir tiefreichende qualitative Verschiebungen, die technische Revolutionen ankündigen. Dabei, und das beweist die Entwicklungsgeschichte der Produktivkräfte, kommt es zu solchen

der materiell-technischen Basis des Kommunismus in der UdSSR, in: Mirovaja ekonomika i meždunarodnye otnošenija, 5/1967; I. M. Šatalov, Die wissenschaftlich-technische Revolution und die „Dritte Welt“, in: Meždunarodnaja žizn', 5/1967; J. M. Šejnin, Die wissenschaftlich-technische Revolution und einige Probleme der Gegenwart, in: Mirovaja ekonomika i meždunarodnye otnošenija, 2/1968; J. Pešechonov, B. Cvetkov, Die gegenwärtige wissenschaftlich-technische Revolution und ihr Einfluß auf das Entwicklungstempo der Wirtschaft, in: Planovoe chozjajstvo, 2/1968, V. Kamaev, Die technische Revolution als Entwicklungsform der Produktivkräfte, in: Ekonomičeskie nauki, 5/1968.

46 Deutsche Zeitschrift für Philosophie, Sonderheft 1965; Sociologický časopis, 2/1966; R. Richta, Die wissenschaftlich-technische Revolution und der Marxismus.

grundlegenden Umwälzungen stets in Perioden des Übergangs von einer Produktionsweise zur anderen.

Die gegenwärtige Periode in der Entwicklungsgeschichte der menschlichen Gesellschaft steht im Zeichen gewaltiger Errungenschaften, die auf fast allen Gebieten von Wissenschaft und Technik zu verzeichnen sind. Große Entdeckungen und bestimmte technische Leistungen hat es auch früher gegeben, aber noch niemals haben sie solche Maßstäbe wie heute erreicht und noch niemals verlief ihre Entwicklung so stürmisch und vorwärtsdrängend wie in unseren Tagen. Die breite industrielle Nutzung der Errungenschaften von Wissenschaft und Technik schafft die notwendigen Voraussetzungen für die Veränderung nicht nur der Struktur der Technik, sondern auch des Charakters der Arbeit und der Stellung des Produzenten in der Produktion.

Das Wesen und der Ausgangspunkt der gegenwärtigen wissenschaftlich-technischen Revolution

Will man das Wesen der gegenwärtigen wissenschaftlich-technischen Revolution erkennen, so muß man nach der Methode vorgehen, die K. Marx bei der Untersuchung der technischen Revolution in der zweiten Hälfte des 18. und Anfang des 19. Jahrhunderts anwandte. Mit dieser Methode läßt sich vor allem der Ausgangspunkt der in der modernen Produktionsweise eingetretenen Umwälzungen ermitteln.

Einige Forscher sind der Ansicht, daß der Ausgangspunkt der gegenwärtigen wissenschaftlich-technischen Revolution der Übergang zur Elektrizität als einer neuen Energieart ist. Tatsächlich hat die Industrie seit der Mitte des 19. Jahrhunderts eine völlig andere Energiegrundlage erhalten. Andrerseits hat dies aber den Charakter der vom Produzenten ausgeführten technologischen Funktionen nur relativ wenig beeinflußt. So muß beispielsweise der Arbeiter, der an einer mit Wasserkraft getriebenen Drehbank steht, das Werkstück mit genau den gleichen Operationen bearbeiten wie der Arbeiter an der elektrisch getriebenen Drehbank. Daran würde sich selbst bei atomarem Antrieb offensichtlich nur wenig ändern. Erst die Anwendung von Mitteln der Mechanisierung und später der Automatisierung machte es dem Arbeiter möglich, sich aus der unmittelbaren Bindung an die Werkbank zu befreien, da sich der Charakter der Arbeit selbst veränderte. Das Wesen der gegenwärtigen wissenschaftlich-technischen Revolution ist also nicht in der Einführung eines neuen Energieträgers zu suchen, sondern in der weiteren Entwicklung der Arbeitsmaschinen.

In unserer Zeit ist die Arbeitsmaschine durchaus nicht immer eine Einrichtung, deren Betrieb das mechanische Zusammenspiel von Wellen, Hebeln, Zahnradübertragungen und Gelenkverbindungen ist. Es kann sich dabei auch um pneumatische, hydraulische, elektrische und elektronische Geräte handeln. Von gleichbleibender Bedeutung ist nur der Charakter der Arbeit, der von der Arbeitsmaschine ausgeführt wird, nicht aber ihre Konstruktion. Es ist ziemlich gleichgültig, mit welchen Mitteln diese oder jene Bewegung realisiert wird, auf welche Vervollkommnungen sie zurückgeht oder welche Elemente eingesetzt werden usw. Wichtig sind vor allem die Bewegungsform des aktiven Teils einer Arbeitsmaschine, der Kompliziertheitsgrad dieser Bewegung selbst und die Möglichkeiten, die für die Bearbeitung (Umformung) bestimmter Ausgangsprodukte gegeben sind. So wird beispielsweise in einer elektrischen Melkanlage die Hand des Menschen durch ein Gerät ersetzt, das nichts mit den klassischen mechanischen Vorrichtungen gemein hat. Es beruht nämlich auf dem Prinzip der Druckdifferenz zwischen Melkbecher und Zitze. Dennoch wird die Wichtigkeit dieser Erfindung dadurch keinesfalls geschmälert, da auch in diesem Falle der „Mechanismus" die Hand des Arbeiters ersetzt und genau die gleichen Funktionen ausführt, wie ehedem die Hand des Melkers. Das Ergebnis ist, daß sich der Charakter der Arbeit bei dieser Kategorie von Arbeiten wesentlich geändert hat.

Auf der Grundlage der Automatisierung, dem eigentlichen Ergebnis der historischen Entwicklung der Arbeitsmaschinen, die ihrerseits die technologischen Funktionen des Menschen übernommen hatten, wird die gegenwärtige wissenschaftlich-technische Revolution von prinzipiell neuen Richtungen bestimmt, nämlich von der Automatisierung der logischen und geistigen Prozesse, die heute von Steuer- und Regelmechanismen (kybernetischen Maschinen) wahrgenommen werden. Im gleichen Grade, wie ehedem die Arbeitsmaschinen der Ausgangspunkt der technischen Revolution Ende des 18. und zu

Anfang des 19. Jahrhunderts waren, sind heute die Regel- und Steuervorrichtungen der Ausgangspunkt der gegenwärtigen wissenschaftlich-technischen Revolution. In der Übertragung von Produktionsfunktionen, die bisher vom Menschen ausgeführt wurden, an technische Mittel haben wir die nächsthöhere Stufe erreicht, auf der es sich nicht mehr um technologische Funktionen handelt, sondern um logische Kontroll- und Steuerfunktionen. Es gibt bereits hochverfeinerte Systeme, die Regel- und Steuervorrichtungen automatisch auf die Extremwerte eines Systems einstellen können und dieses System dabei stabil halten. Es gibt ferner Automaten, denen nicht irgendwelche in bestimmten Abständen zu wiederholende Operationen eingegeben werden, sondern lediglich bestimmte Verhaltensvorschriften (Automaten mit sogenannter heuristischer Programmierung). Eine gewaltige Bedeutung erlangt die Automatisierung des Leitungs- und Berichtswesens, was sich mit verschiedenen elektronischen Rechenanlagen realisieren läßt. Der Einsatz von Optimierungsmaschinen und anderer Automatisierungsmittel auf dem Gebiete der Verwaltung bietet der Errichtung eines optimalen Planungs- und Leitungssystems der Volkswirtschaft neue Perspektiven. Eine rasche Entwicklung erfahren auch die Anlagen der Informationsverarbeitung, der Automatisierung des Berichts- und Kontrollwesens usw.

Die Menge und Kompliziertheit der Funktionen, die von technischen Mitteln ausgeführt werden können, nehmen progressiv zu, wodurch sich auch die Anzahl der peripheren Einrichtungen erhöht und ihre technischen Parameter verbessert werden. Eines der aktuellsten Probleme in der Entwicklung moderner Rechenanlagen ist die Erhöhung der Operationsgeschwindigkeit und Zuverlässigkeit der peripheren Eingabe- und Ausgabewerke, da sie in der Regel um ein Vielfaches langsamer arbeiten als das Rechen- und Kommandowerk der Anlage selbst. In der Weiterentwicklung der peripheren Einrichtungen wird in großem Maße auf die Errungenschaften der theoretischen Mechanik, der Pneumatik, Hydraulik, Aerodynamik, Kommunikationswissenschaft, automatischen Regeltechnik und anderer Disziplinen zurückgegriffen.

Wie kompliziert die von Automaten ausgeführten Funktionen auch sein mögen, so entsprechen sie doch genauso einem Bestimmungszweck wie die ältesten vom Menschen eingesetzten Automaten, etwa Fallen. Nur hat sich dieser Bestimmungszweck geändert. Hatte die Falle die Aufgabe, ein Tier festzuhalten oder zu töten, so ist es die Aufgabe der Rechenanlage, komplizierteste intellektuelle Aufgaben der Rechnungsführung, Kontrolle, Systemregelung sowie andere logische Probleme zu bewältigen, deren Lösung ihrerseits eine neue Etappe in der Entwicklung der Automatisierung eröffnet und zum Ausgangspunkt der gegenwärtigen wissenschaftlich-technischen Revolution wird.

Der moderne Automat der höchsten Stufe stellt einen Komplex dar, der nicht mehr allein aus Kraftmaschine, Übertragungsmechanismus und Arbeitsmaschine besteht, sondern zusätzlich ein Regel- und Steuerwerk (Kommandowerk) besitzt. Das grundlegende Merkmal dieses Gliedes des modernen Automaten, das ihn von allen anderen Elementen unterscheidet, ist die Ausführung von Leitungsfunktionen, die bisher einzig und allein dem Menschen vorbehalten blieben. Unter Regel- und Steuerwerk sind hier spezielle Vorrichtungen zu verstehen, die den gesamten Komplex der Leitung eines Objektes realisieren können. In einem solchen Falle wird der Mensch nur noch zur periodischen Überholung bzw. zur Neuaufstellung von Ausrüstungen benötigt, während der gesamte Leitungsprozeß automatisch abläuft.

Dem Problem der Steuerung und Regelung gebührt in unserer Zeit der Vorrang, da es in allen Tätigkeitsbereichen der menschlichen Gesellschaft einen immer größeren Einfluß erlangt. Mit der Erschließung gewaltiger Energiequellen ging die Bedeutung der menschlichen Muskelkraft zurück und die Funktionen des menschlichen Gehirns gewannen an Bedeutung. Die modernen Energiesysteme, atomaren Geräte, Raumschiffe und komplizierten chemischen Abläufe verlangen vom Menschen einerseits Berechnungen unvorstellbaren Ausmaßes und andererseits die Sofortanalyse gewaltiger Mengen von Bedingungen und die Auswahl der zweckmäßigsten Lösungen. Die Möglichkeiten des Menschen sind jedoch in dieser Hinsicht begrenzt, und seine intellektuellen Kapazitäten erweisen sich oft als unzureichend für die Leitung der modernen Produktion. Entscheidungen werden vom Menschen relativ langsam getroffen, und es läßt sich niemals mit Sicherheit sagen, ob sie richtig sind, da der Mensch ermüdet, nervös wird, mit Sorgen belastet ist usw. Indessen sind die Mehrzahl der modernen Maschinen und noch weit mehr die umfassenden Komplexe vom Typ automatischer Fertigungsstraßen (Transferstraßen), Betriebsabteilungen und ganzer Betriebe komplizierte Systeme, die durch eine große Anzahl miteinander verbundener Maschinen und Mechanismen charakterisiert sind. Für den Menschen wird es immer schwieriger, die komplizierten und intensiven Prozesse zu lenken, die in solchen Systemen ablaufen. Der Mensch bewältigt es nicht mehr, die von ihm selbst geschaffenen Maschinen zu beaufsichtigen. Diese Schwierigkeiten lassen sich aber beseitigen, sobald man nicht nur die einfachen, sondern auch die komplizierten Steuer- und Regelprozesse automatisiert. Die maschinelle Ausführung dieser Funktionen ist heute vor allem dank der neuen Wissenschaft von der Steuerung und Regelung, der Kybernetik, möglich geworden, dank der Entwicklung moderner Rechenanlagen und der Schaffung logischer Maschinen. Diese Regel- und Steuermechanismen sind jenes qualitativ neue Mittel, mit dem wir auch die kompliziertesten Steuer- und Regelfunktionen automatisieren können, wie sie in der Organisation des Transports, der Nachrichtenübertragung, des Handels, in der Leitung von Planungsorganen, in der Versorgung, im Finanzwesen usw. auftreten. Objekte der Steuerung und Regelung können Werkbänke, Betriebsabteilungen, automatische Fertigungsstraßen, Betriebsabteilungen, ganze Betriebe, Betriebsgruppen und schließlich die gesamte Volkswirtschaft sein.

Die Herausbildung von Automaten und Automatensystemen

Eine entscheidende Bedeutung kommt auf dem Gebiete der Automatisierung innerhalb der gegenwärtigen wissenschaftlich-technischen Revolution den grundlegenden Begriffen zu, also der auf diesem Gebiete verwendeten Terminologie.

Eine sehr universelle und zugleich exakte Definition des Begriffes Automat findet sich in der Enzyklopädie Moderne Technik (Enciklopedija sovremennoj techniki). Dort lesen wir unter diesem Stichwort: „Der Automat ist ein Aggregat, das ein System von Mechanismen und Vorrichtungen bildet (elektronische, elektrische, pneumatische und hydraulische), in dem die Prozesse der Erhaltung, Umformung, Übertragung und Ausnutzung von Energie, Material und Information vollständig mechanisiert sind, das heißt ohne unmittelbaren Eingriff des Menschen ausgeführt werden.“[47]

Eine sehr treffende Definition des Begriffes Automatisierung gibt S. LILLEY, der darauf hinweist, daß man an die Frage der Automatisierung historisch herangehen müsse und dann folgende Definition anführt: Die Automation ist „die Einführung oder Verwendung weitgehend automatischer maschineller Einrichtungen oder Vorgänge, durch welche menschliche Arbeit und eine ins einzelne gehende Kontrolle durch den Menschen größtenteils ausgeschaltet werden.“[48]

Diese Definition gilt jedoch in erster Linie für die vollkommensten automatischen Einrichtungen unserer Zeit. In der Definition des Begriffes Automatisierung, den die Enzyklopädie Moderne Technik gibt, heißt es: „Die Automatisierung der Produktion ist eine Etappe der maschinellen Produktion, in der der Mensch von der unmittelbaren Ausführung von Leitungsfunktionen des Produktionsprozesses entbunden wird und diese Funktionen automatischen Vorrichtungen übertragen werden.“[49] Aus dieser Definition geht jedoch nicht eindeutig hervor, wo die klare Grenze zwischen Automatisierung und Mechanisierung zu ziehen ist. Nach dieser Definition sind sämtliche Maschinen, die Produktionsprozesse ohne unmittelbanen Eingriff des Menschen ausführen, Automaten. In vielen nicht automatisierten, sondern lediglich mechanisierten Einrichtungen (zum Beispiel in halbautomatischen spanabhebenden Werkzeugmaschinen, verschiedenen Mischmaschinen usw.) läuft der Produktionsprozeß ohne unmittelbaren Eingriff des Menschen ab, ohne daß man sie zu den automatischen Einrichtungen rechnen kann, da sie ihren Bestimmungszweck nicht selbständig erfüllen.

Bei halbautomatisiertem Betrieb werden zum Beispiel das Einlegen, Abnehmen und die Kontrolle vom Menschen ausgeführt, so daß der technologische Prozeß am Anfang und am

[47] Enciklopedija sovremennoj techniki. Avtomatizacija proizvodstva i promyšlennaja elektronika, Band 1, Moskva 1964, S. 10.

[48] S. Lilley, Automation und sozialer Fortschritt, Wien 1958, S. 16.

[49] Enciklopedija sovremennoj techniki, a. a. O., S. 20.

Ende unterbrochen wird und ihm das grundlegende Merkmal der Automatisierung fehlt. Er kann deshalb nicht als automatisch bezeichnet werden.

Als automatisiert können demnach nur solche Operationen gelten, in denen der gesamte, durch die Zweckbestimmung der betreffenden Automatisierungsvorrichtung vorgegebene Prozeß ohne Eingriff des Menschen realisiert wird. Als mechanisiert gelten dann Operationen, in denen der Arbeitsprozeß vom Menschen unter Zuhilfenahme arbeitserleichternder mechanischer Vorrichtungen ausgeführt wird. Somit sind sämtliche Vorrichtungen, die ihr Endziel ohne Eingriff des Menschen in den unmittelbaren Zyklus erreichen, automatische technische Mittel.

Betrachtet man die Automatisierung als einen Prozeß, in dessen Verlauf bestimmte, bisher vom Menschen ausgeführte Produktionsfunktionen automatischen Maschinen übertragen werden, so ist es nur logisch, die Elemente dieses Prozesses bereits in den ersten Vorrichtungen zu suchen, die einfachste menschliche Tätigkeiten ersetzen, und nicht erst bei den modernen Automatisierungsmitteln anzusetzen. Versucht man also, die Anfänge zur Entwicklung automatischer Vorrichtungen zu ermitteln, so muß man stets die gesamte Entwicklung der Arbeitsmittel im Auge behalten, da sich die allmähliche Ersetzung menschlicher Funktionen durch Maschinen, also die Herausbildung automatischer Maschinen, über diesen ganzen Zeitraum erstreckt.

Eines der primitivsten und ältesten Werkzeuge des Menschen war der Faustkeil, ein elementares Arbeitsglied, das der unmittelbaren Einwirkung auf den zu bearbeitenden Arbeitsgegenstand diente. Der Faustkeil war meistens ein grob behauener Stein, der für die Ausführung sehr unterschiedlicher Operationen bestimmt war, etwa für das Abschlagen von Wurzeln, für die Zerkleinerung von Knochen, für die Erlegung von Tieren und anderem mehr. Er war jedoch das erste Glied, gewissermaßen der Anfang jener langen und mächtigen, aus vielzähligen und dabei ganz unterschiedlichen Gliedern zusammengesetzten Kette, die zur Entstehung der modernen automatischen Maschine hingeführt hat. Um sich die Herausbildung und Entwicklung des Automaten besser verdeutlichen zu können, wollen wir die Ersetzung immer komplizierterer, vom Menschen ausgeführter Funktionen durch technische Mittel in ihrer allgemeinen Form untersuchen.

In der ersten Periode ist die Arbeitstätigkeit des Menschen, wenn man so sagen darf, Kraftmaschine, Übertragungsmechanismus und Arbeitsmaschine in einem. Es gab nur ein Glied in der Arbeitskette, den Faustkeil, der ein vom Menschen künstlich geschaffenes Arbeitswerkzeug war, das die natürlichen Organe des Menschen verstärkte und verlängerte, kurz, vervollkommnete. Die nächste Etappe in der Entwicklung der menschlichen Arbeitsmittel war die Schaffung von Vorrichtungen mit zwei Gliedern. Typische Vertreter dieser Art von Arbeitswerkzeugen waren das Beil, die Hacke und der Hammer. Das zweite Glied war also der Schaft, der die Möglichkeiten des Menschen weiter verstärkte und erweiterte. Das ursprüngliche Arbeitsmittel hatte sich dabei aber nicht verändert oder so gut wie nicht verändert. Die Funktionen der unmittelbaren Einwirkung auf den Arbeitsgegenstand waren voll erhalten geblieben, da der Schaft lediglich die Effektivität des einwirkenden Mittels vergrößerte, nicht aber an der Ausführung der Arbeit unmittelbar beteiligt war. Er war ein Glied zur Übertragung der von der Hand des Menschen ausgehenden Kraft und dazu bestimmt, das eigentliche Arbeitsglied zu verlagern. Folglich kann man den Schaft als eine Art Embryo der späteren Übertragungsmechanismen ansehen. In der weiteren Entwicklung wurde der Übertragungsmechanismus vergrößert, es tauchten weitere Glieder auf, die Beziehungen zwischen ihnen wurden komplizierter usw. usf. Die bekanntesten Mechanismen dieser Art sind die Sägen und die Feilen sowie Vorrichtungen zum Bohren von Stein. Auch hier ist wie im obigen Falle der Mensch die „Arbeitsmaschine“, wobei jedoch bereits Glieder vorhanden sind, die diese Funktion des Menschen beträchtlich erleichtern. Wird zum Beispiel Material mit einer Säge zerteilt, so ist ein Druck vorausgesetzt, der die Kräfte der Säge vergrößert. Die Arbeit des Mechanismus selbst ist denkbar einfach: das eigentliche Arbeitsglied wird vor- und zurückbewegt und erzeugt so eine Rille, die schließlich den Stein zerteilt.

Alle diese Mechanismen konnten nur unter unmittelbarem Eingriff des Menschen funktionieren. Doch gab es seit ältesten Zeiten auch Mechanismen, die man völlig zu Recht als automatisch bezeichnen kann, da sie ihr Endziel erreichen konnten, ohne daß der Mensch im Gesamtzyklus irgendeine Hilfe geben mußte. Solche Automaten waren beispielsweise die Fallen, die ihren Endzweck, nämlich das Festhalten – bzw. das Töten – von Tieren ohne unmittelbaren Eingriff des Menschen erreichten, der sie lediglich anlegte bzw. aufstellte. Das Arbeitsprogramm dieser Fallen war sehr einfach: Es gab noch kein Programmierungsglied, das automatische Funktionieren war vielmehr durch die Konstruktion selbst vorgegeben.

Als die frühesten Programmierungsglieder können Nockenwellen angesehen werden, die zunächst in verschiedenen Spielzeugautomaten und danach auch in Produktionsinstrumenten weite Verwendung fanden, in denen sie Antrieb, Übertragungsmechanismus und Arbeitsmittel in einem waren. In diesen Vorrichtungen übernahmen künstlich geschaffene Mechanismen nicht nur die Funktion des Antriebs, sondern teilweise auch technologische Funktionen.

Wenn wir uns daran erinnern, daß eine Arbeitsmaschine eine Vorrichtung ist, die selbsttätig die gleichen Operationen mit den gleichen Instrumenten wie sonst der Mensch ausführt, so können als die frühesten Vertreter solcher Mechanismen die automatischen Hämmer und ähnliche Einrichtungen gelten, wie sie beispielsweise LEONARDO DA VINCI für das Hauen von Feilen vorgeschlagen hatte. Bei der Arbeit mit dem Hammer ist die Grundbewegung der Schlag auf das zu bearbeitende Material. In automatischen Vorrichtungen wurde nun diese Bewegung nicht durch den Menschen ausgeführt, sondern durch einen speziellen Nockenmechanismus bewerkstelligt, der zunächst manuell und später mit einem Wasserrad betätigt wurde. In der Feilenhaumaschine wird die Arbeitsbewegung – das Hauen der Feile – von einem Hammer ausgeführt, dessen Bewegung ebenfalls von einem Nocken ausgelöst wird. Außerdem ist diese Maschine mit einem selbsttätigen Vorschub ausgestattet, der die zu hauende Feile nach jedem Schlag ein Stück weiterführt.

Einrichtungen wie Säge- und Poch- bzw. Schlagmühlen hatten gewöhnlich Wasser- oder Windantrieb. Sie können ebenfalls bereits als automatisch gelten, da innerhalb dieser Vorrichtungen die Bewegung der verschiedenen Arbeitsglieder vom gleichen Mechanismus ohne direkten Eingriff des Menschen geregelt und ausgeführt wurde. Diese Bewegungen waren jedoch in der Regel monoton und konnten weder zeitlich noch räumlich in ihrem Ablauf verändert werden, das heißt, Arbeitsgeschwindigkeit, Vorschub usw. konnten nicht geändert werden. Der eigentliche Regler war bei diesen Vorrichtungen der Mensch, der diese Funktionen bis zum Aufkommen von Regel- und Steuergliedern beibehielt, die für die Gegenwart charakteristisch sind. Die einzige Bewegung, die automatisch geregelt wurde, war die Drehung des Werkstückes, die von der Geschwindigkeit des Wassers bzw. des Windes abhing.

Tiefgreifende Veränderungen in der Entwicklung der Technik brachte die Schaffung und breite Anwendung von Arbeitsmaschinen mit sich. In den ersten Drehbänken wurde der Werkzeugschlitten mit Zahnstangen oder Gewinden verstellt. Diese Elemente waren das Steuerglied und machten den Drehbankschlitten automatisch, und der Gesamtmechanismus wurde zur Arbeitsmaschine. Offensichtlich läßt sich das gleiche auch von der ersten Spinnmaschine sagen, auf der die Faser nicht mehr mit der Hand ausgezogen und gedreht wurde, sondern von einem Mechanismus, der aus Walzen und Zylindern bestand. Auch das war ein Mechanismus, der eine Steuereinrichtung darstellte und den Menschen der Funktionen des Ausziehens und Drehens der Faser enthob. Mit der Schaffung von Arbeitsmaschinen wurden an zahlreichen Maschinen immer mehr Einzeloperationen automatisiert, was durch den Einsatz von Steuerelementen gefördert wurde, die die Bewegungen des Arbeitsgliedes nach einem ganz bestimmten Programm ausrichteten.

Die nächste Etappe in der Entwicklung der Arbeitsmaschinen war die Erhöhung der Anzahl von Regel- und Steuergliedern, das heißt die Schaffung von Maschinen, in denen mehrere gänzlich unterschiedliche Bewegungen automatisiert wurden. Waren zum Beispiel in der Spinnmaschine zunächst nur die Bewegungen der Walzen der Streckvorrichtung automatisiert, so kamen bei der automatischen „Spinning-Mule“ bereits weitere Bewegungen hinzu: die unterschiedliche Drehgeschwindigkeit der Spindel beim Aufspulen, die Fadenspannung usw. Diese Maschinen hatten trotz ihres hohen Mechanisierungsgrades noch kein Steuerglied, das ein bestimmtes Arbeitsprogramm hätte realisieren können. Vielmehr lag die Selbsttätigkeit ihrer Wirkungsweise wie bei den Fallen und anderen frühen Automaten gänzlich in der Konstruktion der Maschine selbst begründet und wurde nicht durch ein Steuerorgan gesichert. Deshalb konnte ihr Arbeitsprogramm nicht geändert werden, und der automatische Charakter ihrer Wirkungsweise war auf ganz bestimmte Bewegungen beschränkt, das heißt eng spezialisiert. Die Steuerfunktionen wurden in diesen Maschinen in der Regel von der Hand des Menschen ausgeführt, der auf diese Weise zum Anhängsel der Maschine wurde. Vorrichtungen dieses Typs sind jedoch insofern interessant, als in ihnen die Anzahl mechanisch gesteuerter Bewegungen ständig vergrößert wird.

In halbautomatischen Einrichtungen wirken bestimmte Steuerglieder in einer streng festgelegten Abfolge nach einem vorgegebenen Arbeitsprogramm, wobei es sich nicht mehr wie in den früheren Maschinen um einzelne solche Glieder handelt (Nocken, Führungen usw.), sondern um ein ganzes System von Steuergliedern, das nach einem genau bestimmten Schema organisiert ist. Hier fällt zwar die grundlegende Rolle bei der Steuerung der Maschine noch dem Menschen zu, doch ist in diesen Halbautomaten bereits viel klarer zu erkennen, wie der Mensch zum Anhängsel der Maschine wird und dabei die unzureichenden Steuerglieder im Prozeß der Automatisierung ergänzt. Der Arbeiter, der organisch in einen solchen Mechanismus eingegliedert ist, ist fast gänzlich der Möglichkeit zu schöpferischer Tätigkeit beraubt.

Die wichtigste Etappe in der Entwicklung der technischen Mittel war die Schaffung automatischer Produktionsmaschinen, also solcher Vorrichtungen, die ihr Endziel erreichen, ohne daß der Mensch während des gesamten Produktionszyklus eingreifen muß. Hier wird das System der Steuer- und Regelglieder zu einer Spezialvorrichtung, die nicht nur die Arbeitsbewegungen steuert und regelt, wie dies beim Halbautomaten der Fall ist, sondern auch sämtliche Hilfsbewegungen. In Automaten dieser Art werden nur noch die Kontrolle und die Neueinstellung vom Arbeiter durchgeführt. Ungeachtet der Tatsache, daß chronologisch gesehen der Halbautomat und der Vollautomat fast gleichzeitig entstanden sind, ist der prinzipielle Unterschied zwischen ihnen doch gewaltig. Halbautomaten fordern vom Bedienungspersonal die stereotype Wiederholung bestimmter Operationen. Bei ihnen besteht die Ausbildung und Qualifizierung des Arbeiters hauptsächlich darin, seine Bewegungen einem höheren Grad der Automatisierung, ihn besser an die Arbeitsweise der Maschine anzupassen. Der Einsatz von Vollautomaten gibt dagegen die Möglichkeit, eine größere Anzahl von Arbeitern zu Maschineneinrichtern zu qualifizieren, die nur noch die Arbeitsprogramme der Maschinen festlegen und regulieren.

Die Ausschaltung des Menschen aus der Sphäre der unmittelbaren Produktion verleiht dem Arbeitsprozeß größere Kontinuität, da er nicht mehr durch Eingriffe des Bedienungspersonals unterbrochen wird, wie dies bei den üblichen Arbeitsmaschinen und auch noch bei den Halbautomaten der Fall ist. Deshalb sind diese Ausrüstungen die am weitesten fortgeschrittenen: der technologische Prozeß wird nur noch zu Kontrollen bzw. zu Umstellungen der Anlage auf neue Bearbeitungsverfahren unterbrochen.

Mit der Schaffung selbsttätiger Kontrollvorrichtungen mit Rückkoppelung konnten auch die letzten Operationen der Maschine selbst übertragen werden, so daß auch die grundlegenden Steuer- und Regelfunktionen, die bisher vom Menschen unmittelbar ausgeführt wurden, automatisiert werden konnte. Die Grund- und Hilfsoperationen werden in der Regel vermittels Nocken und Leitschablonen automatisiert. Die Regelung der Kontrolle ist bereits ein geschlossenes System, in dem neben der Messung der erforderlichen Parameter auch die Einstellung auf erforderliche Verfahren und Parameter automatisch durchgeführt wird. Die automatische Drehbank hat in der Regel einen Einbaumotor, der die Kontinuität des Arbeitsprozesses erhöht, weil der Energieübertragungsweg verkürzt wird und der Übertragungsmechanismus fast gänzlich entfallen kann. Die Arbeitsmaschine enthält gewissermaßen alle diese Teile, und das Steuerwerk wird um ein Glied, die aktive Kontrollvorrichtung, erweitert. Dabei bildet diese Vorrichtung, die den gesamten Steuerkomplex übernimmt, und die bisher Sache des Menschen war, aber noch immer kein einheitliches Ganzes.

Die Schaffung von Steuervorrichtungen hat es möglich gemacht, die Steuerung bestimmter Objekte zu automati-

sieren und ein wesentliches Glied aller vorangegangenen Systeme, nämlich den Menschen, des unmittelbaren Eingriffes in den technologischen Prozeß zu entbinden. Mit anderen Worten, der technologische Prozeß wird nicht mehr durch Eingriffe des Arbeiters unterbrochen, da seine Steuerfunktionen an technische Mittel abgegeben wurden.
Das vollkommenste automatische System ist ein System, in welchem die Arbeitsmaschinen mit dem Steuerwerk einen einheitlichen Komplex bilden, der ein organisches Ganzes ist, das sich selbsttätig kontrolliert und einstellt, also alle diejenigen Steuer- und Regelfunktionen ausführt, die normalerweise beim Menschen liegen.

Die Umwandlung der Arbeitsmaschine in einen Automaten hat eine gewaltige Bedeutung in der gegenwärtigen wissenschaftlich-technischen Revolution. Sie bestimmt nämlich ihren Ausgangspunkt und ihr Wesen zugleich. Dieser Prozeß läßt sich deutlich an der Herausbildung und weiteren Entwicklung der automatischen spanabhebenden Werkzeugmaschinen verfolgen. Zunächst hat Marx in ihrer Entwicklung genau die Entstehung von Arbeitsmaschinen nachgewiesen („automatischer Werkzeugschlitten") und diese Maschine als den Ausgangspunkt der technischen Revolution der zweiten Hälfte des 18. Jahrhunderts charakterisiert. Dann war das Aufkommen automatischer spanabhebender Werkzeugmaschinen außerordentlich bedeutsam für die Entwicklung des Maschinenbaus als des grundlegenden Zweiges, von dem die Konstruktion weiterer Automaten abhing, die ihrerseits zur Grundlage der gegenwärtigen wissenschaftlich-technischen Revolution geworden sind.

Die Schaffung von Regel- und Steuervorrichtungen bot die Möglichkeit, selbstregulierende Systeme zu entwickeln, in denen alle grundlegenden Teilaufgaben automatisiert sind. Betrachten wir ein vollautomatisiertes Maschinensystem, das aus Kraftmaschine, Übertragungsmechanismus, Arbeitsmaschine und Steuerwerk besteht, so läßt sich verfolgen, wie sich die am meisten vervollkommneten Systeme herausgebildet haben, die heute die produktivsten und aussichtsreichsten technischen Mittel darstellen, fähig, die technologischen Prozesse der verschiedensten Volkswirtschaftszweige zu automatisieren. Heute kann man, wenn die Automatisierung in einem bestimmten Zweig bis zum Einsatz von Steuer- und Regeleinrichtungen vorangeschritten ist, stets annehmen, daß dieser Zweig, mag er nun der Industrie, dem Transport, der Landwirtschaft oder einem anderen Bereich der menschlichen Tätigkeit angehören, von der wissenschaftlich-technischen Revolution erfaßt ist.

In der Regel verstehen wir unter Automaten Vorrichtungen, die eine oder auch mehrere gleichartige Operationen ausführen können. In diesem Falle sind die der eigentlichen Bearbeitung bzw. Herstellung des Produktes vorangehenden bzw. nachfolgenden Hilfsoperationen nicht automatisiert, so daß es noch zu Unterbrechungen des technologischen Prozesses kommt. Aber selbst wenn die Gesamtbearbeitung auf Automaten abläuft, wird doch das Werkstück gewöhnlich von Automat zu Automat manuell weitergeführt, so daß sich der Prozeß verzögert, die Arbeitsproduktivität sinkt und die Kontinuität des technologischen Prozesses unterbrochen wird.

Das Prinzip der Kontinuität ist die Grundlage für die Bestimmung des Automatisierungsgrades eines Prozesses, da gerade Unterbrechungen für die größten Zeitverluste und infolgedessen auch für Senkungen der Arbeitsproduktivität verantwortlich sind. Besonders viel Zeit geht zwischen den einzelnen Operationen verloren, wenn die Werkstücke von Maschine zu Maschine weitertransportiert werden. In zahlreichen Fällen übertrifft die Summe dieser Zeiten die eigentliche für die Bearbeitung des Werkstückes erforderliche Zeit (die Maschinenzeit). Aus diesem Grunde ist die weitere Intensivierung bestimmter Prozesse auf Einzelautomaten unrentabel geworden, da der auf diese Weise zu erzielende Zeitgewinn unbedeutend ist. Versuche haben gezeigt, daß bei der Fertigung von Produkten auf spanabhebenden Maschinen nur 30 bis 50 Prozent der insgesamt erforderlichen Zeit echte Maschinenzeit sind, während zwischen 50 und 70 Prozent für die Weiterführung des Werkstückes von Maschine zu Maschine benötigt werden. Deshalb kann der nächste Schritt in der Steigerung der Arbeitsproduktivität nur getan werden, wenn man versucht, die für die Weiterführung der Werkstücke erforderliche Zeit zu senken, das heißt aber mit anderen Worten, wenn man auch den Weitertransport der Werkstücke von einem Automaten zum nächsten zu automatisieren versucht. Es muß unbedingt Kontinuität im gesamten Bearbeitungszyklus erreicht und der unmittelbare Eingriff des Menschen vollständig eliminiert werden.

Mit der weiteren Entwicklung des Maschinenbaus und der Schaffung wirtschaftlicher und effektiver arbeitender Kraftmaschinen konnte auch die Weiterführung des Werkstückes von einem Arbeitsplatz zum anderen mechanisiert werden, und es entstanden die ersten Montagebänder.

Um ein Maschinensystem mit kontinuierlichem Produktionsprozeß einrichten zu können, mußte die Mechanisierung der Transportoperationen (innerbetrieblicher Transport) mit den einzelnen automatischen Arbeitsmaschinen vereinigt werden, das heißt, es mußte ein Automatensystem geschaffen werden.

Somit ist jede Gesamtheit automatischer Maschinen durch einen Komplex charakterisiert, der folgende Teile umfaßt: Antriebsaggregate, Übertragungsmechanismen, ausführende Arbeitsorgane, Programmierungsvorrichtungen, Programmänderungsvorrichtungen, Kontroll- und Steuerwerke (Kommandowerke), Vorrichtungen für die operative und für die Langzeitspeicherung, Vorrichtungen für die Einstellung und Neueinstellung der Maschinen und Vorrichtungen, die optimale Arbeitsbedingungen für das Gesamtsystem sichern. *Das alles trägt dazu bei, die unmittelbaren Produktionsfunktionen des Menschen durch technische Mittel zu ersetzen, darunter auch die logischen (Speichern, Auswählen, Vergleichen und Verarbeiten von Information) und die Kontroll- und Steuerfunktionen. Darin besteht das Wesen der gegenwärtigen wissenschaftlich-technischen Revolution,* in deren Gefolge die technischen Bedingungen für den Übergang vom klassischen Fabriksystem zur komplexautomatisierten Produktion entstehen.

Wenn wir von komplexautomatischer Produktion sprechen, so meinen wir damit eine völlig neue Produktion, die sich grundlegend vom bestehenden Fabriksystem unterscheiden wird. Sie wird das entscheidende Merkmal für die Entwicklung der kommunistischen Gesellschaft sein. Es ist möglich, daß diese neue Produktion einen anderen Namen erhalten wird, etwa „voll rationalisierte und optimale Produktion“ oder „wissenschaftlich-experimentelle und materiell-schöpfe-

rische Produktion". Das Wesentliche ist jedoch, daß die Prot
duktion der Zukunft eine Produktion sein wird, in der der Mensch keine unmittelbaren Produktionsfunktionen mehr ausüben wird. Deshalb spiegelt die komplexautomatisierte Produktion unserer Meinung nach vor allem das Wesen des Überganges von der kapitalistischen sozial-ökonomischen Formation zur kommunistischen wider.

Sechstes Kapitel

Die Erweiterung des Anwendungsbereichs kontinuierlicher Produktionsprozesse

Untersucht man den Automatisierungsprozeß in seiner historischen Entwicklung, so läßt sich unschwer erkennen, daß er auf das engste mit der Erhöhung der Kontinuität der Arbeit der Einzeleinrichtung und später des Gesamtsystems zusammenhängt. Unter kontinuierlich wirkenden Einrichtungen und Systemen werden wir Ausrüstungen verstehen, in deren Funktionieren der Mensch während des Arbeitsprozesses nicht eingreift. Die besten Beispiele kontinuierlicher Produktionsprozesse liefert die Chemie, wo zahlreiche Prozesse bereits ihrer Natur nach kontinuierlich sind. Die Ammoniaksynthese, die Benzingewinnung, die Sodaherstellung und eine ganze Reihe anderer Fertigungsverfahren können nicht unterbrochen werden, da sonst die Gewinnung des betreffenden Produktes aufhören würde.

Bekanntlich hat Marx bereits zu seiner Zeit darauf hingewiesen, daß einer der wichtigsten Faktoren in allen Industriezweigen die Kontinuität der Produktion ist.[1] Hatte es die Schaffung automatischer Maschinen möglich gemacht, den Arbeitsprozeß an der Einzelmaschine kontinuierlich zu gestalten, so sieht der Übergang zum Bau automatischer Fabriken die Kontinuität des gesamten Produktionszyklus vor, das heißt eine Kontinuität, die sich bis auf die Fertigstellung des Endproduktes erstreckt. Eben diese automatischen Betriebe sind die Grundlage der komplexautomatisierten Produktion. Bei Marx lesen wir: „Das automatische Atelier aber ist die vollendete, der Maschinerie entsprechende Produktionsweise und es ist umso vollendeter, je mehr es ein vollständiges System des Mechanismus bildet, je weniger einzelne Prozesse

[1] Marx/Engels, Werke, Band 23, Berlin 1962, S. 402.

noch (wie bei den nicht mit selfactors arbeitenden mechanischen Spinnereien) der Vermittlung durch menschliche Arbeit bedürfen."[2] Die Realisierung des Kontinuitätsprinzips in den technologischen Prozessen ist somit eine der wichtigsten Richtungen in der Entwicklung eines jeden einzelnen Volkswirtschaftszweiges.

Betrachtet man den Prozeß der Automatisierung in einem breiteren Rahmen, so lassen sich drei grundlegende Entwicklungsstadien unterscheiden: die Schaffung automatischer Maschinen, die Einführung automatischer Systeme vom Typ automatischer Fertigungsstraßen (Transferstraßen), automatischer Betriebsabteilungen und ganzer automatischer Betriebe und die Automatisierung der Steuerungs- und Regelungsprozesse. In jedem dieser Entwicklungsstadien treten ganz spezielle Probleme auf, die mit der Einrichtung kontinuierlicher Produktionsprozesse zusammenhängen.

Wenn man die Bedeutung des Faktors Kontinuität für die Entwicklung der Automatisierung diskutiert, so sind nicht nur die Forderungen der Technologie und des Einsatzes entsprechender Ausrüstungen in Betracht zu ziehen, sondern auch die Möglichkeiten, die die Kontinuität der Produktionsprozesse für die Steigerung der Arbeitsproduktivität und die Verbesserung der Arbeitsbedingungen der Werktätigen bietet. Wichtig ist der Einfluß, den die Automatisierung auf das Leben der Gesellschaft ausübt, und aus dieser Sicht ist einer der bedeutsamsten Faktoren die Steigerung der Arbeitsproduktivität und der Effektivität der gesamten gesellschaftlichen Produktion. V. I. Lenin hat wiederholt darauf hingewiesen, daß das Wichtigste für den Sieg der neuen Gesellschaftsordnung die höhere Arbeitsproduktivität ist.[3] „Der Kapitalismus kann endgültig besiegt werden und wird dadurch endgültig besiegt werden, daß der Sozialismus eine neue, weit höhere Arbeitsproduktivität schafft."[4]

In unserer Zeit setzen sich diese Worte mit aller Konsequenz und Vehemmenz in die Tat um. Bereits auf dem 18. Parteitag

[2] K. Marx, Zur Kritik der Politischen Ökonomie (1861–1863), Heft XX, S. 1237, in: Voprosy istorii estestvoznanija i techniki, 25/1968, S. 58.

[3] Vgl. V. I. Lenin, Werke, Band 29, Berlin 1970, S. 416.

[4] Ebenda.

der KPdSU (März 1939) wurde die Aufgabe gestellt, den Abstand der UdSSR gegenüber den führenden kapitalistischen Ländern auf ökonomischem Gebiet, das heißt in der industriellen Prokopf-Produktion zu überwinden.[5] Zu jener Zeit verfügte die UdSSR bereits über alle erforderlichen materiellen und technischen Mittel, um einen sprunghaften Anstieg der Arbeitsproduktivität zu sichern. Doch der Überfall Hitlerdeutschlands unterbrach das Aufbauwerk des Sowjetvolkes. Nach dem Ende des Großen Vaterländischen Krieges wurde die Volkswirtschaft wiederhergestellt, und unser Land konnte dazu übergehen, die ökonomische Hauptaufgabe der UdSSR zu lösen, nämlich die höchstentwickelten kapitalistischen Länder in der Prokopf-Produktion einzuholen und zu überholen. Eine große Bedeutung bei der Lösung dieser Aufgabe hatte die rasche Steigerung der Produktivität der gesellschaftlichen Arbeit. Waren im ersten Fünfjahrplan (1929–1932) auf die Steigerung der Arbeitsproduktivität 51 Prozent des Gesamtzuwachses der industriellen Produktion zurückzuführen, so waren es im Siebenjahrplan von 1959 bis 1965 bereits 67 Prozent.

Im Programm der KPdSU wird der Steigerung der Produktivität der gesellschaftlichen Arbeit als der Hauptquelle der erweiterten sozialistischen Reproduktion und Akkumulation und der Hebung des Wohlstandes der Werktätigen eine außerordentliche große Bedeutung begemessen und deshalb die Aufgabe gestellt, im Verlaufe von zwanzig Jahren die Arbeitsproduktivität um das Vier- bis Viereinhalbfache zu steigern. „In zwanzig Jahren wird die Arbeitsproduktivität in der sowjetischen Industrie doppelt so hoch sein wie gegenwärtig in den USA; nach der Stundenleistung gerechnet, wird das Verhältnis infolge der Verkürzung des Arbeitstages in der UdSSR noch wesentlich günstiger sein."[6] Die Grundlage dieses sprunghaften Anstiegs der Arbeitsproduktivität bildet die Komplexautomatisierung der Produktion, die es gestatten wird, zu automatisierten Betriebsabteilungen und Betrieben mit hoher technisch-ökonomischer Effektivität überzugehen.

[5] Die KPdSU in Resolutionen und Beschlüssen der Parteitage und Konferenzen sowie Plenen des ZK, 7. Aufl., Teil III, S. 340–347,

[6] Programm der Kommunistischen Partei der Sowjetunion, S. 64–65.

Die Massenproduktion – Voraussetzung für den Übergang zur Komplexautomatisierung

Automatische Fertigungsstraßen (Transferstraßen), Betriebsabteilungen und ganze Betriebe sind die logische Fortführung der allgemeinen Entwicklung der Automatisierungsmittel. Sie fußen auf der Großserien- und Massenproduktion, die ihrerseits wieder von der Standardisierung und Normierung der Bauteile abhängen und durch die umfassende Entwicklung des Substitutionsprinzips, durch die Kooperation der Produktion usw. bestimmt werden. Mit anderen Worten, der Fortschritt der Technik fordert die Spezialisierung der verschiedenen Teilbereiche der Produktion.[7]

Die Aggregierung automatischer Einzelmaschinen und mechanischer Transporteinrichtungen macht es möglich, technische Systeme mit hoher Produktivität zu erhalten. Ein solches System kann aber nur dann effektiv arbeiten, wenn es voll ausgelastet werden kann und wenn es nur selten oder so gut wie gar nicht neu eingestellt werden muß. Deshalb muß die komplexautomatisierte Produktion im wesentlichen auf einer Produktion mit Massencharakter beruhen, das heißt mit anderen Worten, sie muß in großen Stückzahlen über relativ lange Zeit ohne Veränderungen laufen. Dazu trägt die Entwicklung des Substitutionsprinzips bei, das auf folgenden Elementen beruht: Standardisierung, Typisierung, Normierung und Vereinheitlichung zunächst einzelner Bauteile und später ganzer Baugruppen. Die komplexautomatisierte Produktion erfordert die konzentrierte Fertigung von Produkten gleichen Typs in einem einzigen oder zumindest in einer möglichst kleinen Anzahl von Betrieben, da sonst die verschiedenen Betriebe, die, sagen wir Ausbaumaterial herstellen, ihre Fertigungsstraßen einfach deshalb nicht auslasten können, weil nicht genügend Aufträge eingehen. Die herzustellenden Produkte reichen einfach nicht aus, um eine spezialisierte Fertigungsstraße voll auszulasten, so daß es zu Stillstandszeiten kommt, die Abschreibungsfrist verlängert werden muß und die ganze Fertigungsstraße unter Umständen

[7] V. I. Lenin, Werke, Band 1, Berlin 1971, S. 93.

unrentabel wird. In solchen Fällen ist die Komplexautomatisierung nur möglich, wenn die einzelnen Betriebe zusammengelegt werden, wodurch die Menge der herzustellenden Produkte sprunghaft ansteigt.

Die Massenproduktion, aufgefaßt als Fertigung großer Mengen von Produkten gleichen Typs, ist schon relativ lange bekannt. So wurden beispielsweise bereits Tongeschirr und später auch Metallgegenstände usw. in großen Mengen hergestellt. Die Fertigung großer Mengen gleichartiger Produkte führte zu eigenartigen Gewohnheiten und zu einer speziellen Technologie, die sich durch die maximale Zerlegung komplizierter Operationen in einfachere auszeichnet. Außerdem brachte sie bestimmte Komplexe von Bewegungen in feste Formen, die es erlaubten, mit minimalem Energieaufwand eine maximale Arbeitsproduktivität zu erzielen. Kurz, die Massenproduktion ist die prinzipielle Grundlage der Automatisierung.

Um zur Massenproduktion übergehen zu können, ist vor allem das Problem der Substituierbarkeit zu lösen. Versuche, das Substitutionsprinzip in der Herstellung von Waffenschlössern anzuwenden, reichen bis zum Beginn des 18. Jahrhunderts zurück, führten aber erst Anfang des 19. Jahrhunderts in einer Reihe von Ländern zu sichtbaren Erfolgen. Die Technologie substituierbarer Einzelteile beruhte zunächst auf der exakten Bearbeitung des Werkstückes nach Vorlagen, und zwar in der Regel manuell, indem bestimmte Feil- und Bohrarbeiten mit Hilfe von Leitschablonen ausgeführt wurden. Neben der Substituierbarkeit hat auch die Standardisierung eine große Bedeutung für die Entwicklung der Massenproduktion, da sie dem Charakter dieser Produktionsform und folglich auch der möglich gewordenen breiten Anwendung der Automatisierung entgegenkommt. Die Standardisierung gestattet es, sämtliche Bauteile von technischen Mitteln und Konsumgütern in spezialisierten Betrieben herzustellen und die Produktionsprozesse weitaus flexibler zu gestalten. Die Entwicklung der Standardisierung hat bei einzelnen Bauteilen (Ausbauelementen, Steuer- und Regelelementen usw.) ihren Anfang genommen und sich dann auf die Vereinheitlichung von Baugruppen und -teilen allgemeiner Bestimmungszwecke ausgedehnt (Kugellager, Pumpen, Fahrstühle usw.). Die logische Weiterführung dieses Prinzips war die Zerlegung komplizierter Maschinen in einzelne standardisierte Baugruppen, die ihrerseits aus standardisierten Untergruppen und -elementen bestehen. Falls es erforderlich ist, lassen sich leicht neue Baugruppen zusammenstellen, so daß man Aggregate erhält, die der Forderung nach maximaler Steigerung der Arbeitsproduktivität besser gerecht werden. Besonders große Bedeutung hat die Standardisierung bei der Einrichtung automatischer Fertigungsstraßen (Transferstraßen). Die Verwendung aggregierter Baugruppen verkürzt die Durchlaufzeit durch die Fertigungsstraße, senkt die Kosten, vergrößert die mögliche Anzahl an Neueinstellungen und gestattet es, in den Abnehmerbetrieben Aggregat-Werkzeugmaschinen und ganze Fertigungsstraßen aus Baugruppen und -teilen zu montieren, die aus unterschiedlichen Spezialbetrieben kommen.

Da die Idee der Aggregierung universell ist, kann sie in den verschiedenen Volkswirtschaftszweigen angewandt werden. So können beispielsweise auf Grund der Standardisierung von Einzelteilen und Baugruppen chemischer Einrichtungen Apparate für die unterschiedlichsten chemischen Prozesse aus den gleichen Elementen zusammengestellt werden. Das wissenschaftliche Forschungsinstitut für Chemiemaschinenbau (NIICHIMMASCH) hat vereinheitlichte Normbaugruppen und -elemente entwickelt, mit denen sich bis zu 30 Prozent der chemischen Apparate zusammensetzen lassen. Aus 8 bis 12 Normbauelementen lassen sich bis zu 700 Typengrößen von Behältnissen gewinnen, deren Volumen von 0,2 bis zu 1000 m^3 reicht. Die Anwendung von Röhren mit nur drei unterschiedlichen Durchmessern reicht aus, um in geeigneter Kombination bis zu 800 Typengrößen von Wärmeaustauschern zusammenzustellen, deren Oberfläche von 5 bis 500 m^2 reicht. Die Einführung von Vereinheitlichung und Normierung der Bauelemente des chemischen Apparatebaus hat die Spezialisierung innerhalb des Chemiemaschinenbaus weiter vorangetrieben.

Auf dem Gebiete der Mechanisierung und Automatisierung schwerer und arbeitsintensiver Prozesse ist die Schaffung von Transportmittel-Typensätzen außerordentlich wichtig. Dabei werden für eine minimale Nomenklatur von Grundmaschinen austauschbare Anhängegeräte für verschiedenste Verwendungszwecke entwickelt. Die Aggregierung ermöglicht es hier, aus einzelnen standardisierten Baugruppen neue Maschinen aus bereits erprobten Baugruppen zusammenzustellen. Das beschleunigt wiederum die Mechanisierung und Automatisierung der Produktionsprozesse.

Die Entwicklung der komplexautomatisierten Produktion

Bei der Untersuchung der Herausbildung und Entwicklung automatischer Maschinen hatten wir gesehen, daß ihre Vervollkommnung auf das engste mit der Erhöhung der Kontinuität des Arbeitsprozesses zusammenhängt. Bei der automatischen Maschine bleibt diese Kontinuität auf den Rahmen der Einzelmaschine beschränkt. Die Kontinuität erstreckt sich demzufolge nur auf eine verhältnismäßig nicht sehr große Anzahl von Operationen. Der Beginn der Komplexautomatisierung ist in der Aggregierung automatischer Transporteinrichtungen mit automatischen Arbeitsmaschinen zu sehen, wodurch die Kontinuität der Produktion außerordentlich vergrößert werden konnte und automatische Fertigungsstraßen entstanden, die eines der ersten Systeme der Komplexautomatisierung darstellten.

Als Beispiel für die Entwicklung der Komplexautomatisierung läßt sich am besten der Maschinenbau anführen, da gerade hier die Systeme am deutlichsten ausgebildet sind,die die grundlegenden Etappen dieser Entwicklung veranschaulichen. Der Maschinenbau ist ein Zweig, der den Fortschritt fast aller anderen Gebiete der Volkswirtschaft bestimmt. Darauf weist mit aller Deutlichkeit das Programm der KPdSU hin, wo es heißt: „Die Entwicklung des Maschinenbaus im ersten Jahrzehnt wird die *Vollmechanisierung* der Industrie und Landwirtschaft, des Bau- und Verkehrswesens sowie der Kommunalwirtschaft mit sich bringen.“[8]

Im Maschinenbau wurden automatische Systeme geschaffen, die direkt zur Automatisierung bestimmter Prozesse führen, denn in diesem Zweig laufen im Unterschied zur chemischen Industrie nur selten Prozesse auf natürliche Weise ab. Hier

[8] Programm der Kommunistischen Partei der Sowjetunion, a. a. O., S. 67.

wird die Automatisierung in der Regel durch spezielle künstlich geschaffene Vorrichtungen realisiert, so daß die Entwicklung dieses Zweiges als ein typisches Beispiel angesehen werden kann. Außerdem herrscht im Maschinenbau die Massenproduktion vor, sodaß die Automatisierung breit zur Anwendung kommen konnte und sich in relativ großem Umfang sowohl auf die Herstellung von Einzelteilen (Schrauben, Muttern usw.) als auch ganzer Baugruppen oder schließlich ganzer Erzeugnisse (Automobile, Nähmaschinen, Fahrräder usw.) erstreckte. Aus diesen Gründen läßt sich am Maschinenbau die Entwicklung der Automatisierung am anschaulichsten darstellen.

Das Fließband, das die Transportoperationen automatisiert, und die automatisierte Maschine waren, jedes für sich, schon seit langem bekannt. Bevor allerdings die erste automatische Fertigungsstraße (Transferstraße) eingerichtet wurde, durchlief dieser Komplex ein halbautomatisches Stadium, in dem gewisse Operationen, namentlich das Einlegen der Werkstücke, manuell ausgeführt wurden. Der Transportweg (das Fließband) und die Arbeitsmaschinen (die Werkbänke) arbeiteten noch getrennt. Die Verbindung dieser beiden Glieder wurde durch Arbeiter hergestellt, die die Werkstücke vom Fließband abnahmen, sie in die entsprechenden Vorrichtungen der Werkbänke einlegten und sie nach abgeschlossener Bearbeitung wieder auf das Fließband zurücklegten. Von Arbeiter zu Arbeiter lief das Werkstück also über das Fließband. Natürlich wurde in diesem Fall die Kontinuität des Prozesses jedesmal durch den Eingriff des Arbeiters unterbrochen, der hier lediglich ein Glied des Gesamtsystems war und gezwungen war, sich dem Rhythmus des Fließbandes und dem maschinellen Charakter seiner Arbeit unterzuordnen. Der Mensch führte hier keine grundlegenden Produktionsfunktionen mehr aus – diese wurden von automatischen Werkzeugmaschinen übernommen –, sondern lediglich Hilfsfunktionen, nämlich das Einlegen und Abnehmen der Werkstücke usw. Das Bestreben, die Arbeitsproduktivität zu vergrößern, zwang die Konstrukteure, ein System zu entwerfen, bei dem die Arbeiter nicht mehr in den Produktionszyklus eingreifen mußten. Das war aber bereits die nächste Stufe der komplexautomatisierten Produktion. Für sie sind automatische Fertigungsstraßen (Transferstraßen) charakteristisch, in denen die Transporteinrichtungen und die Arbeitsmaschinen ein geschlossenes Ganzes bilden und in denen das Werkstück ohne Eingriff seitens des Arbeiters bearbeitet wird. Der Produzent nimmt in diesem Falle nur noch die Funktionen der Kontrolle, der Einrichtung und der Steuerung wahr. Die erste automatische Fertigungsstraße wurde 1939–1940 in der UdSSR eingerichtet, und zwar im Wolgograder Traktorenwerk für die Bearbeitung von Radnaben der Stützrollen an Raupenketten und für das Aufziehen der Radreifen. Der Initiator dieser ersten automatischen Fertigungsstraße war der Arbeiter I. P. Inočkin; diese Trasse bestand aus vier spanabhebenden Werkzeugmaschinen und einer Presse und wurde insgesamt von zwei Arbeitern bedient: Der eine legte die Werkstücke auf, und der andere achtete auf das einwandfreie Funktionieren der Werkzeugmaschinen. Sie stellte pro Stunde 76 Naben her. Die charakteristische Besonderheit dieses Systems war die maximale Vereinheitlichung der Baugruppen, die den Weitergabemechanismus von Maschine zu Maschine bildeten, sowie die breite Verwendung hydraulischer Vorrichtungen innerhalb der einzelnen Mechanismen.

Da die Arbeiter nicht mehr in das laufende System eingriffen, sondern nur noch in regelmäßigen Abständen die Werkstücke einlegten und das einwandfreie Funktionieren des Transportmechanismus kontrollierten, verlief der gesamte Arbeitsprozeß, der aus fünf Werkzeugmaschinen bestand, kontinuierlich, das heißt nicht nur im Rahmen der Einzelmaschine, wie dies bei den bis dahin üblichen einzelnen automatischen Werkzeugmaschinen der Fall war. Die von I. P. Inočkin entwickelte Konstruktion bestätigte, daß sich das Kontinuitätsprinzip über ein ganzes Maschinensystem realisieren läßt. Aus den einzelnen Gliedern, den automatischen Werkzeugmaschinen, war eine einheitliche Kette entstanden, eine automatische Fertigungsstraße (Transferstraße). Die weitere Entwicklung des Kontinuitätsprinzips stand im Zeichen der Verlängerung dieser Ketten und der Vergrößerung der Anzahl der auszuführenden Operationen.

Als Beispiel der Weiterentwicklung der von I. P. Inočkin stammenden Idee läßt sich die automatische Fertigungsstraße von M. F. Beljaev und A. M. Vasil'ev[9] anführen, die aus

[9] A. Arsen'ev, Wir bauen automatische Betriebsabteilungen im dritten Fünfjahrplan, in: Mašinostroitel', 7/1939, S. 3.

mehreren Abschnitten zu je drei bis vier Werkzeugmaschinen bestand. Am Ende eines jeden Abschnittes war ein Zwischenlager mit Einzelteilen angebracht, um die Arbeit der Fertigungsstraße auch dann nicht unterbrechen zu müssen, wenn es an einer der Werkzeugmaschinen zu Unterbrechungen kommen sollte. Vor jedem Zwischenlager war eine Kontrollvorrichtung, die dem aufsichtführenden Arbeiter ein Signal gab, wenn ein Werkstück nicht richtig bearbeitet worden war, und die den betreffenden Abschnitt automatisch abschaltete, wenn keine Maßnahmen zur Behebung des Fehlers eingeleitet wurden.

Während des Großen Vaterländischen Krieges wurden viele Betriebe auf Massenproduktion umgestellt. Die Typenanzahl der herzustellenden Produkte wurde verringert, und das Prinzip der Vereinheitlichung und Standardisierung gewann an Boden. Deshalb war die Möglichkeit gegeben, eine Reihe von Betrieben auf Fließfertigung umzustellen und gewisse Prozesse zu automatisieren.

Die Arbeiten zur Errichtung automatischer Fertigungsstraßen wurden besonders nach dem Ende des Krieges verstärkt weitergeführt. 1946 errichtete der Betrieb „Stankokonstrukcija" (Werkzeugmaschinenkonstruktion) eine automatische Fertigungsstraße aus 14 Aggregat-Werkzeugmaschinen, die folgende Operationen ausführten: Bohren, Aufbohren und Fräsen der Auflageflächen der Zylinderköpfe und Zylinderblöcke des Traktormotors CHTZ. Die Fertigungsstraße, in der gleichzeitig 134 Spindeln in Betrieb waren, wurde von Arbeitern bedient; sie war insgesamt 15,7 m lang. Unmittelbar danach wurden in den verschiedensten Zweigen des Maschinenbaus weitere automatische Fertigungsstraßen in Betrieb genommen, unter denen vor allem die zu nennen sind, die vom Wissenschaftlichen Forschungs- und Versuchsinstitut für spanabhebende Werkzeugmaschinen (ENIMS) und vom Betrieb „Stankokonstrukcija" (Werkzeugmaschinenkonstruktion) konstruiert wurden und auf denen die Köpfe der Zylinderblöcke des Traktormotors KD-35 vollautomatisch bearbeitet wurden. Die Gesamtanlage bestand aus vier Abschnitten mit insgesamt 265 mechanischen Vorrichtungen. Die Steuerung erfolgte zentral und konnte auf „vollautomatisch", „halbautomatisch" und „Umrüstung" umgestellt werden. Insgesamt wurden 224 Arbeitskräfte freigesetzt.

In der gleichen Zeit wurden auch in anderen Ländern automatische Fertigungsstraßen in Betrieb genommen. Eine der ersten Anlagen dieser Art in den USA stellte in den Austin-Werken Vorderradaufhängungen für Personenkraftwagen her.[10] Die Arbeitsstellen dieser Straße waren so angelegt, daß nur von oben und von einer Seite gearbeitet werden konnte. Für beidseitige Bearbeitungen war eine Drehvorrichtung mit zwei Stellungen vorhanden. Die Konstruktion erwies sich als zufriedenstellend, benötigte aber zu viel Platz. Die Praxis zeigte jedoch bald, daß eine der grundlegenden Mängel der automatischen Fertigungsstraßen die mit der Umrüstung verbundenen Schwierigkeiten waren. Dabei fordert gerade die Entwicklung des Maschinenbaus oftmalige Veränderungen der Fertigungstechnologie oder der äußeren Formen der zu bearbeitenden Gegenstände, sodaß die möglichst rasche Umrüstung der Fertigungsstraße ein sehr aktuelles Problem ist.
Die einfachste und zugleich effektivste Methode seiner Lösung war die Schaffung von Aggregat-Werkzeugmaschinen, deren Entwicklung in der UdSSR bereits 1933 einsetzte. Schon ein Jahr später wurde im Versuchsbetrieb des Wissenschaftlichen Forschungs- und Versuchsinstituts für spanabhebende Werkzeugmaschinen (ENIMS) die erste Aggregat-Werkzeugmaschine für die Ausführung der Bohrungen an der Hinterachse des Lastwagens ZIS gebaut. Das war der Beginn eines neuen Konstruktionsprinzips: Die Werkzeugmaschinen wurden aus normierten Baugruppen hergestellt, nach dem sogenannten Baukastenprinzip, das erst nach dem Kriege praktisch realisiert werden konnte. Anfang 1946 wurde in der UdSSR die erste automatische Fertigungsstraße für die Herstellung eines Traktormotorblockes aus solchen Aggregat-Werkzeugmaschinen gebaut.

Nach dem Kriege wurden für die Automatisierung gewisser Prozesse des Maschinenbaus sogenannte Roto-Fertigungsstraßen eingerichtet; ihr Initiator war L. N. Koškin. Ihr grundlegendes Merkmal besteht darin, daß das Werkstück nicht in Ruhelage an einer bestimmten Werkzeugmaschine bzw. durch ein bestimmtes Instrument bearbeitet wird, sondern während der Weiterführung, das heißt, das Arbeitsmittel be-

[10] Handbook of the American Industry and Trade, New York 1948.

wegt sich mit dem Arbeitsgegenstand mit. Wenn das Werkstück zum ersten Drehtisch gelangt, setzt die Bearbeitung ein und wird, ohne anzuhalten, am zweiten, dritten usw. Drehtisch fortgesetzt, bis die gesamte Fertigungsstraße durchlaufen ist. Die Transport- und Bearbeitungsvorrichtungen (Drehtische) sind hier organisch miteinander verbunden, und der Prozeß läßt sich wegen der konstruktiven Besonderheiten der Fertigungsstraße einfach nicht durch Eingriff des Menschen unterbrechen. Roto-Fertigungsstraßen sind in der Regel weitgehend spezialisiert: Die gesamte Fertigungsstraße bildet gewissermaßen eine einzige Maschine. Sie läßt sich deshalb nur schwer umrüsten, doch lassen sich Drehbänke einfügen, die Operationen unterschiedlichster Arten ausführen.

Systeme, die mehrere unterschiedliche Operationen ausführen können, gab es bereits vor dem Aufkommen der sogenannten Roto-Fertigungsstraßen, und zwar in Form automatischer Betriebsabteilungen bzw. ganzer automatischer Fabriken. Gewiß, bis vor kurzem waren die automatischen Fertigungsstraßen in der Regel nur für die Ausführung einer einzigen Art von Operation geeignet, sei es für die Montage, für die mechanische Bearbeitung usw. In diesen Fällen wurde nach dem Durchlauf der betreffenden Serie der Prozeß unterbrochen und die Straße für die nächste Operation umgerüstet. Gegenwärtig werden in großem Umfange bereits komplexautomatisierte Fertigungsstraßen eingerichtet, die verschiedenartige Operationen ausführen können. Der Grad der Kontinuität des Arbeitsprozesses ist hier bei weitem höher, da sich die Kontinuität auf mehrere Operationen erstreckt, die so lange nur unter unmittelbarem Eingriff des Menschen ausgeführt worden waren.

Die breite Einführung automatischer Fertigungsstraßen hat es möglich gemacht, Systeme zu schaffen, die die Automatisierung im Bereich einer ganzen Betriebsabteilung sichern, in der automatische Einrichtungen unterschiedlichster Verwendungszwecke eingesetzt werden und die eine einheitliche automatische Fertigungsstraße bilden. Eine der ersten Anlagen dieser Art wurde für die Herstellung von Kugel- und Rollenkugellagern eingerichtet. In dieser automatisierten Betriebsabteilung konnte die erforderliche Produktionszeit auf ein

Zehntel bis ein Fünfzehntel herabgedrückt und die Arbeitsproduktivität um das Zweieinhalbfache gesteigert werden.

Außerdem wurden 75 Arbeitskräfte frei, und die Arbeitsbedingungen verbesserten sich. Das Ergebnis war die Automatisierung mehrerer völlig unterschiedlicher Operationen (Schneiden, Wärmebehandlung, Montage) und eine beträchtliche Erhöhung der Kontinuität des Produktionsprozesses.

Die größte Errungenschaft der sowjetischen Wissenschaft und Technik war die Errichtung des ersten automatischen Betriebes für die Herstellung von Autozylindern. Nach den Worten des englischen Forschers LILLEY war dies das hervorragendste Beispiel der Automatisierung, nämlich das höchstautomatisierte Werk der Welt.[11] Die Fabrik wurde 1949 eingerichtet und bereits 1950 in Betrieb genommen. Ein automatisches Maschinensystem führte hier ohne Eingriff des Menschen in den unmittelbaren technologischen Prozeß die Gesamtbearbeitung des Produktes aus, angefangen vom Gießen der Rohlinge bis hin zum Verpacken der fertigen Zylinder in Kisten. Der Mensch erledigte lediglich die Kontrolle und die Steuerung der Gesamtanlage. Ein Vergleich der Produktionsziffern dieser automatischen Fabrik mit der Produktion des Moskauer Zweigbetriebes ZIL (das die gleichen Produkte auf Aggregat-Werkzeugmaschinen herstellt) zeigt, daß die Arbeitsintensität um das 3,5fache gesenkt werden konnte, die Anzahl der Arbeiter um das 4,2fache (darunter Maschinenbedienungspersonal um das 16fache) und die Dauer des Produktionszyklus um die Hälfte.[12]

Ende 1954 wurde eine ähnliche automatische Fertigungsstraße in den USA in Betrieb genommen. Hier setzte jedoch der automatische Arbeitsprozeß erst beim vorgefertigten Gußstück ein, das heißt, es wurde nur ein Teil des Gesamtprozesses automatisiert, nicht aber der gesamte technologische Fertigungskomplex.

In einem automatischen Betrieb wird die Kontinuität des Fertigungsprozesses bedeutsam vergrößert, da auch die Anzahl der Operationen und der unterbrechungsfreie Durchlaufweg der Werkstücke vergrößert werden. Analysiert man jedoch den Produktionsprozeß in einem solchen Werk, so stößt man

[11] S. Lilley, a. a. O., S. 51, 53.

[12] A. E. Prokopovič, Die automatische Fabrik, Moskva 1951, S. 31.

immer wieder auf den bereits oben erwähnten Umstand, der auch für einige frühere Systeme (automatische Betriebsabteilungen und Betriebe) charakteristisch war. Es handelt sich darum, daß der Produktionszyklus eines Produktionsbetriebes nicht vollständig kontinuierlich ist, da er nach Erreichung eines gewissen Vorrates teilweise bearbeiteter Werkstücke zwischen den einzelnen Operationen vom Menschen unterbrochen wird. Bei einer Fertigungsstraße, die mechanische Operationen in sich vereinigt, geht man bereits einen Schritt weiter. Aber auch hier wird die endgültige Fertigstellung einer Bohrung noch durch Eingriff des Menschen bewerkstelligt. Jedesmal aber, wenn der Mensch in den Produktionsprozeß automatischer Fertigungsstraßen eingreift, unterbricht er die Kontinuität dieses Prozesses, so daß das System aufhört, vollautomatisch zu sein. Aus dieser Sicht ist der hier zur Diskussion stehende automatische Betrieb lediglich eine Ansammlung mehrerer automatischer Fertigungsstraßen, die entsprechend dem technologischen Prozeß angeordnet sind. Dasselbe läßt sich auch in bezug auf die einzelne automatische Fertigungsstraße sagen: Dort, wo der Arbeitsprozeß, bedingt durch die Zielbestimmung der Fertigungsstraße, vom Menschen unterbrochen wird, fängt eigentlich eine neue Fertigungsstraße an, da an dieser Stelle die Kontinuität des Herstellungsprozesses unterbrochen wird und die Fertigungsstraße nicht mehr als geschlossenes ganzheitliches System arbeitet.

Die Wahrung der Kontinuität des Fertigungsprozesses ist von grundlegender Bedeutung, da dies eine ständig zunehmende Anzahl von Arbeitern verschiedener Kategorien betrifft, die gewissermaßen in die automatischen Fertigungsstraßen eingefügt und so gezwungen werden, sich ihrem Rhythmus unterzuordnen und Funktionen bestimmter Glieder zu übernehmen, die in dieser Kette noch fehlen. Die Arbeit wird in solchen Fällen stereotyp und ermüdend, und sie enthält nur noch selten ein Element schöpferischer Tätigkeit, da vom Menschen lediglich die Ausführung automatisierter Handgriffe und eine bestimmte Arbeitsgeschwindigkeit gefordert werden, wie sie eben für das betreffende Maschinensystem charakteristisch sind. In einem solchen Falle geht der Arbeiter all der Vorteile verlustig, die die Automatisierung sonst zu bieten vermag, und er verwandelt sich in ein Anhängsel der Maschine.

Ein hohes Niveau der Automatisierung verändert den Charakter der Arbeit des Arbeiters. In der Komplexautomatisierung wird er gänzlich der Pflicht enthoben, direkt Produktionsfunktionen auszuführen: Er wird zum vollen Beherrscher der technischen Mittel, was nicht nur Fertigkeiten, sondern auch bestimmte Kenntnisse voraussetzt, so daß er gezwungen ist, seine Qualifikation zu erhöhen. Das ist jedoch nur in Systemen möglich, die ihr Endziel in einem kontinuierlichen Prozeß erreichen, die also ohne Eingriff des Menschen in den gesamten Produktionsprozeß auskommen. Im entgegengesetzten Falle kann die Fertigungsstraße nicht als automatisiert gelten, da dann der Produktionsprozeß durch Eingriffe des Menschen unterbrochen wird.

In modernen technischen Systemen erschwert ein hoher Grad der Differenzierung der einzelnen Operationen die Bedingungen für den Arbeiter. Mußte zum Beispiel ein Arbeiter in einer mechanischen Werkstatt bisher sehr unterschiedliche Operationen ausführen, so bleibt ihm nun eine einzige, stets gleichbleibende Operation, etwa die Wiederholung der gleichen Bewegung (Einsetzen einer Schraube, Anziehen einer Mutter usw.). Dadurch verwandelt sich die Arbeit in eine schwere Last, die Zahl der Erkrankungen, speziell der Berufskrankheiten, nimmt zu usw. Deshalb müssen automatische Fertigungsstraßen so angelegt sein, daß der Eingriff des Menschen nicht nur im unmittelbaren Fertigungsprozeß, sondern auch in der Steuerung und Kontrolle der Produktion überflüssig wird. Erst dann ist der Mensch vollständig vom Eingriff in den Produktionsprozeß befreit, und der Produktionsprozeß hängt seinerseits nicht mehr von den physischen Möglichkeiten des Menschen ab. Solchen technischen Systemen können sämtliche Produktionsfunktionen übertragen werden, was eben die Schaffung der komplexautomatisierten Produktion bedeutet.

Die Lösung dieses Problems hängt offensichtlich davon ab, bis zu welchem Grade moderne Steuer- und Regeleinrichtungen eingesetzt werden können, die die Steuerungs- und Regelungsfunktionen automatisieren und auf diese Weise den gesamten Produktionsprozeß (natürlich innerhalb vernünftiger Grenzen, das heißt, so weit dies erforderlich ist) kontinuierlich gestalten. Der Einsatz von Steuer- und Regeleinrichtungen macht es möglich, sämtliche Produktionsfunktionen des Menschen technischen Mitteln zu übertragen. Der Bedarf ist in dieser Hinsicht sehr groß, denn je produktiver, exakter und vollkommener (aus der Sicht der Heterogenität und Anzahl der auszuführenden Operationen) ein solches System arbeitet, desto weniger benötigt es den Menschen, ohne daß die Qualität der Arbeit leiden würde. Selbst das „Drücken der Steuerknöpfe" am Pult kann sich bei einem hinreichend großen Arbeitsumfang als ermüdend herausstellen und die Kräfte eines Menschen mit geringer Reaktionsfähigkeit übersteigen, der zur Zerstreutheit neigt, diese Knöpfe möglicherweise verwechselt usw. Also muß der Mensch auch hier letztlich durch eine Steuer- und Regelvorrichtung ersetzt werden.

N. Wiener war zum Beispiel der Ansicht, daß das Automobilwerk der Zukunft von einer logischen Maschine gesteuert werden kann, die fähig sein wird, selbst zu lernen, das heißt Informationen über Erscheinungen, die noch nicht im Programm enthalten sind, auf ein neues Steuerband einzugeben, das dann von der Maschine selbst programmiert wird. Dieser Steuerrechner, der das Zentrum des automatisierten Betriebes der Zukunft sein wird, wird eigene „Rezeptoren" besitzen, etwa Photoelemente, Thermoelemente, Vorrichtungen allgemeiner Art usw. und Effektoren, das heißt Bauelemente, die auf die äußere Umgebung einwirken. Als solche Vorrichtungen können verschiedene Kupplungen, Motoren mit Steuerungsventilen usw. fungieren. Dieses „Gesamtsystem kommt einem vollständigen Lebewesen mit Sinnesorganen, Effektoren und Propriorezeptoren gleich . . ."[13] Systeme dieser Art werden hinreichend vollkommene Organismen sein, die nicht nur selbst lernen und sich selbst einstellen, sondern die bei Störungen auch die erforderlichen Hilfsmaßnahmen in die Wege leiten, vorbeugende Reparaturen durchführen, die Qualität der Erzeugnisse kontrollieren usw., das heißt, die Produktion völlig in eigener Regie realisieren. In diesem Falle wird die Anzahl der Probleme, die von der Maschine ohne Unterstützung durch den Menschen gelöst werden können, derart groß sein, daß für den Menschen nur noch die allgemeinen Leitungsprobleme übrigbleiben, die vor allem mit dem Bau und der Inbetriebnahme neuer Systeme zusammenhängen.

[13] N. Wiener, a. a. O., S. 168.

Beim Übergang von einzelnen automatischen Maschinen, die über ein Fließbandsystem miteinander verbunden sind, zur Komplexautomatisierung (Kooperation automatischer Betriebe, die von elektronischen Steuerrechnern gelenkt werden) ändert sich die Stellung des unmittelbaren Produzenten: Mit zunehmender Automatisierung greift er immer weniger in den Produktionsprozeß und in seine Kontinuität ein, er steuert und regelt ihn vermittels elektronischer Rechenanlagen. Am Ende dieses Prozesses steht die völlig kontinuierliche und hochproduktive Produktion.

Allgemeine Probleme bei der Schaffung der komplexautomatisierten Produktion

Der Einsatz der Automatisierungsmittel bringt theoretische und technische Probleme allgemeinen Charakters mit sich, die die Entwicklung der Automatisierung ganz allgemein betreffen. Im folgenden wollen wir auf einige dieser Probleme näher eingehen, die besonders aus der Sicht der Entwicklung kontinuierlicher Produktionsprozesse von Interesse sind.

Eines der allgemeinsten hierher gehörenden Probleme ist die Tatsache, daß für die Automatisierung bestimmter Produktionsprozesse prinzipiell neue technische Mittel geschaffen werden müssen. Die Geschichte der Technik zeigt, daß man neue technische Ideen zunächst stets im Rahmen der bestehenden Formen in die Tat umsetzen will. So waren die ersten Bronzebeile genaue Kopien des Steinbeils und die ersten Automobile nichts weiter als Kutschen ohne Pferde, die den Pferdedroschken fast aufs Haar glichen. Erst am Ende eines langwierigen Entwicklungsweges hatte das Automobil seine heutige Form angenommen. Das gleiche läßt sich auch in der Anfangsetappe der Automatisierung beobachten: Man versuchte das grundlegende Schema der technologischen Bearbeitungsprozesse zunächst um jeden Preis beizubehalten. Zu diesem Zweck zergliederte man sie maximal, und die einzelnen Operationen wurden mechanisiert. Die Automatisierung erfordert indessen völlig neue Produktionsmethoden, die von den heutigen Formen ebenso weit entfernt sind wie diese von den Verfahren der handwerklichen Technik des 18. und 19. Jahrhunderts.

Ein schwerwiegendes Hindernis bei der Schaffung prinzipiell neuer technischer Mittel ist oftmals nicht so sehr die Kompliziertheit des anstehenden Problems als vielmehr das konservative Denken der Menschen. Deshalb setzen sich wirklich wertvolle Neuerungen mitunter nur sehr schwer durch, wobei grundlegende Ideen zuweilen auf den stärksten Widerstand stoßen. Ein anschauliches Beispiel dafür, daß die bestehenden technologischen Verfahren beim Übergang zur Automatisierung geändert werden müssen, ist die Einrichtung automatischer Fertigungsstraßen für die Herstellung von Schrauben. Zunächst wollte man wie vorher die Gewinde mit Schneidwerkzeugen einschneiden, obwohl es bereits ein anderes, produktiveres Verfahren gab, nämlich das Gewindewalzen, das für die Automatisierung weit besser geeignet war.

Für den Bau vollautomatisierter Betriebe sind mitunter die Erzeugnisse selbst umzukonstruieren, indem man nicht nur ihren Bestimmungszweck, sondern auch die Besonderheiten ihrer automatischen Fertigung berücksichtigt. In diesem Falle ist die Konstruktion der betreffenden Produkte an den Charakter der einzusetzenden automatischen Mittel anzupassen. Außerdem müssen die Produktionsprozesse unter neuen Aspekten analysiert und neu projektiert werden, wobei neuste und hocheffektive technologische Lösungen anzustreben sind, die von der Automatisierung und der Vervollkommnung der bestehenden technologischen Prozesse ausgehen.

Die Automatisierung kann nur unter bestimmten Voraussetzungen einen ökonomischen Effekt ergeben. Nicht jeder technologische Prozeß und nicht alle Operationen sind sofort automatisierbar. So ist es zum Beispiel vorteilhafter, sich zunächst auf Herstellungsverfahren der Großserien- bzw. Massenproduktion zu beschränken, die eine steigende Entwicklungstendenz aufweisen. Des weiteren ist stets die Automatisierung gesundheitsschädlicher Verfahren gerechtfertigt. Die Automatisierung ist generell eine neue Produktionsmethode und nicht einfach die Ersetzung der manuellen durch mechanische Arbeit. Deshalb sollte man nicht einfach die Bewegung der Hände mit mechanischen Mitteln kopieren, sondern vielmehr neue Lösungen anstreben, die direkt von der Mechanik der Prozesse ausgehen und sämtliche Möglichkeiten bei der Automatisierung der Einrichtungen ausschöpfen.

In der Radio- und Fernsehindustrie haben die Kompliziertheit der Montageprozesse und die Mannigfaltigkeit der benötigten Einzelteile die Automatisierung zunächst fast unmöglich erscheinen lassen. Die Verwendung von gedruckten Schaltungen hat jedoch nicht nur die Möglichkeit geschaffen, die Arbeitsproduktivität zu verhundertfachen, sondern auch in diesem Bereich die Produktion zu automatisieren. Der Produktionsprozeß beginnt mit dem Guß einer Bakelitplatte, auf der eine der Schaltvarianten in Form von Kerben dargestellt ist. Nach der Feinbearbeitung wird auf die Platte eine Metallschicht aufgetragen und die Oberfläche abgefräst, so daß nur in den Kerben Metall verbleibt. Diese Platten gelangen nun zu den Werkzeugmaschinen, wo die Mehrzahl der Einzelteile automatisch eingesetzt wird. Dann werden die Verbindungen automatisch gelötet, indem die Platte mit der Rückseite in ein Zinnbad getaucht wird. Ähnliche Methoden werden heute auch in der Herstellung von Fernsehgeräten angewandt. In diesem Falle hatte sich also durch Änderung der Konstruktion des Produktes auch das automatisieren lassen, nämlich die Montage, was zunächst als völlig ungeeignet erschien.

Möglicherweise wird man auch andere Prozesse in dieser Richtung überprüfen müssen. So laufen gegenwärtig zum Beispiel umfangreiche Untersuchungen zur Einführung von Plasten im Maschinenbau, und es werden speziell Versuche durchgeführt, Autokarossen aus Plaste herzustellen, da sich Stahl für diese Zwecke nun einmal nicht so gut eignet: Er muß gegen Korrosion lackiert werden, er ist ein guter Wärmeleiter, so daß Heizungen eingebaut werden müssen usw. Plaste sind gute Isolatoren, brauchen nicht lackiert zu werden, und die elektrischen Leitungen können beim Gießen der einzelnen Teile automatisch in die Wände eingelassen werden. Die Produktionsoperationen könnten dadurch weit ökonomischer und effektiver ausgeführt werden. Das Wichtigste ist jedoch, daß man Möglichkeiten für eine automatische Montage von Kraftfahrzeugen erhalten würde, auch wenn der Übergang zu Plastekarossen immer noch auf zahlreiche technologische Schwierigkeiten stößt, die aber sicherlich mit der Zeit aus dem Wege geräumt werden könnten.

Die Schaffung von Automatisierungsmitteln erfordert die Ausnutzung der neuesten Errungenschaften von Wissenschaft und Technik. Bei der Einführung der Automatisierung sind folgende Dinge genau zu untersuchen: die physikalisch-chemischen und technologischen Gesetzmäßigkeiten der betreffenden Arbeitsprozesse, die Arbeitsbedingungen, die Formbeständigkeit, Festigkeit und Lebensdauer der Materialien und Konstruktionen sowie die Arbeitsgenauigkeit der Maschinen.[14] Die breite Verwendung automatischer Einrichtungen verleiht den Problemen der Genauigkeit und Zuverlässigkeit erstrangige Bedeutung. Tatsächlich kann man sich kaum eine automatische Maschine vorstellen, die nicht ein hinreichend genau arbeitendes Steuerwerk bzw. eine vorher berechnete hohe Arbeitszuverlässigkeit hat. Schon die Natur der automatischen Maschinen macht es in der Regel erforderlich, einwandfrei bestimmte Operationen wiederholen zu können, deren exakte Ausführung in vielem von der exakten Ausführung der einzelnen Bauteile des Automaten abhängt. Mit komplizierter werdenden automatischen Einrichtungen steigen die Anforderungen an die Exaktheit und Zuverlässigkeit. Vorläufig haben jedoch automatische Maschinen und automatische Fertigungsstraßen noch keine hinreichende Genauigkeit und insbesondere keine hinreichende Zuverlässigkeit. Deshalb haben „von allen Fragen des technischen Fortschritts gegenwärtig die Probleme der Zuverlässigkeit die größte Bedeutung", schreibt Akademiemitglied A. I. Berg.[15] Die Zuverlässigkeit ist eine verallgemeinerte quantitative und qualitative Kennziffer, mit der wir das Fertigprodukt und die Arbeit der technischen Mittel bewerten können. In letzter Zeit wurde dem Problem der Zuverlässigkeit besondere Aufmerksamkeit gewidmet, so daß die Qualität der Erzeugnisse und der ökonomische Effekt erhöht werden konnten. So ließ sich zum Beispiel durch die Einführung einer Zuverlässigkeitsüberwachung im Moskauer Betrieb „Manometer" die Garantiezeit von mehr als 90 Prozent der Erzeugnisse auf das Anderthalb- bis Zweifache verlängern. 1965 erzielte das Werk 348200 Rubel Einsparungen. In der Leningrader Vereinigung „Swetlana" konnten nach der Durchführung umfassender Arbeiten zur Steigerung der Qualität, Zuverlässigkeit und Lebensdauer der Er-

[14] V. I. Dikušin, Probleme der Automatisierung von Prozessen im Maschinenbau, Moskva 1956, S. 4, 5 und 18.

[15] A. I. Berg, Kybernetik und Zuverlässigkeit (Kibernetika i nadežnost', Serie IV, Ausg. 21, Moskva 1963, S. 28).

zeugnisse von 1962 bis 1965 jährlich Einsparungen von mehr als 15 Millionen Rubel erzielt werden.

Der zunehmende Einsatz elektronischer Steuerrechner in komplizierten automatischen Werkzeugmaschinen stellt hohe Anforderungen an die Zuverlässigkeit ihrer Arbeit, da jeder Ausfall des Systems in der Regel schwerwiegende Folgen hat. Deshalb ist die Betriebszeit elektronischer Rechenanlagen unter Bedingungen kontinuierlicher Produktionsprozesse nahe an 100 Prozent heranzuführen, während die Totzeit zur Aufdeckung und Beseitigung von Fehlern im Verlaufe eines ganzen Jahres einige Stunden nicht überschreiten sollte.

Besonders große Bedeutung erlangt die Zuverlässigkeit bei der Konstruktion von technischen Mitteln für die Erschließung des Kosmos. So zündete zum Beispiel am 12. Dezember 1965 vor dem Start der 160 Tonnen schweren Trägerrakete Titan II (USA), die das Raumschiff Gemini auf eine Umlaufbahn bringen sollte, eine 10 Zentimeter lange und 5 Zentimeter breite elektrische Patrone 3 Sekunden zu früh, wodurch das gesamte Startsystem zwei Sekunden eher als vorgesehen zu arbeiten begann. Außerdem stellte sich heraus, daß in einem Motor der Trägerrakete die Eingangsöffnung eines Rohrs, das das Oxydationsmittel mit dem gasgetriebenen, die Brennstoffpumpen bedienenden Elektrogenerator verband, aus Versehen geschlossen blieb, so daß der Motor nicht zündete. Eine Katastrophe wurde durch eine automatische Kontrolleinrichtung, die den Fehler entdeckte, abgewandt. Mit Hilfe von Elektrosignalen schaltete sie eineinhalb Sekunden vor dem Start die bereits arbeitenden Triebwerke der Trägerrakete wieder ab.[16] Ein anderes Beispiel ist der Flug der sowjetischen Station Luna 8, deren letzte Flugetappe am 7. Dezember 1965 wegen eines Fehlers in dem System, das eine weiche Landung sichern sollte, erfolglos blieb.[17]

Der grundlegende Weg zur Erzielung einer hohen Zuverlässigkeit führt über die Schaffung von Vorrichtungen, die die Möglichkeit bzw. Wahrscheinlichkeit, daß bestimmte Bauelemente ausfallen, automatisch abwenden. Im Strom-, Wasser- und Gasversorgungssystem ist die Grundlage der Zuverlässigkeit der ununterbrochene Fluß dieser drei Dinge, im Trans-

[16] Krasnaja zvezda, 25. Dez. 1965.
[17] Izvestija, 8. Dez. 1965.

portwesen ist es die Sicherheit und die Einhaltung des Fahrplans und in Kontroll- und Meßeinrichtungen die lang anhaltende Genauigkeit der Meßwerte.

Die Geschichte der Technik zeigt überzeugend, daß der Fortschritt in der Entwicklung des Maschinenbaus nicht nur durch veränderte Konstruktionen, durch die Entdeckung neuer Naturgesetze und durch die Schaffung von Mechanismen, die auch komplizierte Aufgaben lösen konnten, bestimmt wurde, sondern in vielem auch durch die Lösung des Problems der Zuverlässigkeit, wodurch Bedingungen gegeben sein müssen, der Genauigkeit den ihr zukommenden Platz einzuräumen. Die moderne Wissenschaft und Technik machen es möglich, die Genauigkeit mittels elektronischer Einrichtungen zu lösen, die ein automatisches Nachstellen während der Ausführung von Arbeitsprozessen sichern. In der automatisierten Produktion senken manuell ausgeführte Kontrollen die Produktivität beträchtlich, sie beeinträchtigen die Qualität der Erzeugnisse und sind zudem für die Arbeiter sehr ermüdend. Hinzu kommt, daß sie in einer Reihe von Fällen nicht realisierbar sind, da der Mensch einfach nicht die Exaktheit und Schnelligkeit besitzt, die für Kontrollen in der automatischen Produktion erforderlich sind.

Der Übergang zur operativen Kontrolle gestattet es, viele Probleme der automatischen Produktionskontrolle während des Fertigungsprozesses zu lösen und die Ausrüstungen auf das erforderliche Bearbeitungsverfahren einzustellen. So wird zum Beispiel in Walzwerken zur automatischen Stärkemessung das Walzgut zwischen einer Beta-Quelle und einer Ionisationskammer hindurchgeführt. Mit zunehmender Stärke des Walzgutes werden immer größere Anteile der Beta-Strahlung absorbiert. Werden die Toleranzen nach einer Seite hin überschritten, so werden entweder zu viele Strahlen absorbiert oder aber zu viele in die Ionisationskammer hindurchgelassen. In solchen Fällen wird über ein Signal und einen Verstärker ein Motor eingeschaltet, der den Abstand zwischen den Walzen wieder einreguliert. Auf diese Weise wird während des Walzens die Stärke des Walzgutes rasch und direkt nachgestellt, ohne daß dazu der Produktionszyklus unterbrochen werden muß. Die Walzstraße arbeitet also ohne direkte Kontrolle durch den Menschen.

Der breite Einsatz moderner Automatisierungsmittel erfordert eine verstärkte Beachtung und allseitige Erforschung der Möglichkeiten, die die Standardisierung, Normierung, Vereinheitlichung, Spezialisierung und Typisierung bieten. Diese Richtungen des wissenschaftlich-technischen Fortschritts gestatten es, die Stückzahlen bei gleichartigen Erzeugnissen zu vergrößern, so daß ihre Herstellung dann unter Verwendung moderner Fertigungsverfahren leicht automatisiert werden kann. Das führt zu einer sprunghaften Erweiterung der Produktionskapazitäten und zu bedeutenden Einsparungen an Material und Arbeitskräften. Letztlich sind aber gerade das die Bedingungen für die Steigerung der Arbeitsproduktivität.

Die zielstrebige Entwicklung der Technik erfordert die rasche Anpassung der Ausrüstungen an die veränderte Technologie, was besonders bei der Entwicklung und beim Bau neuer Mittel der Komplexautomatisierung zu berücksichtigen ist. Besonders wichtig sind Möglichkeiten zur raschen Modernisierung der bestehenden Ausrüstungen, zur Einrichtung automatischer Fertigungsstraßen, die auf partienweise Bearbeitung unterschiedlicher Einzelteile eingestellt werden können. Sollen Einzelteile in verhältnismäßig kleinen Stückzahlen gefertigt werden, so ist es vorteilhaft, sie nach einem gemeinsamen Merkmal nach Gruppen zusammenzufassen und sie dann auf einer automatischen Ausrüstung herzustellen. Dadurch läßt sich die Loszahl einer Serie vergrößern und die betreffende automatische Ausrüstung besser auslasten. Außerdem kann auf diese Weise das Problem der Automatisierung bzw. Mechanisierung auch für solche Erzeugnisse gelöst werden, bei deren Herstellung die Ausrüstungen häufig ausgewechselt bzw. umgestellt werden müssen, da ständig irgendwelche Parameter dieser Erzeugnisse verändert werden.

Im Maschinenbau löst die Entwicklung schnell umstellbarer Ausrüstungen das wichtigste Problem der Mechanisierung und Automatisierung, nämlich das der Kleinserienproduktion, die meistens nur einen sehr unbedeutenden Prozentsatz des gesamten Produktionsvolumens ausmacht. Bei den üblichen automatischen Werkzeugmaschinen müssen bei der Umstellung auf ein neues Erzeugnis in der Regel die Nockenprofile ausgetauscht werden, was umständlich, teuer und arbeitsintensiv ist, da die neuen Nockenprofile zunächst angefertigt und dann anstelle der alten eingesetzt werden müssen. Die modernen Automatisierungsmittel bieten in dieser Richtung neue Möglichkeiten, besonders in Form programmgesteuerter Werkzeugmaschinen, bei denen die Bewegungsabläufe des eigentlichen Arbeitswerkzeuges nicht durch ein Nockenprofil vorgegeben sind, sondern durch einen Lochstreifen bzw. ein Magnetband, die den Steuercode der Werkzeugmaschine enthalten.

Der Einsatz der modernen Rechentechnik gestattet im Verein mit Kontroll- und Korrekturvorrichtungen die Schaffung hochorganisierter automatischer Regelsysteme, die sich selbst an veränderte Bedingungen anpassen, die günstigsten Arbeitsverfahren speichern, Erfahrungen der automatischen Steuerung und Regelung sammeln und auf diese Weise die vorteilhaftesten Arbeitsbedingungen selbst auswählen. Die Schaffung solcher Automaten eröffnet eine neue Etappe in der Entwicklung der Automatisierungsmittel.

Die Einrichtung der komplexautomatisierten Produktion bringt also, wie wir sehen, eine ganze Reihe wissenschaftlicher und technischer Probleme mit sich, deren Lösung umfassende wissenschaftliche Untersuchungen erfordert.

Die Umwandlung der Wissenschaft in eine unmittelbare Produktivkraft. Die charakteristische Besonderheit der gegenwärtigen wissenschaftlich-technischen Revolution

Eine der wichtigsten Besonderheiten der gegenwärtigen wissenschaftlich-technischen Revolution ist die Umwandlung der Wissenschaft in eine unmittelbare Produktivkraft der Gesellschaft. Dieser Prozeß ist nicht nur ein klarer Beweis dafür, daß die Wissenschaft in allen Sphären des gesellschaftlichen Lebens zunehmend an Bedeutung gewinnt, sondern zugleich auch eine notwendige Voraussetzung für die Errichtung der kommunistischen Produktionsweise.

Es ist deshalb nicht verwunderlich, daß die Fragen der Entwicklung von Wissenschaft und Technik und ihrer Bedeutung im gesellschaftlichen Fortschritt Gegenstand zahlreicher wissenschaftlicher Untersuchungen sind. In letzter Zeit sind besonders viele Arbeiten erschienen, in denen versucht wird, die grundlegenden Prinzipien der Umwandlung der Wissenschaft in eine unmittelbare Produktivkraft aufzudecken. In den Arbeiten der sowjetischen Wissenschaftler, die von den Hinweisen der Begründer des Marxismus-Leninismus ausgehen, wird die Rolle der Wissenschaft in der modernen Gesellschaft sehr ausführlich dargestellt und ihre Bedeutung für die Entwicklung der Produktivkräfte aufgezeigt. Bisher ist jedoch, wie die Auseinandersetzungen unter den sowjetischen Forschern zeigen, noch nicht zur Genüge geklärt, auf welche Art und Weise sich die Wissenschaft in eine unmittelbare Produktivkraft umwandelt.[1]

Noch vor nicht allzu langer Zeit haben einige Autoren behauptet, daß die Wissenschaft lediglich mittelbar mit der Ent-

[1] Der Prozeß der Umwandlung der Wissenschaft in eine unmittelbare Produktivkraft, Materialien zum Symposium vom 31. Mai bis 1. Juni 1967, Moskva 1967.

wicklung der Produktivkraft in Beziehung stehe, da sie das Produkt geistiger Tätigkeit ist und sich lediglich mit den Gesetzmäßigkeiten der objektiven Welt beschäftigt. Nachdem jedoch im Programm der KPdSU, das auf dem XXII. Parteitag angenommen wurde, einige Gedanken von K. MARX zur Rolle der Wissenschaft als unmittelbarer Produktivkraft der Gesellschaft wieder ins Gedächtnis gerufen und konkretisiert und weiterentwickelt worden waren, begannen die sowjetischen Wissenschaftler sich eingehender mit der Stellung der Wissenschaft in der Gesellschaft zu beschäftigen, und es bildeten sich einige Standpunkte zu dieser Frage heraus, auf die wir im folgenden näher eingehen wollen.

Es sei jedoch gleich eingangs betont, daß uns hier vor allem die Wissensgebiete interessieren werden, die auf die Produktion einwirken. Weiterhin ist im Auge zu behalten, daß die Arbeit des Wissenschaftlers wie jegliche Arbeit schlechthin aus drei einfachen Elementen besteht – dem Forschungsgegenstand, der Arbeit des Wissenschaftlers selbst und den Forschungsmitteln. Eine bestimmte Wechselbeziehung zwischen diesen drei Elementen ist die elementare Voraussetzung jeder wissenschaftlichen Arbeit.

Den Arbeitsgegenstand der Wissenschaftler stellen die Natur, die Gesellschaft und das Denken dar. In dem Maße, wie sich die Wissenschaft entwickelt, verändert sich dieser Gegenstand dahingehend, daß die eigentlichen Forschungsobjekte an Zahl zunehmen, da ständig weitere Prozesse, Erscheinungen und Gesetze hinzukommen. Die Entwicklung der Wissenschaft und besonders die der Technik hat ihrerseits die Mittel der wissenschaftlichen Arbeit von Grund auf verändert. An die Stelle elementarer Vorrichtungen sind leistungsfähige wissenschaftliche Geräte sowie völlig neue Methoden und Mittel getreten, mit denen man in die Mikrowelt, in den Kosmos und in das Erdinnere vordringen und Prozesse beobachten kann, die unter Bedingungen ablaufen, die der direkten Beobachtung durch den Menschen nur schwer zugänglich sind. Aber nicht nur der Arbeitsgegenstand und die Forschungsmittel der Wissenschaft haben sich geändert, auch die Arbeit des Wissenschaftlers selbst ist einem unablässigen Wandel unterworfen. An erster Stelle sind in diesem Zusammenhang die Differenzierung des Wissens und die Arbeitsteilung zwischen den einzelnen Wissenschaften einerseits und den Teildisziplinen und Wissenschaftlern unterschiedlicher Qualifikation innerhalb des gleichen Wissensgebietes andererseits zu nennen. Hinzu kommt, daß in der Entwicklung sowohl der Wissenschaft als auch der Technik das allgemeine Gesetz der zunehmenden Ersetzung verschiedener Arbeitsfunktionen des Menschen durch technische Mittel in Erscheinung tritt. Das zeigt sich deutlich an der Geschichte der elektronischen Rechenanlagen: Heute haben diese bereits zahlreiche logische Funktionen der Wissenschaftler selbst übernommen.

Von außerordentlicher Bedeutung ist auch der Umstand, daß sich die Ergebnisse der Wissenschaft ebenfalls ändern. Im Verlaufe von Untersuchungen können neue Ideen, Hypothesen oder Theorien entwickelt werden, neue Gesetze der Natur, der Gesellschaft und des Denkens entdeckt oder auch Beobachtungen gemacht werden, die ihrerseits als Ausgangsinformationen für weitere Untersuchungen erforderlich sind, oder es können schließlich neue Klassifizierungskriterien für Gruppen, Arten oder andere Merkmalszusammenfassungen gefunden werden. Eine der Früchte der Wissenschaft ist die Verallgemeinerung bereits gesammelter Erfahrungen und die Anhäufung des für die menschliche Tätigkeit erforderlichen Wissens. Entscheidende Leistungen der Wissenschaft sind die Ausarbeitung neuer technischer Mittel, die Schaffung fortschrittlicher technologischer Prozesse, die Gewinnung neuer Energieformen und die Ausarbeitung von Empfehlungen für die Organisation und Leitung der Produktion. Im Zusammenhang damit erheben sich folgende Fragen: Welche Ergebnisse der Wissenschaft lassen sich vor allem in der Produktion einsetzen? Wie wurden die Ergebnisse der Wissenschaft in den verschiedenen historischen Etappen genutzt? Wann wurde bzw. wird die Wissenschaft in diesem Prozeß zur unmittelbaren Produktivkraft? Es ist allgemein bekannt, daß Marx in zahlreichen seiner Schriften auf die Rolle der Wissenschaft in der Entwicklung der Produktion eingegangen ist. An erster Stelle sind in diesem Zusammenhang zu nennen „Das Kapital", „Theorien über den Mehrwert", „Die deutsche Ideologie", „Ökonomisch-philosophische Manuskripte aus dem Jahre 1844", „Lohn, Preis und Profit", „Das Elend der Philosophie", „Mathematische Manuskripte" sowie „Zur Kritik der Politischen Ökonomie

(1861–1863), 2. Heft“ (Hefte V, XIX und XX) und die „Grundrisse der Kritik der Politischen Ökonomie“.

In seinen Untersuchungen zur Arbeitsproduktivität nennt K. Marx unter den entscheidenden Faktoren auch das Entwicklungsniveau der Wissenschaft und den Grad ihrer Anwendung. „Die Produktivkraft der Arbeit ist durch mannigfache Umstände bestimmt, unter anderem durch den Durchschnittsgrad des Geschickes der Arbeiter, die Entwicklungs- stufe der Wissenschaft und ihrer technologischen Anwendbarkeit, die gesellschaftliche Kombination des Produktionsprozesses, den Umfang und die Wirkungsfähigkeit der Produktionsmittel, und durch Naturverhältnisse.“[2]

Weiterhin weist Marx auf den direkten Zusammenhang zwischen der Steigerung der Arbeitsproduktivität und der Entwicklung der Wissenschaft hin, den er darin sieht, daß mit der zunehmenden Entwicklung von Wissenschaft und Technik die alten Maschinen und Instrumente durch effektivere und im Verhältnis zu ihrer Leistung billigere ersetzt werden. Folglich, so schließt Marx, wird das alte Kapital in einer produktiveren Form reproduziert, wodurch sich die Produktivkraft der Arbeit vor allem in der Sphäre der Produktion von Produktionsmitteln erhöht. Dieser Prozeß ist untrennbar mit dem Fortschritt von Wissenschaft und Technik verbunden.[3]

Zur Erlangung materieller Güter, darunter auch der Produktionsmittel, nutzt der Mensch die Naturkräfte. Natürlich, so führt Marx aus, haben die Naturkräfte von sich aus keinen Wert, da sie nicht Produkte der menschlichen Arbeit sind. Die Menschen nutzen die Naturkräfte mit Hilfe technischer Mittel, und dabei spielt die Wissenschaft eine außerordentlich große Rolle. „Die Anwendung der *natural agents* – gewissermaßen ihre Einverleibung in das Kapital – fällt zusammen mit der Entwicklung der *Wissenschaft* als eines selbständigen Faktors des Produktionsprozesses, wenn der Produktionsprozeß zur *Anwendung der Wissenschaft*, wird umgekehrt die Wissenschaft zu einem Faktor, sozusagen zu einer Funktion

[2] Marx/Engels, Werke, Band 23, Berlin 1958, S. 54.
[3] Ebenda, S. 631–632.

des Produktionsprozesses. Jede Entdeckung wird Basis neuer Orientierung oder neuer verbesserter Methoden der Produktion.“[4]

Eine tiefgehende Analyse der Rolle der Wissenschaft in der Entwicklung der maschinellen Produktion führte MARX zu dem Schluß, daß die Umwandlung der Wissenschaft in eine unmittelbare Produktivkraft eine objektive Gesetzmäßigkeit der gesellschaftlichen Entwicklung ist. Diese Idee ist klar ausgesprochen in den „Grundrissen der Kritik der Politischen Ökonomie“, dem Vorläufer des „Kapitals“. Dort lesen wir: „Die Entwicklung des capital fixe zeigt an, bis zu welchem Grade das allgemeine gesellschaftliche Wissen, knowledge, zur unmittelbaren Produktivkraft geworden ist, und daher die Bedingungen des gesellschaftlichen Lebensprozesses selbst unter die Kontrolle des general intellect gekommen und ihm gemäß umgeschaffen sind.“[5]

Unter Wissenschaft verstanden MARX und ENGELS nicht nur das System der Kenntnisse, sondern auch das Produkt der „gesamten historischen Entwicklung in seiner abstrakten Zusammenfassung“ und „das allgemeine geistige Produkt der gesellschaftlichen Entwicklung“. Mit anderen Worten geht es MARX und ENGELS um das „gesellschaftliche Wissen“ und um den „allgemeinen Intellekt“ (general intellect). Eine solche Auffassung von der Wissenschaft bietet nicht nur die uneingeschränkte Möglichkeit, sie als besonderes Element den Produktivkräften hinzuzurechnen, sondern ihr auch eine selbständige, unabhängige und unmittelbare Wirkung zuzuerkennen.

Die Möglichkeit der Umwandlung der Wissenschaft in eine unmittelbare Produktivkraft der Gesellschaft folgt auch, ohne daß man auf den gnoseologischen Aspekt dieser Frage eingehen muß, aus der Analyse des Arbeitsprozesses, insbesondere der Arbeitskraft. Bei MARX lesen wir: „Unter Arbeitskraft oder

[4] K. Marx, Zur Kritik der Politischen Ökonomie (1861–1863), Heft XX, S. 1261, in: Kommunist, 7/1958, S. 22 (Aus dem handschriftlichen Nachlaß von Karl Marx). Vgl. hierzu auch Fußnote 55 auf S. 109.

[5] K. Marx, Grundrisse der Kritik der Politischen Ökonomie, Berlin 1953, S. 594.

Arbeitsvermögen verstehen wir den Inbegriff der physischen und geistigen Fähigkeiten, die in der Leiblichkeit, der lebendigen Persönlichkeit eines Menschen existieren und die er in Bewegung setzt, sooft er Gebrauchswerte irgendeiner Art produziert."[6] Wie wir sehen, gehören zu den Produktivkräften nicht nur der physische und materielle Faktor, sondern auch der geistige, das heißt die intellektuellen Fähigkeiten des Menschen. Dabei ist natürlich der geistige Faktor gegenüber dem materiellen sekundär, und er kann selbständig, also losgelöst von seinem materiellen Träger, nicht existieren; er ist jedoch ein unerläßliches Element der Produktion. Doch das Vorhandensein des geistigen Faktors in der Produktion der materiellen Güter ist ein wesentlicher Zug der Arbeit in einer Form, in der sie ausschließlich Errungenschaft des Menschen ist.

Auch ENGELS hat wiederholt auf die Bedeutung des geistigen Faktors, darunter auch der Wissenschaft, für die Entwicklung der Produktivkräfte hingewiesen. Bereits in seiner ersten ökonomischen Arbeit „Umrisse zu einer Kritik der Nationalökonomie" können wir lesen, daß der Mensch mit seinen physischen und geistigen Eigenschaften an der Produktion teilhat, daß die Arbeit neben den physischen Elementen auch das geistige Element, das Element der Erfindungsgabe und des Denkens einschließt. Für den bürgerlichen Ökonomen, so führt ENGELS aus, „gehen die Fortschritte der Wissenschaft über seine Zahlen hinaus. Aber für einen vernünftigen Zustand, der über die Teilung der Interessen, wie sie beim Ökonomen stattfindet, hinaus ist, gehört das geistige Element allerdings mit zu den Elementen der Produktion und wird auch in der Ökonomie seine Stelle unter den Produktionskosten finden. Und da ist es allerdings befriedigend, zu wissen, wie die Pflege der Wissenschaft sich materiell belohnt, zu wissen, daß eine einzige Frucht der Wissenschaft, wie James Watts Dampfmaschine, in den ersten fünfzig Jahren ihrer Existenz der Welt mehr eingetragen hat, als die Welt von Anfang an für die Pflege der Wissenschaft ausgegeben."[7]

Will man die Bedeutung und die Stellung der Wissenschaft

[6] Marx/Engels, Werke, Band 23, Berlin 1958, S. 181.
[7] Marx/Engels, Werke, Band 1, Berlin 1956, S. 509.

im modernen Leben der Menschheit verstehen, so muß man untersuchen, wie sich die Wechselbeziehungen zwischen Wissenschaft und Produktion in den verschiedenen historischen Etappen gewandelt haben.

Die Wechselbeziehungen zwischen Wissenschaft und Produktion

In den ersten Entwicklungsetappen der gesellschaftlichen Produktion nutzten die Menschen bereits Gesetze und Erscheinungen der Natur, die erst viel später von der Wissenschaft erkannt wurden, spontan. Im einfachen, vom Ackerbau noch nicht getrennten Handwerk hatte sich der Mensch unter Verwendung einfacher Werkzeuge einzelne Naturerscheinungen zunutze gemacht (Feuer, Federkraft und anderes); doch führten Versuche, die Naturerscheinungen zu verallgemeinern und zu erklären, zur Vergöttlichung der Naturkräfte. Aber die Entwicklung der Produktion und die Notwendigkeit, neue technische Mittel zu schaffen, konfrontierten die Menschen immer mehr mit der Aufgabe, die Natur zu ergründen und die verschiedenen Erscheinungen wissenschaftlich zu erklären.

Mit dem Aufkommen der Klassengesellschaft und der Trennung von geistiger und körperlicher Arbeit, als also für einen Teil der herrschenden Klasse Bedingungen für die systematische Beschäftigung mit der Wissenschaft entstanden, bildeten sich die Elemente der Naturwissenschaften heraus, und ihre Verallgemeinerungen und Erklärungen nahmen die Form einer Naturphilosophie und eines naivdialektischen Denkens an. Seit ihren ersten Anfängen war die Entstehung und Entwicklung der Wissenschaft durch die Entwicklung der Produktion bedingt, wenn auch die Anforderungen der Produktion an die Wissenschaft noch recht bescheiden waren. Die Technik jener Zeit bestand vornehmlich aus Handwerkzeugen und ziemlich primitiven Arbeitsinstrumenten, die mit vagen wissenschaftlichen Vorstellungen (genaue wissenschaftliche Kenntnisse waren nicht einmal gefragt) und dem empirischen Wissen und Produktionserfahrungen der Produzenten der materiellen Güter vervollkommnet wurden. Die gesamte Produktion entwickelte sich noch lange ohne jede Beziehung zum wissenschaftlichen Fortschritt. Die Fertigkeiten, Erfahrungen und Kenntnisse hatten allesamt in der unmittelbaren Arbeit ihren Ursprung.[8]

Auf der anderen Seite standen einige Gelehrte der alten Welt, die sich ihrer abstrakten Denkkraft rühmten und dabei die Rolle der Praxis, namentlich der Produktionspraxis, für die Entwicklung der Wissenschaft unterschätzten. Sie waren Gefangene der damals herrschenden Sklavenhalterideologie, nach der körperliche Produktionstätigkeit verachtenswert und das Los der Sklaven war. Ja noch mehr, häufig wurden von der Sklavenhaltergesellschaft jene Gelehrten verdammt, die die Wissenschaft in den Dienst der Produktion stellen wollten, da die „reine Wissenschaft", die von den Bedürfnissen der Praxis losgelöst war, über allem stand.

Wegen des niedrigen technischen Niveaus, das in der Produktion und in der Entwicklung der Wissenschaft selbst herrschte, gab es in den frühen Stufen der gesellschaftlichen Entwicklung keinen engeren Zusammenhang zwischen Produktion und Wissenschaft. Dabei war natürlich im allgemeinen die Entwicklung der wissenschaftlichen Kenntnisse durch die Entwicklung der Produktion bedingt. Aber der Zusammenhang zwischen Wissenschaft und Produktion war zu allgemein, das heißt zu wenig konkret. Die Wissenschaft wirkte lediglich über zufällige und sporadische Berührungspunkte auf die Produktion ein.

In den Wechselbeziehungen zwischen Wissenschaft und Produktion gab es auch im Mittelalter keinen grundlegenden Wandel. Im frühen Mittelalter schritt die Technik in Westeuropa außerordentlich langsam voran, wobei sie sich vornehmlich auf die Werkzeuge und Erfahrungen der Handwerker, das heißt auf ihre Kunstfertigkeit stützte.

Auf der Grundlage des Handwerks, schreibt Marx, „findet jeder besondre Produktionszweig empirisch die ihm entsprechende technische Gestalt, vervollkommnet sie langsam

[8] K. Marx, Zur Kritik der Politischen Ökonomie (1861–1863), Heft XX, S. 1261, 1262, in: Kommunist, 7/1958, S. 22, 23.

und kristallisiert sie rasch, sobald ein gewisser Reifegrad erlangt ist“[9].

Die Technik jener Zeit kam fast gänzlich ohne systematisches Studium der Natur aus, und sie hatte ihrerseits keinen großen Einfluß auf die Entwicklung der naturwissenschaftlichen Vorstellungen. Die Wissenschaft war im Mittelalter religiösen Ideen unterworfen, eine „Magd der Theologie“.

Erst in der Epoche der Renaissance setzte ein zielstrebiger, durch die technischen Bedürfnisse der Produktion bedingter Aufschwung in der Technik, der Wissenschaft und der Kultur ein. „Wenn nach der finstern Nacht des Mittelalters“, schreibt ENGELS, „auf einmal die Wissenschaften neu und in ungeahnter Kraft erstehn und mit der Schnelle des Mirakels emporwachsen, so verdanken wir dies Wunder wieder – der Produktion.“[10]

Vom 12. bis zum 14. Jahrhundert entstand in Europa eine neue technologische Produktionsweise, deren Elemente die Zünfte, die Leibeigenen und später auch die kapitalistischen Manufakturen waren. In den Zünften und Manufakturen wurden alle möglichen Wasser- und Windantriebe verwendet, die nach dem Prinzip von Uhrwerken konstruiert waren. Um aber Wasserräder, Uhren und ähnliche mechanische Vorrichtungen bauen zu können, mußte man gewisse Kenntnisse der Hydraulik, der Mechanik und anderer Gebiete besitzen. Das waren aber nur vereinzelte wissenschaftliche Erkenntnisse, die zu keinerlei System zusammengefaßt waren. Die Herausbildung von Systemen fällt erst in die Periode zwischen dem 15. und der zweiten Hälfte des 18. Jahrhunderts, in eine Zeit, die man als die Epoche der mechanischen bzw. metaphysischen Naturwissenschaften bezeichnen könnte. Die Manufaktur, die mit der Einführung der Arbeitsteilung in der Produktion viele Operationen vereinfacht hatte, schuf die notwendigen Voraussetzungen für den Übergang von der manuellen zur maschinellen Arbeit.

Der Übergang zum maschinellen Fabriksystem forderte die bewußte Anwendung der Naturwissenschaften in der Produktion. Dabei kam es einerseits zu einer wissenschaftlichen

[9] Marx/Engels, Werke, Band 23, Berlin 1958, S. 510
[10] Marx/Engels, Werke, Band 20, Berlin 1962, S. 456.

Untersuchung der noch auf empirischer Grundlage entstandenen technischen Mittel, etwa der Dampfmaschine und bestimmter Verhüttungsprozesse, und andererseits zur Entwicklung neuer technischer Mittel, die das Ergebnis der großen Erfindungen und Entdeckungen (zum Beispiel der mit der Elektrizität zusammenhängenden Erscheinungen) waren. Seit dieser Zeit lassen sich klare Wechselbeziehungen zwischen Wissenschaft und Produktion erkennen. Der Produktionsprozeß wird zur Anwendungssphäre der Wissenschaft und die Wissenschaft zur Funktion der Produktion. Marx schreibt: „Erst die kapitalistische Produktionsweise macht die Naturwissenschaften dem unmittelbaren Produktionsprozeß dienstbar, während umgekehrt die Entwicklung der Produktion das Mittel zur theoretischen Unterwerfung der Natur liefert ... Die Entwicklung der Naturwissenschaften selbst (und sie bilden die Basis alles Wissens), wie alles auf den Produktionsprozeß bezügliches Wissen, entwickelt sich selbst wieder auf Grundlage der kapitalistischen Produktion, die ihr zum großen Teil erst die materiellen Mittel der Forschung, Beobachtung, Experimentierung schafft ... Mit der kapitalistischen Produktion wird daher der *wissenschaftliche Faktor* zuerst mit Bewußtsein und auf einer Stufenleiter entwickelt, angewandt und ins Leben gerufen auf einem Maßstab, von dem frühre Epochen keine Ahnung."[11]

Die Technik des maschinellen Fabriksystems kann sich wegen ihrer Kompliziertheit nicht ohne die Wissenschaften entwickeln, sie fordert vielmehr die Anwendung exakt begründeter wissenschaftlicher Kenntnisse. Mit der weiteren Entwicklung der Praxis werden die Formen der Maschinen nach den Prinzipien der Mechanik angelegt, so daß sie sich qualitativ von den Formen der Handwerkzeuge zu unterscheiden beginnen und die Kunstfertigkeit des Einzelarbeiters untergeht. Schon im Prinzip der maschinellen Produktion ist die Anwendung exakter wissenschaftlicher Kenntnisse begründet. In dieser Produktionsform wird der gesamte Produktionsprozeß in seine Bestandteile zerlegt. Die Ausführung eines jeden Teilprozesses und ihre Vereinigung zu einer Gesamtheit

[11] K. Marx, Zur Kritik der Politischen Ökonomie (1861–1863), Heft XX, S. 1261/1262, in: Kommunist, 7/1958, S. 22 f.

werden durch die Anwendung der Wissenschaft in der Technik gelöst. Außerdem entstehen im maschinellen Fabriksystem praktische Probleme, die nur noch auf der Grundlage wissenschaftlicher Untersuchungen gelöst werden können. Bei Marx lesen wir dazu: „Erst jetzt die Erfahrung und Beobachtungen – und die necessities des Produktionsprozesses selbst – auf einer Stufenleiter, die wissenschaftliche Applikation erlaubt und notwendig macht."[12] Die allmähliche Entwicklung der Naturwissenschaften wird zur notwendigen Voraussetzung für die Erweiterung der materiellen Produktion.

Die Vorbedingungen dieses Prozesses fallen noch in das 18. Jahrhundert. „Das achtzehnte Jahrhundert faßte die Resultate der bisherigen Geschichte, die bis dahin nur vereinzelt und in der Form der Zufälligkeit aufgetreten waren, zusammen und entwickelte ihre Notwendigkeit und ihre innere Verkettung. Die zahllosen, durcheinander gewürfelten Daten der Erkenntnis wurden geordnet, gesondert und in Kausalverbindungen gebracht; das Wissen wurde Wissenschaft, und die Wissenschaften näherten sich ihrer Vollendung, das heißt knüpften sich auf der einen Seite an die Philosophie, auf der anderen an die Praxis an. Vor dem achtzehnten Jahrhundert gab es keine Wissenschaft; die Erkenntnis der Natur nahm ihre wissenschaftliche Form erst im achtzehnten Jahrhundert an oder in einigen Zweigen ein paar Jahre vorher."[13]

Gleichzeitig stellen wir fest, daß in jener Zeit der Anwendung der Wissenschaft auf die Produktion Grenzen gesetzt waren: Sie wurde nicht so sehr für die Weiterentwicklung der Produktionsprozesse eingesetzt als vielmehr für die Schaffung von Maschinen und anderen Arbeitsmitteln. Die Technik und Technologie hingen noch immer im starken Maße vom unmittelbaren Eingriff des Menschen in die Produktion ab, und nicht von den objektiven wissenschaftlichen Grundlagen der Produktion. Außerdem waren die Wechselbeziehungen zwischen Wissenschaft und Produktion in jener Zeit so beschaffen, daß die Wissenschaft zwar den Forderungen der Technik nachkam, also Magd der Produktion war, aber andererseits von ihr doch

[12] Ebenda.

[13] Marx/Engels, Werke, Band 1, Berlin 1956, S. 599.

mehr empfing, als sie ihr zu geben vermochte. Die Produktion ging der Wissenschaft voraus und bestimmte die Richtungen und Ziele der wissenschaftlichen Erkenntnis.[14]

Die Umwandlung der Wissenschaft in eine unmittelbare Produktivkraft

Jeder, der heute über die gegenwärtige und künftige Entwicklung von Wissenschaft und Technik schreibt, spricht von der Umwandlung der Wissenschaft in eine unmittelbare Produktivkraft als von einem Prozeß, der sich vor unseren Augen vollzieht und in der kommunistischen Produktionsweise seinen Abschluß finden wird. Sinn und Inhalt dieses Prozesses werden unterschiedlich interpretiert, obwohl die Äußerungen im großen und ganzen insgesamt auf das gleiche hinauslaufen.

Als einer der ersten hat sich in der Sowjetunion A. A. Zvorykin in dem Artikel „Wissenschaft und Produktion" ausführlich mit der Umwandlung der Wissenschaft in eine unmittelbare Produktivkraft beschäftigt. Er wies darauf hin, daß man an diese Frage aus historischer Sicht herangehen müsse, und führte dann im einzelnen folgendes aus: „Die Umwandlung der Wissenschaft in eine unmittelbare Produktivkraft wird einer der bedeutsamsten Schritte in der Realisierung der Produktion der kommunistischen Gesellschaft sein. Dieser Prozeß wird durch den Gesamtverlauf der bisherigen Erweiterung der Produktivkräfte vorbereitet und ist im einzelnen an folgende Bedingungen geknüpft: 1. breiteste Entfaltung der Wissenschaft, 2. Veränderung des Charakters der Produktion unter der Einwirkung der Wissenschaft, 3. Veränderung der Stellung und der Rolle des Menschen in der Produktion. Der letzte Punkt ist der wichtigste."[15] Weiter

[14] Die Widersprüche in der Entwicklung der Naturwissenschaften, Moskva 1965, S. 278, 291–292.

[15] Kommunist 4/1962, S. 37. Hier sei vermerkt, daß der Artikel von A. A. Zvorykin nicht frei von Widersprüchen ist. So führt er beispielsweise vor der eben zitierten Stelle aus, daß die „Wissenschaft zur unmittelbaren Produktivkraft erst eigentlich mit dem Aufkommen der Maschine wird". Das war für einige Forscher

führt A. A. Zvorykin aus, daß die Wissenschaft alle Elemente der Produktivkräfte durchdringt. Seine Grundsätze über die Umwandlung der Wissenschaft in eine unmittelbare Produktivkraft entwickelt er in dem Buch „Wissenschaft, Produktion, Arbeit".[16]

S. Chejnman sieht die Umwandlung der Wissenschaft in eine unmittelbare Produktivkraft darin, daß die Wissenschaft eine mächtige Produktionsbasis benötigt und daß die Produktion ihrerseits, da sie auf den Ergebnissen wissenschaftlicher Untersuchungen fußt, im Grunde genommen die materielle Verkörperung der in den wissenschaftlichen Instituten und Laboratorien durchgeführten Untersuchungen ist.[17]

V. Žamin faßt die Umwandlung der Wissenschaft in eine unmittelbare Produktivkraft als einen Prozeß auf, „... der eine entscheidende Bedeutung für die Entwicklung sämtlicher Elemente der Produktion erlangt und die Arbeit des Wissenschaftlers und Forschers zum unerläßlichen Bestandteil der produktiven Arbeit macht."[18] Der Autor spricht von der organischen Einheit von Produktion und wissenschaftlicher Forschung, von der Umwandlung einer jeden Produktionstätigkeit in einen Prozeß des schöpferischen Suchens und von der Herausbildung eines neuen Inhalts des Arbeitsprozesses, in dem Elemente der physischen und geistigen Arbeit organisch miteinander verschmelzen.

I. G. Kurakov, dessen Buch über die Wissenschaft und Technik unter den Bedingungen des Aufbaus des Kommunismus das besondere Kapitel „Die Wissenschaft als unmittelbare Produktivkraft" enthält, führt aus, daß die Wissenschaft nicht nur die Erscheinungen der Natur und der Gesellschaft

Anlaß zu der Behauptung, daß A. A. Zvorykin die Wissenschaft als besonderes Element der Produktivkräfte betrachtet. Den Standpunkt Zvorykins hat M. M. Karpov in seinem Buch „Die grundlegenden Gesetzmäßigkeiten der Entwicklung der Naturwissenschaft" (S. 294–295) einer kritischen Analyse unterzogen.

16 A. A. Zvorykin, Wissenschaft, Produktion, Arbeit, Moskva 1965.

17 S. Chejnman, Die Schaffung der materiell-technischen Basis des Kommunismus und die wissenschaftlich-technische Revolution, in: Kommunist 12/1962, S. 53.

18 V. Žamin, Die Umwandlung der Wissenschaft in eine unmittelbare Produktivkraft, in: Kommunist 10/1963, S. 28.

erforschen und erklären muß, sondern auch Verfahren für den praktischen Einsatz der von ihr entdeckten Entwicklungsgesetze der Natur und der Gesellschaft bereitstellen muß, um die Produktivkräfte kontinuierlich und rasch zu entwickeln. Das ist seiner Meinung nach der Sinn der Umwandlung der Wissenschaft in eine unmittelbare Produktivkraft.[19] Er schreibt: „Die Wissenschaft wird jedoch zur unmittelbaren Produktivkraft nur dann, wenn sie dazu beiträgt, die Arbeitsproduktivität gegenüber dem bereits erreichten Stand noch weiter zu steigern und dadurch die Produktionsmöglichkeiten der Gesellschaft weiter zu vergrößern."[20] Wir sehen also, daß I. G. Kurakov einen etwas anderen Standpunkt als A. A. Zvorykin, S. Chejnman und V. Žamin vertritt. Der gleichen Frage ist der Artikel „Wissenschaft und Produktion" von V. G. Marachov gewidmet. Das Neue in der Entwicklung der Wissenschaft unserer Tage sieht der Autor vor allem darin, daß „. . . einzelne Richtungen der wissenschaftlichen Forschung zu einem einheitlichen Prozeß verschmelzen, der die Produktion und die gesellschaftlichen Verhältnisse umgestaltet und revolutioniert"[21]. Er hebt außerdem den Umstand hervor, daß die immer bessere Nutzung der natürlichen Ressourcen und Arbeitskräftereserven in der gesellschaftlichen Produktion beweist, daß sich die Wissenschaft in eine unmittelbare Produktivkraft umwandelt. Welchen Grad dieser Prozeß erreicht hat, wird dadurch bestimmt, wie weit die Wissenschaft die Bedingungen des gesellschaftlichen Lebens bestimmt. Die Hinweise des Programms der KPdSU, daß die Wissenschaft im Kommunismus im vollen Maße zur unmittelbaren Produktivkraft wird, interpretiert G. V. Marachov als „. . . Frage nach der Herausbildung günstiger technologischer und soziologischer Möglichkeiten für die weitere gegenseitige Durchdringung von Wissenschaft und Produktion"[22].

1963 kam das Buch von J. A. Majzel' „Der Kommunismus und die Umwandlung der Wissenschaft in eine unmittelbare

[19] I. G. Kurakov, Wissenschaft und Technik in der Periode des entfalteten Aufbaus des Kommunismus, Moskva 1963, S. 8.

[20] Ebenda, S. 19.

[21] V. G. Marachov, Wissenschaft und Produktion, in: Voprosy filosofii, 10/1963, S. 4.

[22] Ebenda, S. 12.

Produktivkraft" heraus. Es war dies im Grunde genommen die erste sowjetische Arbeit, die sich ernsthaft und umfassend mit der Wissenschaft als unmittelbarer Produktivkraft beschäftigte.[23] Der Autor analysiert in ihr sehr ausführlich fast sämtliche zu diesem Gegenstand gemachten Äußerungen und weist auf die Bedeutung der Wissenschaft als einheitlicher und spezifischer Erscheinung in der Entwicklung der Gesellschaft hin. Die Ansichten I. A. MAJZEL's lassen sich wie folgt zusammenfassen:

Die Umwandlung der Wissenschaft in eine unmittelbare Produktivkraft ist ein historischer Prozeß, dessen materielle Grundlage die Entwicklung der maschinellen Großindustrie ist. Obwohl die Wissenschaft kein selbständiges Element der Produktivkräfte ist, „durchdringt sie dennoch sämtliche materiellen Elemente der Produktivkräfte, geht in jedes einzelne dieser Elemente ein und bildet somit einen unerläßlichen Bestandteil eines jeden dieser Elemente"[24]. Mit anderen Worten, die Wissenschaft verkörpert sich sowohl in den technischen Mitteln als auch im Menschen, indem sie als geistige Potenz der Produktion und unerläßliche theoretische Grundlage ihrer Entwicklung fungiert. Ferner betont der Autor, daß es erst im Kommunismus möglich sein wird, die Wissenschaft voll zu nutzen, so daß sich ihr gesellschaftliches Wesen erfüllen wird. Ausdruck der neuen Stellung der Wissenschaft im Kommunismus und ihrer neuen Rolle ist ihre vollständige Umwandlung in eine unmittelbare Produktivkraft der Gesellschaft.

Die gleichen Thesen, allerdings noch präziser formuliert, finden sich auch in dem Artikel von I. A. MAJZEL' und J. S. MELEŠČENKO „Die Umwandlung der Wissenschaft in eine unmittelbare Produktivkraft". Die Autoren gehen in diesem

[23] Einige der in diesem Buch dargelegten Grundsätze hatte I. A. Majzel' bereits vorher in seinem Artikel „Die Produktivkräfte der Gesellschaft und die Wissenschaft" (in: Trudy Leningradskogo instituta vodjannogo transporta 1961, Ausg. XXI) und in dem Artikel „Die Umwandlung der Wissenschaft in eine unmittelbare Produktivkraft – eine Gesetzmäßigkeit des Aufbaus des Kommunismus" (in: Učenye zapiski kafedr obščestvennych nauk vuzov Leningrada, Filosofija, IV/1963) formuliert.

[24] I. A. Majzel', Der Kommunismus und die Umwandlung der Wissenschaft in eine unmittelbare Produktivkraft, Moskva 1963, S. 29.

Beitrag zunächst auf die Wechselbeziehungen zwischen Produktivkräften und Wissenschaft ein und untersuchen dann die historischen Bedingungen für die Umwandlung der Wissenschaft in eine unmittelbare Produktivkraft. Abschließend behandeln sie die Besonderheiten der Entwicklung der Wissenschaft im Kapitalismus und im Sozialismus. Sie kommen zu sehr interessanten Schlußfolgerungen:

„1. Die Wissenschaft wird über die Tätigkeit der Menschen und über die Realisierung von Produktionsfunktionen durch die Menschen in die Produktion und in die Produktivkräfte einbezogen. Darüber hinaus materialisiert sich die Wissenschaft in der Produktion über die Arbeitsmittel und über die Arbeitsgegenstände, die durch vergangene menschliche Arbeit geschaffen wurden.

2. Die maschinelle Produktion macht die bewußte Anwendung wissenschaftlicher Kenntnisse erforderlich und hat somit zu einer Tendenz geführt, die Wissenschaft in eine unmittelbare Produktivkraft umzuwandeln.

3. Im Kapitalismus stößt die Tendenz der Umwandlung der Wissenschaft in eine unmittelbare Produktivkraft in ihrer Realisierung auf eine Vielzahl von Hindernissen und Schwierigkeiten. Das ist bedingt durch die Herrschaft des Privateigentums, durch die Umwandlung der Wissenschaft in ein Objekt der Ausbeutung, durch ihre verzerrte und einseitige Entwicklung, die ausgerichtet ist auf die Bedürfnisse des Krieges und die sich gegen die Lebensinteressen und Bedürfnisse der Volksmassen richtet, durch das Fehlen einer planmäßigen Entwicklung der Gesellschaft und durch einen erbitterten Konkurrenzkampf.

4. Die sozialistische und kommunistische Planwirtschaft macht es erforderlich, das gesamte gesellschaftliche Leben auf eine wissenschaftliche Grundlage zu stellen, und sie schafft die günstigsten Voraussetzungen für eine allseitige Entwicklung der Wissenschaft und für die Einführung ihrer Errungenschaften in die Produktion. Im Kommunismus verwandelt sich die Wissenschaft vollständig in eine unmittelbare Produktivkraft."[25]

[25] I. A. Majzel', J. S. Meleščenko, Die Umwandlung der Wissenschaft in eine unmittelbare Produktivkraft, in: Voprosy filosofii, 6/1964, S. 165.

Das Problem der Wissenschaft als einer unmittelbaren Produktivkraft wird auch in dem bereits zitierten Buch von K. Tessmann untersucht. Sein Standpunkt unterscheidet sich eigentlich nicht von den Ansichten einiger sowjetischer Wissenschaftler. Die Umwandlung der Wissenschaft in eine unmittelbare Produktivkraft besteht seiner Meinung nach darin, daß die wissenschaftlichen Errungenschaften ständig und mit maximalem Effekt in der Produktion genutzt werden. Das ist ein Gesetz der wissenschaftlich-technischen Revolution. Im Zusammenhang damit werden sich die Grenzen zwischen Produktionsbetrieb, wissenschaftlichem Institut, Labor und Konstruktionsbüro, die zur Zeit noch bestehen, immer mehr verwischen.[26]

Ihrem Wesen nach laufen die hier angeführten Äußerungen darauf hinaus, daß sich die künftige Produktion noch in stärkerem Maße als bisher auf die Angaben der Wissenschaft stützen wird, daß sie ohne die Wissenschaft nicht denkbar sein wird und daß Produktionsarbeit zugleich auch wissenschaftliche Arbeit sein wird. Die Wissenschaft wird auf die Produktion über alle Elemente der Produktivkräfte einwirken. Sicherlich trifft das alles zu; nur ist es, wie uns scheint, keine Erklärung des Inhalts oder des Wesens der Umwandlung der Wissenschaft in eine unmittelbare Produktivkraft.

Um diese beiden Dinge, nämlich Wesen und Charakter der Umwandlung der Wissenschaft in eine unmittelbare Produktivkraft, zu klären, hat das Institut für Geschichte der Naturwissenschaft und Technik der Akademie der Wissenschaften der UdSSR vom 31. Mai bis 1. Juni 1967 ein spezielles Symposium durchgeführt. Dort wurden folgende Fragen behandelt: Wann setzt der Prozeß der Umwandlung der Wissenschaft in eine unmittelbare Produktivkraft ein? Welches sind das Wesen und die Erscheinungsform dieses Prozesses? Welche Rolle spielen die einzelnen Wissenschaften (darunter auch die Gesellschaftswissenschaften) in diesem Prozeß? An den Diskussionen beteiligten sich B. M. Kedrov, N. I. Rodnyj, B. S. Bibler, V. G. Marachov, I. A. Majzel', L. I. Uvarova, M. M. Karpov, V. P. Grošev, P. I. Valeskaln, V. V. Bykov und andere Forscher. Das Symposium konnte jedoch keinen

[26] K. Tessmann, a. a. O., S. 117.

einheitlichen Standpunkt zu den zur Diskussion stehenden Fragen erarbeiten. Im Gegenteil, es machte klar, welche völlig entgegengesetzten Ansichten existieren, und führte allen vor Augen, daß diese Fragen gründliche und allseitige Untersuchungen erfordern. Im folgenden werden wir unseren Standpunkt zum Wesen und Charakter der Umwandlung der Wissenschaft in eine unmittelbare Produktivkraft darlegen.

Zunächst muß unseres Erachtens jedoch unbedingt geklärt werden, was man unter einer Kraft zu verstehen hat, wenn man davon spricht, daß sich die Wissenschaft in eine unmittelbare Produktivkraft verwandelt. Eine Kraft ist eine Ursache, die auf einen Gegenstand einwirkt und ihn veranlaßt, sich zu bewegen oder seine Bewegung zu verändern. Das heißt also, daß die Wissenschaft durch die Umwandlung in eine Produktivkraft zu einer Ursache für eine Entwicklung wird, nämlich in unserem Falle für die Entwicklung der Produktion. Die Kraft Wissenschaft hat eine ganze Reihe von Ansatzpunkten, die vom jeweiligen Wissensgebiet und von seinen Ergebnissen abhängen. In einer bestimmten historischen Epoche wird die Wissenschaft, wie bereits ausgeführt wurde, zur notwendigen Voraussetzung für die weitere Entwicklung der Produktion. Deshalb sind der Hauptansatzpunkt der Kraft Wissenschaft die Produktivkräfte, und zwar einmal die Produzenten (Erhöhung der Qualifizierung, der Meisterschaft, Erweiterung der Kenntnisse usw.) und zum anderen die technischen Mittel (Schaffung neuer technischer Mittel auf der Grundlage der Errungenschaften der Wissenschaft). Auf den Arbeitsgegenstand wirkt die Wissenschaft hier jedoch nur mittelbar, nämlich über die Produktivkraft Mensch und über die technischen Mittel. Aber die Wissenschaft kann auch unmittelbar auf den Arbeitsgegenstand wirken: Durch die Erforschung der Naturgesetze und -erscheinungen sowie einzelner Stoffe kann die Wissenschaft der Produktion völlig neue und höher entwickelte Arbeitsgegenstände liefern (zum Beispiel synthetische Materialien). Die Wissenschaft kann auch auf die Produktion insgesamt eine unmittelbare Wirkung ausüben, indem sie den technologischen Prozessen und der Leitung des gesamten Produktionsprozesses rationellere Organisationsformen verleiht. Das ist eine der Erscheinungsformen der Wissenschaft als unmittelbare Produktivkraft.

Einen gewissen Einfluß hatte die Wissenschaft auch auf die Herausbildung des maschinellen Fabriksystems ausgeübt. Das beweist aber noch nicht, daß sie bereits *vollständig* zu einer unmittelbaren Produktivkraft geworden war. Um diese Frage klären zu können, wollen wir uns zunächst einigen linguistischen Fragen zuwenden. Wenn sich die Wissenschaft zur Zeit in eine unmittelbare Produktivkraft verwandelt und wenn die Vollendung dieses Prozesses noch bevorsteht, so bedeutet dies, daß sie bisher eine einfache, also nicht eine „unmittelbare" Produktivkraft war, was besagt, daß sie vermittels irgendeiner Sache in Erscheinung und Wirkung trat.

Gewisse Elemente der Umwandlung der Wissenschaft in eine unmittelbare Produktivkraft wurden bereits von Marx für die kapitalistische maschinelle Produktion nachgewiesen. Weiter oben hatten wir bereits erwähnt, daß nach Marx die Ausnutzung der Naturkräfte und -stoffe, die im gewissen Grade dem Kapital zuzurechnen sind, zusammenfällt mit der Entwicklung der Wissenschaft zu einem selbständigen Produktionsfaktor. Mit anderen Worten, die Produktion wird einerseits zur Anwendungssphäre der Wissenschaft, und die Wissenschaft übernimmt andererseits gewisse Funktionen des Produktionsprozesses. Weiter führt K. Marx folgendes aus: „Erst die kapitalistische Produktionsweise macht die Naturwissenschaften dem unmittelbaren Produktionsprozeß dienstbar, während umgekehrt die Entwicklung der Produktion das Mittel zur theoretischen Unterwerfung der Natur liefert. Die Wissenschaft erhält den Beruf Produktionsmittel des Reichtums zu sein, Mittel der Bereicherung.
Erst in dieser Produktionsweise stellen sich praktische Probleme dar, die nur wissenschaftlich gelöst werden können. Erst jetzt die Erfahrung und Beobachtungen – und die necessities des Produktionsprozesses selbst – auf einer Stufenleiter, die wissenschaftliche Applikation erlaubt und notwendig macht. *Exploitation der Wissenschaft*, des theoretischen Fortschritts der Menschheit. Das Kapital schafft die Wissenschaft nicht aber es exploitiert sie, eignet sie dem Produktionsprozess an."

Und das wichtigste: „Damit zugleich *Trennung der Wissenschaft*, als auf die Produktion *angewandter Wissenschaft* von der *unmittelbaren Arbeit*, während auf den früheren Stufen der Produktion, beschränktes Maß der Kenntnis und Erfahrung unmittelbar mit der Arbeit selbst verbunden ist, sich nicht als von ihr getrennte, selbständige Macht entwickelt, daher im Ganzen nie hinauskommt über traditionelle fortgeübte und nur sehr langsam und im Kleinen sich erweiternde Rezeptsammlung. (Erfahrungsgemäße Erlernung der mysteries of each – handicraft). Hand und Kopf nicht getrennt."[27]

Das ist die umfassendste Darlegung, die wir von MARX über die Umwandlung der Wissenschaft in eine unmittelbare Produktivkraft kennen. Hier spricht MARX erstens nicht von der Wissenschaft schlechthin, sondern lediglich von der Wissenschaft, die in der Produktion angewandt wird; zweitens führt er aus, daß der Produktionsprozeß zur Anwendungssphäre der Wissenschaft wird, und schließlich drittens, daß es zu dieser Anwendung in der Entwicklung der Wissenschaft und der Produktion dann kommt, wenn die Wissenschaft zu einem selbständigen Faktor des Produktionsprozesses wird. MARX verwendet sogar das Wort „selbständig", und nicht „unmittelbar". Das Wort „selbständig" steht aber immer dem Wort „unselbständig", das heißt „abhängig" gegenüber.

Worin äußert sich aber die Abhängigkeit der Wissenschaft? Von welcher Abhängigkeit hatte sie sich zu befreien, um selbständig bzw. zu einem selbständigen Faktor zu werden? Die Wissenschaft wird unabhängig von der lebendigen Arbeit, oder genauer, von der unmittelbaren lebendigen Arbeit, nämlich von *der unmittelbaren Arbeit des Menschen, und nicht von seiner Arbeit schlechthin.* Die Wissenschaft, die ehedem mit der unmittelbaren Arbeit des Menschen verknüpft war, trennt sich von ihr und wirkt unabhängig von ihr, das heißt selbständig und unmittelbar. Und eben das ist die Umwandlung der Wissenschaft in eine unmittelbare Produktivkraft.

Wie ist nun dieser Umwandlungsprozeß in seiner Realität aufzufassen? Die Wissenschaft wird in der maschinellen Produktion vermittels Maschinen und technologischer Prozesse ausgenutzt. Bereits im 19. Jahrhundert konnten Maschinen nicht mehr ohne wissenschaftliche Angaben gebaut werden.

[27] K. Marx, Zur Kritik der Politischen Ökonomie (1861–1863), Heft XX, S. 1261, 1262, in: Kommunist, 7/1958, S. 22.

Deshalb steht im Kapitalismus nach den Worten von MARX die Wissenschaft genauso wie die Maschine dem Arbeiter gegenüber als „eine der Arbeit fremde und feindliche Kraft, die sie beherrscht“[28]. Die Wissenschaft ist somit in der maschinellen Produktion eine Produktivkraft, aber eine unmittelbare Produktivkraft kann sie nicht werden, da sie genauso wie die Maschinen „lebendige Anhängsel“, sprich Arbeiter, benötigt und folglich in der Produktion nicht unmittelbar, sondern nur vermittels dieser Anhängsel eingesetzt werden kann. Sie ist nicht von der unmittelbaren Arbeit befreit, sondern tritt vielmehr in einer eigenartigen Verknüpfung von Arbeit und Naturwissenschaften in Erscheinung.[29]

Dies gilt auch für den Sozialismus, bis auf die eine Ausnahme, daß die Wissenschaft ebenso wie die Maschine nicht mehr dem Arbeiter entgegensteht und keine der „Arbeit fremde und feindliche Kraft ist, die sie beherrscht“. Doch noch immer gibt es die Verbindung von Arbeit und Naturwissenschaft.[30]

Sinn und Inhalt der Umwandlung der Wissenschaft in eine unmittelbare Produktivkraft ist nicht die Einheit von Wissenschaft und Arbeit und auch nicht die verstärkte Anwendung der Wissenschaft im Prozeß der lebendigen Arbeit, sondern gerade ein diametral entgegengesetzter Prozeß, nämlich die völlige Trennung der Wissenschaft von der unmittelbaren lebendigen Arbeit. Arbeitet ein Arbeiter an einer Werkzeugmaschine, so hängt das qualitative und quantitative Arbeitsergebnis mit der Produktivität seiner Arbeit zusammen. Werden die Erzeugnisse hingegen auf einer automatischen Fertigungsstraße hergestellt, so fehlt die unmittelbare lebendige Arbeit des Menschen vollständig, und als Ursache für die Produktivität dieser Fertigungsstraße fungiert jener Vorrat an menschlichem Wissen (und zwar nicht als Wissen eines einzelnen Menschen, sondern als ein Teil des von der gesamten Menschheit akkumulierten Wissens, also des geistigen Gesamtproduktes der gesellschaftlichen Entwicklung, bzw. des

[28] Ebenda, S. 22–23.

[29] Marx/Engels, Werke, Band 25, Berlin 1964, S. 277

[30] K. Marx, Zur Kritik der Politischen Ökonomie (1861–1863), Heft XX, S. 1262, in: Kommunist, 7/1958, S. 22–23.

Gesamtintellekts), der sich in dieser Fertigungsstraße niedergeschlagen hat und ihre Mechanismen zwingt, gewissermaßen bewußt diese oder jene Operation auszuführen.

Abstrakte wissenschaftliche Kenntnisse haben stets einen ganz bestimmten Rahmen, sie werden auf konkrete Produktionsbedingungen angewandt, gehen in Apparate und Vorrichtungen ein und zwingen sie, anstelle des Menschen „vernünftige", das heißt „bewußte" Tätigkeiten auszuführen. „Das geistige Gesamtprodukt der gesellschaftlichen Entwicklung" (die Wissenschaft) trennt sich von der lebendigen Arbeit des einzelnen Menschen und wird zum selbständigen Faktor des Produktionsprozesses, wo er als unmittelbare Produktivkraft tätig wird. Apparate, Vorrichtungen und kybernetische Geräte, die mit Hilfe von Rückkopplungen und anderen Gliedern logische Produktionsfunktionen übernehmen können (Einschalten und Abschalten bestimmter Motoren zum erforderlichen Zeitpunkt, Veränderung der Arbeit einer Fertigungsstraße in Abhängigkeit von auftretenden Bedingungen, Kontrolle der Werkstücke während der Bearbeitung, Sortieren der Erzeugnisse nach Abmessungen und anderen Parametern), sind an die Stelle des Menschen getreten und fungieren als materielle Träger des geistigen Elements der Produktion (der Wissenschaft), so daß die Wissenschaft unmittelbar, das heißt ohne die lebendige Arbeit des Menschen wirkt.

Die Automatisierung der Produktion ist die dingliche Erscheinungsform der Umwandlung der Wissenschaft in eine unmittelbare Produktivkraft. Dieser Prozeß setzt bereits im maschinellen Fabriksystem ein. Um jedoch die Wissenschaft vollends zur unmittelbaren Produktivkraft zu machen, ist die unmittelbare menschliche Arbeit in den Produktionsprozessen gänzlich durch technische Mittel zu ersetzen, so daß der Mensch aus dem unmittelbaren Produktionsprozeß ausscheidet und alle seine Produktionsfunktionen an technische Mittel übergehen, die auf der Grundlage der Errungenschaften von Wissenschaft und Technik entstanden sind. Das wird der Fall sein in der komplexautomatisierten Produktion der kommunistischen Gesellschaft. In ihr werden sämtliche grundlegenden materiellen Güter für den Massenbedarf, und zwar sowohl für die einzelnen Mitglieder der Gesellschaft als auch für die Produktion selbst, unter Anwendung der Komplexautomatisierung hergestellt werden. Neben dieser Massenproduktion wird es Versuchsbetriebe geben, in denen neue technische Mittel sowie neue technologische Prozesse und Materialien entwickelt werden. Gleichzeitig wird es Produktionsbetriebe geben, die Einzelprodukte herstellen, die sich nicht vollautomatisiert fertigen lassen. In ihnen wird der Mensch am unmittelbaren Arbeitszyklus teilnehmen müssen. Viele Funktionen werden auch weiterhin die Menschen ausführen, so daß die physische Arbeit erhalten bleibt, die allerdings ihrem Wesen nach schöpferische Arbeit sein wird. Die Freisetzung des Menschen von der unmittelbaren materiellen Produktion wird die Anzahl der Wissenschaftler und Ingenieure vergrößern. Bereits heute arbeiten in der Wissenschaft auf der ganzen Welt insgesamt drei Millionen Menschen, das sind 90 Prozent aller bisher in der Geschichte der Menschheit in der Wissenschaft tätig gewesenen Menschen. In der UdSSR verdoppelt sich die Anzahl der Wissenschaftler alle 7 Jahre, in den USA alle 10 Jahre und in den westeuropäischen Ländern im Durchschnitt alle 15 Jahre. Dabei übertrifft die UdSSR hinsichtlich der Anzahl der Wissenschaftler die USA. Ende 1969 gab es in der UdSSR 870000 Wissenschaftler, das ist ein Viertel aller in der Wissenschaft Tätigen der Welt. Die zahlenmäßige Zunahme der in der Wissenschaft Beschäftigten ist aber nur eine Bedingung für das Wachstum der Wissenschaft. Die technische Ausstattung der Wissenschaft legt in weit stärkerem Maße Zeugnis von ihrem stürmischen Wachstum ab.

Die Wissenschaft wird in den Produktionsprozessen, aus denen der Mensch ausgeschieden ist, zur unmittelbaren Produktivkraft. Darüber hinaus wird sie in jedem anderen Tätigkeitsbereich des Menschen einen außerordentlich wichtigen Platz einnehmen. So wird die Arbeit des Konstrukteurs, des Einrichters und der Bedienungskraft auf wissenschaftlichen Errungenschaften beruhen und damit zugleich wissenschaftliche Arbeit sein. Es wird dies eine Produktion sein, die MARX als „Experimentalwissenschaft, materiell schöpferische und sich vergegenständlichende Wissenschaft“[31] bezeichnet hat.

[31] K. Marx, Grundrisse der Kritik der Politischen Ökonomie, Berlin 1953, S. 599–600.

Damit ist aber nicht die ganze Bedeutung, die die Wissenschaft als besondre Kraft für den gesellschaftlichen Fortschritt hat, erschöpft. In der Periode des umfassenden Aufbaus des Kommunismus ist sie eine grundlegende Kraft, die zur Herausbildung einer wissenschaftlichen Weltanschauung bei allen werktätigen Menschen der Gesellschaft beiträgt. Nur wenn die Errungenschaften der Wissenschaft voll genutzt werden, kann man im Kommunismus alle Menschen zu allseitig gebildeten hochentwickelten Arbeitskräften machen, die unter den neuen Bedingungen, in denen es in der Produktionstätigkeit des Menschen zu einer organischen Verschmelzung von geistiger und körperlicher Arbeit kommt, zu arbeiten in der Lage sind. Auch hier tritt die Wissenschaft als unmittelbare Kraft auf, die auf das Bewußtsein der Menschen einwirkt.

Bereits im Sozialismus, besonders aber in der Periode der Errichtung der kommunistischen Gesellschaft, wenn es also in der Entwicklung der Wirtschaft keine spontanen Prozesse mehr gibt, wird die Wissenschaft zur entscheidenden Kraft in der bewußten Organisation der Produktion und des gesamten gesellschaftlichen Lebens. Deshalb wird die Schaffung riesiger Produktivkräfte und die Nutzung der Errungenschaften der Wissenschaft die allmähliche Umgestaltung der sozialistischen gesellschaftlichen Verhältnisse in kommunistische ermöglichen. Die Wissenschaft wirkt als entscheidende Kraft auf die Produktion auch in der Hinsicht ein, daß mit ihrer Hilfe rationelle Organisationsformen und effektive Leitungsmethoden innerhalb des Einzelbetriebes und im Rahmen der gesamten Volkswirtschaft entwickelt werden können. Außerdem wird die Forschungstätigkeit neue Probleme in der Wissenschaft selbst aufwerfen und zur Schaffung neuer Forschungsmittel führen. Die Wissenschaft wird deshalb auch für ihre eigene Entwicklung zu einer großen Kraft.

Das alles läßt uns zu Recht die Feststellung treffen, daß sich die Wissenschaft zur Zeit in ein *Element der Produktivkräfte* verwandelt und zusammen mit der Produktivkraft Mensch und den technischen Mitteln auf den Arbeitsgegenstand einwirkt. Gleichzeitig wird die Wissenschaft zu einer Kraft, die alle Seiten des gesellschaftlichen Lebens beeinflußt. Sie wirkt auf den Arbeitsgegenstand nicht mehr mittelbar über den

Produzenten, wie dies im maschinellen Fabriksystem der Fall war, sondern unmittelbar, da der Produzent unter den Bedingungen der komplexautomatisierten Produktion keine direkten Arbeitsfunktionen mehr ausführt.

Somit hängt der Übergang von der Wissenschaft, die auf die Produktion angewandt wird, zu einer Wissenschaft, die eine unmittelbare Produktivkraft ist, auf das engste mit der stürmischen Entwicklung eben dieser Wissenschaft selbst zusammen, nämlich damit, daß die Arbeit des Menschen, das heißt des Konstrukteurs, des Technologen, des Produktionsingenieurs, des Einrichters, der Bedienungskraft, des Planers, des Ökonomen, des Leiters und anderer wissenschaftliche Arbeit wird und die Arbeit des Wissenschaftlers gleichzeitig Produktionsarbeit. Alles dies bestimmt die Umwandlung der Wissenschaft als einer auf die Produktion angewandten Kraft in eine unmittelbare Produktivkraft, die Teil des Gesamtprozesses wird, nämlich der Schaffung der technischen und wissenschaftlichen Voraussetzungen für die vollautomatische Produktion. Eben aus diesem Grunde ist die Umwandlung der Wissenschaft in eine unmittelbare Produktivkraft eine charakteristische Besonderheit der gegenwärtigen wissenschaftlich-technischen Revolution.

Auf dem XXIII. Parteitag der KPdSU wurde hervorgehoben, daß die Wissenschaft gegenwärtig einen entscheidenden Einfluß auf die Produktion und auf sämtliche Bereiche der menschlichen Tätigkeit ausübt. Sie vermag nicht nur die Industrie, den Transport und die Landwirtschaft umzugestalten, sondern auch den Dienstleistungsbereich, das tägliche Leben und die Kultur. Die wachsende Bedeutung der Wissenschaft macht es erforderlich, zunächst zahlreiche kompliziertere Probleme der Wissenschaft selbst zu lösen. Wir verfügen noch nicht über hinreichend effektive Methoden, um die Wissenschaft als eine spezifische gesellschaftliche Erscheinung untersuchen zu können. Wir müssen die Effektivität der wissenschaftlichen Forschung wesentlich steigern, die Einführung der Errungenschaften von Wissenschaft und Technik in die Produktion beschleunigen, den Ausbildungsstand der wissenschaftlichen Kader anheben, optimale Organisationsformen für wissenschaftliche Kollektive und Forschungsvorhaben ausarbeiten und die Leitung der Wissenschaft verbessern. Große Bedeutung erlangt dabei die Ausarbeitung wissenschaftlich begründeter Kriterien für die Bewertung der Effektivität wissenschaftlicher Untersuchungen und der Produktivität wissenschaftlicher Kollektive (Institute, Laboratorien, Abteilungen) sowie einzelner Wissenschaftler.[32]

Die Kommunistische Partei und die Regierung, die die zukunftweisenden Richtungen in der Entwicklung von Wissenschaft und Technik allseitig unterstützen, weisen dabei auf die Bedeutung des immer stärker werdenden Zusammenhangs zwischen Wissenschaft und Produktion hin und fordern die Wissenschaftler auf, die Effektivität ihrer Forschungsarbeit zu erhöhen und in sämtlichen Volkswirtschaftszweigen neue Entdeckungen und Erfindungen rascher auszunutzen. Die Anstrengungen der Wissenschaftler sind auf die wichtigsten Probleme zu konzentrieren, und Doppelungen sind zu vermeiden. Die Lösung dieser vor der Wissenschaft stehenden Aufgaben wird dazu beitragen, durch den Einsatz der neuen Technik, durch die Vervollkommnung der Organisation und der Leitungsformen der Produktion und durch die Senkung des Aufwandes an Material und Arbeitskraft pro Produkteneinheit die Arbeitsproduktivität zu steigern. Große Bedeutung hat die Wissenschaft auch für die Verwirklichung der von der Regierung und der Partei angestrebten ökonomischen Reformen. Die 1968 vom ZK der KPdSU und vom Ministerrat angenommene Entschließung über die Steigerung der Effektivität der wissenschaftlichen Forschung und die rasche Einführung ihrer Ergebnisse in die Praxis nennt einen umfassenden Komplex von Maßnahmen, die auf die weitere Entwicklung von Wissenschaft und Technik in unserem Lande gerichtet sind.

Mit dem Sieg der Großen Sozialistischen Oktoberrevolution und der Errichtung des gesellschaftlichen Eigentums an den Produktionsmitteln begann das Gesetz der planmäßigen proportionalen Entwicklung der Volkswirtschaft zu wirken. Es machte ein neues Herangehen an die Entwicklung der Wissenschaft erforderlich, die Begründung einer einheitlichen und planmäßigen Entwicklung aller Wissensgebiete und die Wahrung richtiger Proportionen in der Einführung der neuen

[32] G. M. Dobrov, Nauka o nauke, Kiev 1966 (deutsch: Wissenschaftswissenschaft, Berlin 1969).

Technik in die verschiedenen Volkswirtschaftszweige. Die Entwicklung der sozialistischen Wirtschaft nach einem einheitlichen Plan gibt die Möglichkeit, große wissenschaftliche Aufgaben zu stellen und zu lösen und die neue Technik an der gesamten Front der miteinander verbundenen Betriebe einzuführen.

Unter den Bedingungen der gegenwärtigen wissenschaftlich-technischen Revolution ist nicht nur der technische Fortschritt zu planen, sondern es sind auch langfristige Prognosen über die Entwicklung der Wissenschaft aufzustellen. Das setzt aber wissenschaftlich begründete Methoden voraus, mit denen sich die Perspektiven des wissenschaftlich-technischen Fortschritts und die sozialen Folgen, die mit der praktischen Nutzung von Entdeckungen und Erfindungen einhergehen, eindeutig bestimmen lassen.

Die grundlegenden Richtungen der gegenwärtigen wissenschaftlich-technischen Revolution

Nachdem wir das Wesen und die charakteristischen Besonderheiten der gegenwärtigen wissenschaftlich-technischen Revolution dargelegt haben, können wir uns nun den grundlegenden Richtungen in der Entwicklung von Wissenschaft und Technik zuwenden, die die zur Zeit in den Produktivkräften stattfindende Umwälzung bestimmen. Weiter oben hatten wir bereits darauf hingewiesen, daß nicht alle Erfindungen und Entdeckungen die Produktionsweise revolutionieren und zu den erforderlichen wissenschaftlichen und technischen Bedingungen für den Übergang vom maschinellen Fabriksystem zur komplexautomatisierten Produktion gehören. Deshalb sind aus der Fülle der Erfindungen und Entdeckungen jene herauszugreifen, die die Automatisierung der Produktionsprozesse vorantreiben und die erforderlichen technischen Mittel schaffen, um sämtliche Produktionsfunktionen des Menschen zu ersetzen und den Menschen des Eingriffes in den unmittelbaren Produktionsprozeß in dem Sinne zu entheben, daß er in den Betriebsabteilungen keinerlei Funktionen in der Technologie, der Kontrolle, der Steuerung und der Logik des Ablaufs mehr ausführen muß, die die Arbeit von Maschinen und Mechanismen ergänzen.

Wenn sich in der technischen Revolution Ende des 18. und Anfang des 19. Jahrhunderts noch klar drei Hauptrichtungen erkennen ließen, nämlich die Anwendung von Arbeitsmaschinen in der Textilindustrie, die Schaffung einer universellen Wärmekraftmaschine und der Einsatz von Arbeitsmaschinen im Maschinenbau, so läßt sich unter den Bedingungen der gegenwärtigen wissenschaftlich-technischen Revolution keine genaue begrenzte Anzahl von Erfindungen nennen, die die grundlegenden Umwälzungen in der Produktion bestimmen würden.

Das hat verschiedene Ursachen: Erstens ist die moderne Produktion weitaus komplizierter geworden; zweitens ist das Entwicklungstempo der Produktivkräfte ungewöhnlich hoch; drittens finden fast gleichzeitig Veränderungen in allen Sphären der menschlichen Tätigkeit statt, und viertens fehlt es an einer hinreichend weiten historischen Perspektive, die es erlauben würde, an die Erscheinungen der Gegenwart kritisch heranzugehen.

Doch sind heute bestimmte grundlegende Richtungen der gegenwärtigen wissenschaftlich-technischen Revolution bereits klar zu erkennen. Wir meinen die erweiterte Verwendung der Elektroenergie, die friedliche Nutzung der Atomenergie, das Eindringen der Elektronik in die verschiedenen Bereiche der menschlichen Tätigkeit, die Verbesserung natürlicher und die Schaffung künstlicher Werkstoffe sowie die Erschließung des Kosmos. Diese Richtungen revolutionieren zum einen sämtliche Volkswirtschaftszweige und wirken zum anderen als ein kolossal beschleunigendes Element des wissenschaftlich-technischen Fortschritts. Außerdem kommen gerade in diesen Richtungen die neuesten Errungenschaften von Wissenschaft und Technik voll zur Geltung.

Die naturwissenschaftlichen Grundlagen der gegenwärtigen wissenschaftlich-technischen Revolution

Heute vollziehen sich in allen naturwissenschaftlichen und technischen Disziplinen revolutionäre Umwälzungen, die es erlauben, von einer Revolution in der Wissenschaft selbst zu sprechen. Die naturwissenschaftlichen Grundlagen der gegenwärtigen wissenschaftlich-technischen Revolution kommen vor allem aus der Mathematik, der Physik (besonders der Physik der Elementarteilchen, der Kernphysik und der Festkörperphysik), der Chemie, der Kybernetik und der Biologie. Letztere hat in jüngster Zeit besondere Erfolge in der Erforschung von Gesetzmäßigkeiten zu verzeichnen, die die Entstehung und die Entwicklung des Lebens betreffen.[1]

[1] M. V. Keldyš, Die Naturwissenschaften und ihre Bedeutung für die Entwicklung der Weltanschauung und des technischen Fortschritts, in: Kommunist 17/1966.

Die Revolution in der Wissenschaft, die Ende des 19. Jahrhunderts mit einer Revolution in der Physik begann, hat nach und nach auf immer mehr Wissensgebiete übergegriffen. Die grundlegenden Veränderungen in den einzelnen Disziplinen, die ihre Ursachen einmal in den gewaltigen Entdeckungen und zum anderen in der Entstehung neuer Theorien hatten, haben jedoch die Produktionsweise nicht mit einem Schlage revolutioniert. Es mußte erst eine gewisse Zeit verstreichen, ehe diese Entdeckungen und Theorien in neuen technischen Mitteln, in neuen Arbeitsgegenständen und in neuen Organisationsformen der Produktion ihren Niederschlag finden konnten. Obwohl sich die gegenwärtige wissenschaftlich-technische Revolution durch die rasche Ausnutzung von wissenschaftlichen Entdeckungen in der Praxis auszeichnet, ist dennoch stets eine bestimmte Zeit erforderlich, um neue technische Mittel zu entwickeln und praktisch einzusetzen. So vergingen beispielsweise zwischen der Entdeckung des Transistoreffekts in Halbleitern und ihrer praktischen Ausnutzung in Transistorgeräten, darunter auch Automatisierungssystemen, mehrere Jahre.

Gegenwärtig lassen sich nur schwer diejenigen Entdeckungen konkret benennen, die die naturwissenschaftlichen Grundlagen der gegenwärtigen wissenschaftlich-technischen Revolution bilden. Doch kann man gewisse Wissensgebiete anführen, von denen entscheidende Impulse für den wissenschaftlich-technischen Fortschritt ausgehen, die nicht nur die Wissenschaft selbst, sondern auch die Produktionsweise revolutionieren.

Die Erfolge der mathematischen Wissenschaften haben im großen Maße dazu beigetragen, mathematische Verfahren in die verschiedensten naturwissenschaftlichen, technischen und geisteswissenschaftlichen Disziplinen einzuführen. Die Anwendung der Mathematik in der Technik und in der Ökonomie hat zu einer wechselseitigen Befruchtung von Ideen und zur Ausarbeitung allgemeiner Methoden und Begriffe beigetragen, deren man sich heute mit großem Erfolg in den verschiedensten Bereichen der Wissenschaft, der Technik und der Produktion bedient. Die großen Entdeckungen auf dem Gebiete der Kernphysik haben dazu beigetragen, daß grundlegende Naturgesetze entdeckt und neue Einsichten in verschiedene Erscheinungen, Gesetze und Prozesse gewonnen wurden. Das hat nicht nur die Naturwissenschaften selbst revolutioniert, sondern auch der Technik neue Möglichkeiten eröffnet. Eine der wichtigsten Leistungen der modernen Physik ist darin zu sehen, daß sie neue Prinzipien für die Ausarbeitung von Forschungsmethoden und -mitteln entdeckt hat. Ihre Anwendung hat über die verschiedenen Gebiete von Wissenschaft und Technik bereits revolutionierend in die Produktion eingegriffen.

Die größten Errungenschaften aus der Theorie der chemischen Struktur, der Kinetik, der Katalyse, dem Gebiet der hochmolekularen Verbindungen, der Petrolchemie und anderer Zweige haben auch der Chemie neue Wege erschlossen. So wurden neue Materialien wie Plaste, Faser, synthetische Harze, Gummi, Deckmassen und andere Syntetika entwickelt, die bereits in breitem Maßstab industriell genutzt werden. In letzter Zeit wurden besonders in der Chemie hochmolekularer Verbindungen mit der Bereitstellung neuer Stoffe unterschiedlichster Beschaffenheit gewaltige Fortschritte für die moderne Technik und den modernen Haushalt erzielt.

Die Forschungstätigkeit auf dem Gebiet der Festkörperphysik und der Chemie hat es möglich gemacht, Metalle und Legierungen mit genau vorgegebenen Eigenschaften, zum Beispiel vorgeschriebener Festigkeit, herzustellen, die den theoretischen Parametern außerordentlich nahekommen. Gleichzeitig können Aufgaben gelöst werden, die die Verbesserung der traditionellen Materialien betreffen. Die moderne Chemie untersucht und erkennt Gesetzmäßigkeiten, nach denen chemische Reaktionen ablaufen, so daß die Möglichkeit gegeben ist, die Reaktionen zu steuern und neue chemische Technologien zu entwickeln. Die Erfolge die Biologie, die Ausnutzung der Errungenschaften der Chemie, der Physik und der Mathematik in diesem Wissenszweig haben auch hier grundlegende Änderungen herbeigeführt. Zur Zeit laufen umfassende Untersuchungen über das Wesen des Lebens und der Lebenstätigkeiten, wobei der Mikrowelt der Zelle ganz besondere Aufmerksamkeit geschenkt wird. Dadurch lassen sich die Gesetzmäßigkeiten erkennen, die die lebende Natur beherrschen. Es entstehen neue Wissensgebiete, wie die Molekularbiologie, die Methoden und Daten der Chemie, der Physik und der Biologie in sich vereinen. Auch die neuesten Ergebnisse der Genetik sind von großer Tragweite für die Praxis, da sie die Züchtung neuer Sorten landwirtschaftlicher Kulturen und die Selektion von Mikroorganismen ermöglichten.

Die moderne Wissenschaft ist im Begriff, kompliziertestе Probleme bei der Gewinnung synthetischer Nährstoffe zu lösen und damit der Erweiterung der Lebensmittelressourcen der Welt ungeahnte Perspektiven zu eröffnen. Zusammen mit den Leistungen der Genetik revolutionieren diese Dinge nicht nur die Wissenschaft, sondern sie vermehren auch die Quellen zur Beschaffung von Lebensmitteln und industriellen Rohstoffen.

Das neue Niveau der Produktivkräfte, die neuen in der zweiten Hälfte des 20. Jahrhunderts entstandenen Entwicklungsbedingungen und die großen Leistungen von Wissenschaft und Technik machen es erforderlich, die Logik zahlreicher Prozesse in Natur und Gesellschaft zu erforschen und Verfahren zur Steuerung und Realisierung dieser Prozesse auszuarbeiten. Eine dieser neuen Disziplinen, die Kybernetik, hat sich auf Grund ihrer großen Erfolge rasch einen führenden Platz in den Wissenszweigen erobert, die die naturwissenschaftliche Grundlage der gegenwärtigen wissenschaftlich-technischen Revolution bilden. Ihren raschen Aufschwung hat sie unter anderem der breiten Anwendung elektronischer Rechenanlagen zu verdanken, mit denen sich selbst die kompliziertesten Aufgaben lösen lassen, mit denen wir es heute in allen Bereichen der menschlichen Tätigkeit zu tun haben.

Die epochemachenden Leistungen der Mathematik, Physik, Chemie, Biologie und Kybernetik fließen zusammen in der Erschließung des Kosmos, die nicht allein die Erforschung derjenigen Naturgesetze zum Ziele hat, die diesen Kosmos beherrschen. Schließlich kommen schon heute die Ergebnisse der Raumforschung dem Radio und Fernsehen, der Wettervorhersage und der Lösung verschiedener Transportprobleme zugute.

Eine Besonderheit der modernen Wissenschaft sind ihre neuen Forschungsmittel, die ihrerseits zur stürmischen Entwicklung von Wissenschaft und Technik beitragen. Die moderne Rechentechnik, die Elektronik, verschiedene physikalische Geräte, die Kernstrahlung und anderes bringen völlig neue Untersuchungsverfahren mit sich und beschleunigen Vorhaben, die früher einen großen Aufwand an qualifizierter Arbeit benötigten. Das Wichtigste ist jedoch, daß diese neuen Forschungsmittel Möglichkeiten bieten, in die tiefsten Geheimnisse der Natur einzudringen und Entdeckungen zu machen, die die herkömmlichen Vorstellungen von der Welt von Grund auf ändern.

Eine weitere charakteristische Besonderheit der modernen Wissenschaft besteht in den Wechselbeziehungen zwischen den einzelnen Wissensgebieten, in der Übertragung von Forschungsmethoden aus einem Wissenschaftszweig in einen anderen. Dadurch kommt es zu bedeutsamen Entdeckungen an den Nahtstellen zwischen den einzelnen Disziplinen, und die Folge ist die Herausbildung solcher neuer Wissenschaften wie Geochemie, Biochemie, Biophysik, Bionik usw. In diesen Grenzwissenschaften werden nicht nur alles überragende Entdeckungen gemacht, sondern auch neue, bis dahin noch nie gekannte Möglichkeiten erschlossen, Gesetze und Erscheinungen der Natur der Befriedigung der materiellen und kulturellen Bedürfnisse der Menschen dienstbar zu machen.

Die Entwicklung der Produktion hängt heute und in Zukunft in immer stärkerem Maße davon ab, wie rasch die Wissenschaft in der Erkenntnis der Naturgesetze und -erscheinungen voranschreitet. In diesem Sinne kommt es zu einer immer stärkeren Annäherung zwischen den Naturwissenschaften und den technischen Disziplinen, und wir sind bereits Zeuge der Verschmelzung naturwissenschaftlicher und technischer Bereiche. Unter den Bedingungen der gegenwärtigen wissenschaftlich-technischen Revolution sind Wissenschaft und Technik derart eng miteinander verschmolzen, daß sie eine Einheit der Erkenntnis und Anwendung der Stoffe und Kräfte der Natur durch den Menschen bilden.

Die erweiterte Anwendung der Elektroenergie als Grundlage für die Entwicklung der wichtigsten Produktionszweige in der gegenwärtigen wissenschaftlich-technischen Revolution

Die Energiewirtschaft, vor allem aber die Erzeugung von Elektroenergie, ist zu einem führenden Zweig der Volkswirtschaft geworden und entwickelt sich schneller als alle anderen

Zweige. Auf die Notwendigkeit der vorrangigen Entwicklung der Elektroenergieerzeugung wird auch in den Direktiven des XXIII. Parteitages der KPdSU über den Fünfjahrplan zur Entwicklung der Volkswirtschaft der UdSSR von 1966 bis 1970 hingewiesen, da die Herstellung einer ganzen Reihe von Erzeugnissen und die Umstellung vieler technologischer Prozesse die revolutionierende Rolle der breiten Anwendung der Elektroenergie und ihre gewaltige Bedeutung für die Steigerung der Produktivität der gesellschaftlichen Arbeit zur Grundlage hat. Galt bis vor kurzem die Maschine noch als eine Vorrichtung, die lediglich Energie benötigte und Produkte ausstieß, so verarbeitet die moderne Maschine auch die für die Herstellungsprozesse erforderliche Information. Dabei ist aber direkt elektrische Energie beteiligt, nämlich als Kommunikationsmedium und als Bestandteil vieler technologischer Prozesse.

Die Entwicklung neuer Materialien und Erzeugnisse, neue technologische Prozesse, die Automatisierung der Produktion und schließlich auch die Informationsverarbeitung sowie Steuerung und Regelung beruhen allesamt auf der Elektroenergie und vor allem auf ihrer technologischen Nutzung. Der breite Einsatz der Elektroenergie führt außerdem zu einer effektiveren Standortverteilung der Produktivkräfte und zu einer besseren Ausnutzung der natürlichen Energieressourcen. ENGELS wies bereits Anfang der achtziger Jahre des vorigen Jahrhunderts, als er sich mit den ersten Versuchen der Übertragung von Elektroenergie auseinandersetzte, darauf hin, daß die Elektroenergie jene Kraft sein wird, die die Industrie fast gänzlich von allen Fesseln befreit und sich selbst zu einem mächtigen Hebel für die Überwindung des Gegensatzes zwischen Stadt und Land entwickelt.[2]

Die Vorstellungen von MARX und ENGELS über die Rolle der Elektroenergie in der Entwicklung der Produktivkräfte wurden von V. I. LENIN in einer neuen historischen Epoche weiterentwickelt. Zu Beginn des 20. Jahrhunderts hatte die Elektroenergie bereits bedeutsame Erfolge zu verzeichnen, und die Probleme der Elektrifizierung, vor allem die breite industrielle Anwendung elektrischer Kraftmaschinen, be-

[2] Siehe: Marx/Engels, Werke, Band 35, Berlin 1967, S. 445.

gannen eine entscheidende Rolle zu spielen. Die Anzahl der Elektrokraftwerke nahm zu, und es setzte die Entwicklung von Energiesystemen ein. Es war dies die Entstehungszeit der modernen Elektroenergieerzeugung, in der Dampf- und Wasserturbinen die Generatoren trieben. Außerdem war es die Zeit, in der die Drehstromtechnik gemeistert wurde. Die moderne Entwicklung der Elektroenergie hatte begonnen, das heißt eine Epoche der allseitigen Anwendung der Elektrizität als Energiebasis der neuen Technik.

In der breiten Anwendung der Elektroenergie sah V. I. Lenin die Verkörperung der modernen Technik. Dabei betonte er stets, daß die kapitalistische Welt nicht alle Möglichkeiten und Vorteile dieser Energieart nutzen kann. V. I. Lenin arbeitete eine geschlossene Lehre von der Elektrifizierung als der Grundlage der materiell-technischen Basis des Sozialismus aus. Seine Vorstellungen von der Elektrifizierung des gesamten Landes wurden in den folgenden Jahrzehnten in die Tat umgesetzt, als die Elektroenergie rasch in alle Volkswirtschaftszweige eindrang. Heute mißt die KPdSU, geleitet von den Leninschen Ideen der Elektrifizierung des Landes, der Entwicklung der Elektroenergie eine große Bedeutung bei. So wurden 1970 in der UdSSR etwa 900 bis 1000 Md. kWh Elektroenergie erzeugt, und 1980 sollen es 2700 bis 3000 Md. sein, wobei die Leistung der Kraftwerke mehr als 500 Mio kW betragen wird.

In unserem Jahrhundert ist die Elektroenergie zur universellen Energieart der Technik geworden. Der hervorragende sowjetische Gelehrte G. M. Kržižanovskij sagte, daß „wir nur auf der Grundlage der Elektroenergie in einer ganzen Reihe von technologischen Prozessen hohe Arbeitsgeschwindigkeiten erreichen werden ... Neben der mühelosen Überbrückung großer Entfernungen, der leichten Umformung, der Flexibilität und unbegrenzten Teilbarkeit ist auch die außergewöhnlich exakte Regelungsmöglichkeit eine sehr wertvolle Eigenschaft der Elektroenergie; letzteres ist besonders für die modernen technologischen Prozesse der automatischen Produktion wichtig.“[3] Er hatte also bereits in den dreißiger Jahren jene

[3] Fragen der Fernübertragung von Starkstrom. Konferenzmaterialien, Moskva–Leningrad 1932, S. 11.

Möglichkeiten der Elektroenergie erkannt, die nun vor unseren Augen verwirklicht werden und ein Merkmal der gegenwärtigen wissenschaftlich-technischen Revolution sind. Die wichtigsten Aufgaben der Raketentechnik, der Erschließung des Kosmos und der Nutzung der Kernenergie konzentrieren sich auf die Energieprobleme, und hier wiederum hauptsächlich auf die Erzeugung von Elektroenergie (neue Formen der Energieumwandlung und neue Quellen der Erzeugung von Elektroenergie, die je Einheit ökonomischer und produktiver arbeiten).

Hatte man die Elektroenergie zunächst für Beleuchtungszwecke verwendet, so drang sie schon nach dem ersten Weltkrieg rasch in die Industrie, teilweise auch in den Transport, in die Haushalte und in die Landwirtschaft ein. In der Landwirtschaft waren jedoch noch immer im großen und ganzen die Verbrennungsmotoren vorherrschend, so daß die Schaffung automatischer Maschinensysteme in diesem wichtigen Zweig der Volkswirtschaft auf objektive Hindernisse stieß. Die Elektroenergie ist die rationellste Energieart, da man sie leicht über weite Entfernungen übertragen, umformen, konzentrieren oder auch teilen kann, was die Automatisierung der Produktionsprozesse erleichtert. Die rasch zunehmende industrielle Nutzung der Elektroenergie betraf zunächst in erster Linie die Kraftmaschinen. Im Zuge des wissenschaftlich-technischen Fortschritts übernahm die Elektroenergie jedoch laufend neue Funktionen, und außerdem vergrößerte sich ihr Anteil in den verschiedenen Bereichen des materiellen Lebens der Gesellschaft. In der letzten Zeit wird die Elektroenergie immer mehr zu einem unerläßlichen Bestandteil der technologischen Prozesse selbst, da sie ihn immer mehr beeinflußt und selbst zum Element vieler technologischer Produktionsprozesse wird. Die technologische Verwendung der Elektroenergie ist die wichtigste Richtung in der Entwicklung neuer effektiver Produktionsprozesse, und die modernen Richtungen der gegenwärtigen wissenschaftlich-technischen Revolution sind ohne die breite technologische Anwendung der Elektroenergie undenkbar.

Infolge ihres breiten Eindringens in die verschiedensten Gebiete der Technik wird sie mitunter auch, so zum Beispiel in der Elektrolyse, zu einem wichtigen Element eines eigenartigen technologischen „Rohstoffes“.

Das Vordringen der Elektroenergie in die unmittelbaren technologischen Prozesse ist innerhalb der Elektrifizierung eine der fortschrittlichsten Entwicklungstendenzen der Technik. 1928 entfielen noch 83,3 Prozent der industriell genutzten Elektroenergie auf Antriebsaggregate und nur 2 Prozent auf die eigentlichen technologischen Prozesse. 1965 hatte der letztere Anteil bereits 35 Prozent erreicht, und heute geht etwa ein Drittel der industriell genutzten Elektroenergie in elektroenergie-intensive Verfahren, wie die Gewinnung von Aluminium, Magnesium, Ferrolegierungen usw.[4]

Die ständig zunehmende Ausstattung der industriellen Arbeit mit Elektroenergie ist einer der wichtigsten Faktoren für die Steigerung der Arbeitsproduktivität. Setzt man diese Ausstattung im Jahre 1950 gleich 100 Prozent, so ergeben sich für 1964 250 Prozent und für 1967 fast 300 Prozent. Die Arbeitsproduktivität war 1967 gegenüber 1940, umgerechnet auf die Leistung pro Arbeiter, auf 343 Prozent angestiegen und die Gesamtausstattung der Arbeit mit Elektroenergie auf 350 Prozent.[5]

Die stürmische Entwicklung von Wissenschaft und Technik fordert immer nachdrücklicher, die sehr unterschiedlichen Eigenschaften (zum Beispiel Wärme-, Leuchteigenschaften usw.) der Elektroenergie auszunutzen, diese Energieart direkt in die technologischen Produktionsprozesse einzuführen und sie außerdem im Transport, in der Nachrichtenübermittlung, in der Verwaltung und im Haushalt nutzbar zu machen. So ist zum Beispiel die Grundlage der Modernisierung der Eisenbahnen der UdSSR die Elektrifizierung (und breite Einführung von Diesellokomotiven). Heute nimmt die UdSSR in der Elektrifizierung der Eisenbahnlinien den ersten Platz in der Welt ein: Mehr als 28000 km Strecke waren 1967 bereits elektrifiziert. Das ist ein Drittel dessen, was in allen anderen Ländern an elektrischen Strecken verhanden ist.[6]

Die Nachfrage nach Elektroenergie ist besonders nach dem

4 Nauka i žizn', 10/1967, S. 60; Ökonomische Fragen der Energieentwicklung, Moskva 1967, S. 34.

5 J. B. Kvaša, Statistik der neuen Technik, Moskva 1966, S. 96; Nauka i žizn', 10/1967, S. 55.

6 Die Entwicklung des Eisenbahntransports im neuen Fünfjahrplan (1966 bis 1970), Moskva 1967, S. 56; Nauka i žizn', 12/1967, S. 21.

zweiten Weltkrieg ständig angestiegen, da neue elektroenergie-intensive Herstellungsverfahren entwickelt wurden, speziell die Produktion synthetischer Materialien und neuer Stoffe für die Atomtechnik.

Für die Weltwirtschaft von heute, schreibt Akademiemitglied M. Styrikovič, ist die zielstrebige Erweiterung der Verwendung von Elektroenergie charakteristisch; dies gilt für die Industrie, den Transport und die Haushalte im gleichen Maße. Alle acht bis neun Jahre verdoppelt sich die Erzeugung von Elektroenergie in der Welt (bzw. vervierfacht sich annähernd alle zwanzig Jahre): Ein Viertel der gesamten von der Menschheit zur Zeit verbrauchten Energie ist Elektroenergie.[7]

Dies alles erfordert eine rasche Ausarbeitung der wissenschaftlichen Grundlagen der Energiewirtschaft. Um die Effektivität der bestehenden Energiesysteme erhöhen zu können, werden umfassende Untersuchungen über die physikalisch-technischen Probleme der Energetik durchgeführt, neue Methoden der Stromerzeugung entwickelt und die Fernübertragung von Elektroenergie vervollkommnet. Neue Perspektiven erschließen auch die Untersuchungen auf dem Gebiete der Supraleitung und der Halbleitertechnik. So sind beispielsweise für einen großen Teil der erzeugten Elektroenergie die Methoden der Fernübertragung grundlegend zu ändern. Bei der Entwicklung von Energiegroßsystemen nehmen Hybridleitungen (für die gleichzeitige Übertragung von Gleich- und Wechselstrom), Leitungen für die Übertragung hochfrequenter Ströme und sogenannte Wellenleiter oder Hohlleiter einen immer größeren Raum ein.[8]

Mit der Entwicklung der Elektrifizierung und der Steigerung der Stromerzeugung konzentriert sich die Energieerzeugung in immer größeren Elektrokraftwerken, die mitunter ganze Gebiete versorgen. Es entstehen territoriale und überterritoriale Verbundsysteme, und die Energieausrüstungen werden laufend vervollkommnet. Die Konzentration der Kapazitäten durch erhöhte Leistung von Einzelaggregaten und ganzer zu Verbundsystemen zusammengeschlossener Kraftwerke ist gewissermaßen die Synthese von neuer Technik und Elektro-

[7] Nauka i žizn', 11/1967, S. 52.
[8] P. L. Kapiza, Die Hochleistungselektronik, Moskva 1962.

energetik. Der technische Fortschritt im Energiemaschinenbau erhöht die Wirtschaftlichkeit der Elektrokraftwerke. Geht heute bei der Anlage eines Großkraftwerkes mit einer Leistung von beispielsweise 5 Mio kW der Wirkungsgrad lediglich um ein Prozent zurück, so bedeutet dies einen Energieverlust, der fast der Gesamtleistung des Wolchow-Kraftwerkes gleichkommt. In den Wärmekraftwerken ist es vorteilhaft, mit hohen Temperaturen und Dampfdrücken zu arbeiten. So wurden in den letzten Jahren in der UdSSR Kombinationen von 130 Atmosphären und 565 Grad bzw. 240 Atmosphären und 580 Grad verwendet. Zur Zeit laufen Versuche, diese Kennziffern noch zu verbessern.[9] (Da jedoch noch keine billigen und zugleich zuverlässigen Metalle zur Verfügung stehen, die diese hohen Drücke und Temperaturen im Dauerbetrieb aushalten, können die Dampftemperaturen vorläufig nicht weiter erhöht werden.)

Die Elektrifizierung des gesamten Landes ist in der Periode des Übergangs vom Sozialismus zum Kommunismus die Grundlage der gegenwärtigen wissenschaftlich-technischen Revolution. Sie wird es ermöglichen, vom Einzelbetrieb mit einem System von Arbeitsmaschinen zu einheitlichen Komplexen automatischer Maschinen zunächst im Rahmen eines Wirtschaftsgebietes und dann des ganzen Landes überzugehen.[10] Für die Lösung dieser Aufgabe spielt die Errichtung eines einheitlichen Hochspannungsnetzes eine große Rolle. Die hochgradige Zentralisierung und die rationelle Planung der Entwicklung weiterer Quellen zur Gewinnung von Elektroenergie, der Zusammenschluß der Elektrokraftwerke und Leitungen zu einheitlichen Großsystemen, dem die Errichtung eines Gesamtverbundsystems der UdSSR folgen wird, bringen der sowjetischen Energiewirtschaft alle die Vorteile, die in den kapitalistischen Ländern einfach nicht voll genutzt werden können. Die Direktiven des XXIII. Parteitages über den Fünfjahrplan von 1966 bis 1970 sehen die Errichtung eines Verbundsystems im europäischen Teil der Sowjetunion vor, das heißt eines geschlossenen Energieringes.

[9] Ekonomičeskaja gazeta, 31/1966, S. 43.

[10] A. Arakeljan, Einige Probleme der wissenschaftlich-technischen Revolution in der UdSSR, in: Voprosy ekonomiki, 8/1964, S. 130.

Das Symbol der neuen, bisher noch nie dagewesenen internationalen Beziehungen ist die Errichtung eines einheitlichen Verbundnetzes der europäischen sozialistischen Länder. 1965 haben sich sämtliche Mitgliedsländer des RGW zu dem Verbundnetz „Frieden“ zusammengeschlossen. Zwischen den Energiefachleuten dieser freundschaftlich miteinander verbundenen Länder wird die Zusammenarbeit immer enger. Auf der Sitzung der Ständigen Kommission des RGW für Elektroenergie vom Juni 1966 – dem zehnjährigen Jubiläum ihrer Tätigkeit – wurden speziell die Fragen der Koordinierung der Entwicklungspläne auf dem Gebiete der Energiewirtschaft für die Jahre 1966 bis 1970 erörtert.

Es sei hier besonders darauf hingewiesen, daß die Elektroenergiewirtschaft, die sich durch hochkontinuierliche Prozesse und durch einen hohen Stabilitätsgrad ihres Produktes auszeichnet, das Gebiet ist, in dem die automatische und telemechanische Steuerung einen sehr hohen technisch-ökonomischen Effekt ergibt. Um die Prozesse in einem Energiesystem steuern zu können, müssen natürlich entsprechende technische Mittel, die auf den neuesten Errungenschaften der Mathematik, Elektronik und Kybernetik beruhen, zur Verfügung stehen. Die sprunghafte Leistungssteigerung der Einzelaggregate der Elektrokraftwerke, die Weiterentwicklung der Ausrüstungen und der Ausbau von Energiesystemen machen die Anwendung neuester elektronischer Steuergeräte erforderlich, die die Erzeugung und Verteilung des Stroms auf das jeweils optimale Regime einstellen können. Es gibt bereits automatische Steuersysteme mit elektronischen Steuerrechnern für Turbinenaggregate, die sicherlich die künftige Entwicklung der Wärmekraftwerke bestimmen werden. Zur Zeit bildet sich eine spezielle Kybernetik der elektrischen (energetischen) Systeme heraus. Die systematische Optimierung sämtlicher Ausrüstungsparameter mit Hilfe von Elektronenrechnern kann den Wirkungsgrad der bestehenden Elektrokraftwerke noch weiter anheben.[11]

Trotz der großen Erfolge in der Energiewirtschaft gibt es immer noch einen großen Bedarf an Elektroenergie. Bisher nutzt die Menschheit nur die chemische Energie von Brenn-

[11] A. Berg, Kybernetik und Zuverlässigkeit, a. a. O., S. 3.

stoffen und die Wasserenergie von Flüssen im großen Maßstabe. Diese Quellen machen aber nur 5 Prozent der gesamten Energievorräte der Welt aus. Ein Überfluß an Energie ist eine entscheidende Voraussetzung für den technischen Fortschritt. Deshalb müssen neue Formen der Energieumwandlung und neue Energiequellen erschlossen werden. Wir wollen nun auf einige Besonderheiten der gegenwärtigen Entwicklung der Elektroenergie und auf gewisse Probleme eingehen, die von der Wissenschaft und Technik auf dem Gebiete der Erschließung und Erforschung verschiedener Energiequellen in den kommenden Jahren gelöst werden müssen. Der Dampf-Kreislauf, der heute in der Erzeugung der Elektroenergie angewandt wird, hat unter anderem den Nachteil, daß die Wirtschaftlichkeit solcher Anlagen nachläßt. Deshalb ist man zur Zeit bemüht, die wissenschaftlichen Grundlagen für die weitere Erhöhung des Wirkungsgrades kohlestoffhaltiger Brennstoffe auszubauen. Konkret geht es darum, den Wirkungsgrad der bestehenden Energieausrüstungen zu vergrößern, Großaggregate mit mehr als 500000 kW Leistung zu bauen (bei Wasserkraftwerken 500 bis 1000 kW), neue Verfahren der kombinierten Brennstoffnutzung zu finden (für die Energieerzeugung und für chemische Zwecke), die Energiesysteme zu erweitern usw. Vielversprechend sind in dieser Hinsicht Untersuchungen über Gas- und Dampf-Gas-Kreisläufe, aber vor allem die Bestrebungen, das klassische Schema der Elektroenergieerzeugung weiter zu verbessern und MHD-Generatoren zu bauen. In einigen Ländern bestehen bereits Versuchsanlagen, und in der UdSSR wurde 1967 ebenfalls eine halbindustrielle Versuchsstation in Betrieb genommen, die an das Energienetz der Stadt Moskau angeschlossen ist. Auf dem Gebiete der Starkstromübertragung sind wichtige Untersuchungen zur Entwicklung von Starkstromfernleitungen im Gange, und zwar für Gleichstrom von 800 bis 1000 Kilovolt. Außerdem wird die Anwendung von Großventilen, automatischen Schutzleitungen und Steueranlagen erprobt. Die in letzter Zeit in der Erschließung neuer Energiequellen erzielten Ergebnisse führen zur breiten Anwendung neuer effektiver Prinzipien der Umwandlung von Wärme-, Sonnen-, Atom- und chemischer Energie in elektrische Energie und zur direkten Nutzung sich ständig regenerierender Energiequellen, wie sie die Sonne, die Gezeiten, der Wind und die Temperatur des Erdinneren darstellen.

Die breite Anwendung der Elektroenergie hat also nicht nur die eigentliche Technologie verändert, sondern gleichzeitig die Grundlage für prinzipielle Veränderungen der technologischen Prozesse selbst gelegt. Die Elektrifizierung war die wichtigste Bedingung für die Entwicklung automatischer Maschinensysteme, und sie erfaßt in immer stärkerem Maße sämtliche technologischen Prozesse. Es besteht kein Zweifel, daß die Elektroenergie in den die Entwicklung der Produktion revolutionierenden Prozessen noch an Bedeutung gewinnen wird, und aller Wahrscheinlichkeit nach wird sich die Menschheit im Jahre 2000 immer noch der Vorzüge der Elektroenergie erfreuen.

Die Anwendung der Atomenergie für friedliche Zwecke

Die Nutzung der Energie und anderer Eigenschaften des Atoms, die vor allem der Erforschung seiner Struktur zu verdanken ist, ist ein gesetzmäßiger wissenschaftlich-technischer Prozeß, nämlich eine Richtung der gegenwärtigen wissenschaftlich-technischen Revolution.

Alle technischen Revolutionen waren Übergänge der Wissenschaft auf ein höheres Niveau und bedeuteten ein weiteres Eindringen in die Struktur der Materie und in ihre tiefsten Geheimnisse. Deshalb ist das Wesen und der Inhalt der gegenwärtigen wissenschaftlich-technischen Revolution auf das engste mit der Notwendigkeit verbunden, die Geheimnisse der Atomstruktur zu lüften. Durch sein Vordringen zu den Bausteinen des Atoms hat der Mensch nicht nur die Eigenschaften des Atoms erschlossen, sondern auch die der Elementarteilchen, und er ist sich der energetischen Möglichkeiten des Atoms bewußt geworden. Die Menschheit hat jedoch noch ein weiterer Beweggrund an die Erschließung der Atomenergie herangeführt, wir meinen die Suche nach noch größeren und mächtigeren universellen Energiequellen, da sich der künftige Energiebedarf bereits heute klar umreißen läßt.

Die Atomtechnik löst im Verein mit der Kernphysik einen ganzen Komplex von Problemen der automatischen Produktion, die die Energiewirtschaft, die Technologie, den Transport und andere Gebiete betreffen. Gerade die Nutzung der Atomenergie führte zur Lösung zahlreicher Aufgaben bei der Schaffung von technischen Mitteln, die weitere logische Funktionen des Menschen in der Produktionstätigkeit ersetzen können. Die Wissenschaft und Technik haben zwar dem Menschen die Energie und die anderen Eigenschaften des Atoms erschlossen, aber zunächst eben nur für militärische Zwecke.

Mit dem Bau der Atom- und später auch der Wasserstoffbombe wurden erstmalig atomare und thermonukleare Energien freigesetzt, aber die Aufgabe, diese Energien auch in den Dienst der Industrie zu stellen, mußte erst noch gelöst werden. Dazu mußte man die momentan frei werdende Wärmeenergie unter Kontrolle bringen und in elektrische Energie überführen. Dieses Problem wurde erstmalig 1954 von der Sowjetunion gelöst, als das erste Atomkraftwerk der Welt mit einer Leistung von 5000 kW in Betrieb genommen wurde. Diese Tat wurde von der Weltöffentlichkeit als ein Symbol für die großen Möglichkeiten aufgenommen, die in der friedlichen Nutzung des Atoms liegen. Dieses Kraftwerk war eine Art Versuchslaboratorium, in der direkt die Probleme des Baus weiterer Atomkraftwerke und Fragen der Kernenergetik studiert werden konnten.

Der Betrieb dieses Atomkraftwerkes zeigte allen die künftigen Perspektiven der Atomenergie. Die Auswertung seiner Betriebsdaten machte es möglich, Atomkraftwerke mit höherer Leistung zu bauen, die Temperatur und den Druck in den Wärmeaustauschmitteln zu erhöhen und den Dampf direkt im Reaktor auf hohe Temperaturen zu bringen. Dieses zuletzt genannte Verfahren wurde erstmalig im Kurtschatow-Atomkraftwerk in Belojarsk realisiert, das keinen geschlossenen Metallkörper besitzt, sondern in Kanalbauweise ausgeführt ist; als Neutronenmoderator wird Graphit und als Austauschmedium Wasser verwendet.

1967 hatten die Atomkraftwerke der Welt eine Gesamtleistung von 8 Mio kW; eine Million kW entfielen davon auf die UdSSR. Bis 1971 wird mit einer Gesamtleistung von etwa 16 Mio kW gerechnet, und bis 1980 sollen es bereits 150 bis 180 Mio kW sein.

Atomkraftwerke werden auch in anderen Ländern gebaut. So entstand in England zwischen 1956 und 1958 das Atomkraftwerk Colderhall mit vier Graphit-Gasreaktoren, die mit natürlichem Uran beschickt werden, 1959 wurde ein Schnellneutronen-Versuchsreaktor in Betrieb genommen, und ein weiterer natriumgekühlter Schnellneutronen-Reaktor mit einer Leistung von 250000 kW befindet sich im Bau. In den USA (Wallstone) nahm 1957 ein Siedereaktor mit einer Leistung von 10000 kW seinen Betrieb auf, dem bald weitere Anlagen folgten. 1958 wurde in Frankreich das erste industrielle Atomkraftwerk mit einer Leistung von 40000 kW fertiggestellt, dem ebenfalls weitere Reaktoren folgten. 1965 verfügten die Atomkraftwerke der USA über eine Gesamtleistung von etwa 1 Mio kW und die Westeuropas von etwa 4 Mio kW. Im Jahre 2000 werden die Atomkraftwerke in der Erzeugung von Elektroenergie endgültig die Oberhand gewonnen haben.[12]

Insgesamt läßt sich sagen, daß die grundlegenden ökonomischen Aufgaben der Atomenergiewirtschaft bereits gelöst sind, da die neuesten thermischen Neutronenreaktoren bereits mit den herkömmlichen Kraftwerken konkurrieren können. Künftig sind Schnellneutronen-Reaktoren geplant, die die gewaltigen Vorräte an Uran 238 und Thorium nutzen können. Neben den stationären Atomkraftwerken werden in der UdSSR auch mobile Stationen mit kleiner und mittlerer Leistung gebaut (Atomkraftwerke auf Raupenketten), wie beispielsweise das Aggregat TES-3 mit einer Leistung von 1500 kW und andere, die allmählich die Dieselgeneratoren, Dampfgeneratoren und anderen mobilen Anlagen in den abseits gelegenen Teilen des Landes ersetzen sollen. Einen besonderen Platz nimmt in den wissenschaftlichen Arbeiten die direkte Umwandlung von Kernenergie in Elektroenergie ein. Erste praktische Ergebnisse wurden in dieser Hinsicht bereits in der UdSSR und einigen anderen Ländern erzielt. Neben der Erforschung der Nutzung von Atomenergie für die Erzeugung von Elektroenergie nehmen die Untersuchungen zur Entwicklung von Atomantrieben einen großen Raum ein. Atomare Kraftmaschinen wurden erstmalig auf Hochseeschiffen ein-

[12] B. G. Kuznecov, Physik und Ökonomie, Moskva 1967, S. 68–69.

gesetzt. Das erste dieser Schiffe, der Atomeisbrecher „Lenin", lief am 7. Dezember 1957 in Leningrad vom Stapel. Sein Tagesverbrauch an angereichertem 5prozentigem Uran 235 beträgt 45 g. Der Wärmeaustausch und die Dampferzeugung bilden einen Zweikonturenzyklus. Die Turbinen betreiben Generatoren, die drei an je eine Schiffsschraube gekoppelte Elektromotoren mit einer Gesamtleistung von 44000 PS speisen. Auch in den USA, der Bundesrepublik Deutschland, Japan und einigen anderen Ländern werden Schiffe mit Atomantrieb gebaut. Atommotoren werden weiterhin auf sowjetischen und amerikanischen Unterseebooten eingesetzt. Ein Problem ist vorläufig noch ihre Verwendung im Land- und Lufttransport und in der Raumfahrt. Hier könnte die Verwendung von Atomantrieben die Reichweite und Tragfähigkeit von Transportmitteln um ein Vielfaches erhöhen, da auf die Mitführung großer Mengen schnell verbrauchbarer Brennstoffe verzichtet werden könnte.

Besondere Bedeutung hat die Atomtechnik in der Automatisierung der Produktion. Auf der Grundlage der Wechselwirkung von Elementarteilchen und Strahlen arbeiten bereits zahlreiche Geräte, Mechanismen, Primärinformationsgeber und Elemente von Rechen- und Speicherwerken der elektronischen Rechenanlagen. Radioaktive Quellen für ionisierende Strahlungen, insbesondere Isotope, werden in der Industrie, der Landwirtschaft, der Medizin und in anderen Gebieten verwendet. Eine der wichtigsten Eigenschaften von Geräten, die mit solchen Quellen arbeiten, ist das kontaktfreie Funktionieren, so daß sich die Parameter eines Mittels ohne unmittelbaren Kontakt kontrollieren und messen lassen.

1964 waren in der UdSSR bereits etwa 250 Arten radioaktiver Isotope und mehr als 1000 Verbindungen aus ihnen bekannt. Mehr als 3000 Betriebe, Institute und medizinische Einrichtungen setzen radioaktive Isotope zur Lösung unterschiedlichster Aufgaben ein. In der Produktion arbeiten Tausende unterschiedlicher Geräte: 1968 waren es in den einzelnen Zweigen unserer Volkswirtschaft bereits mehr als 30000. Außerdem bestehen zentrale Isotopenlaboratorien, die über modernste Ausrüstungen verfügen.[13] Mit Radio-

[13] Atomnaja energija, Bd. 17, 3/1964, S. 166; Pravda vom 15. Oktober 1968.

isotopen kann zum Beispiel die Beschickung von Hochöfen automatisch gesteuert und kontrolliert werden; im Hüttenwerk Novotulsk und in anderen Betrieben werden mit markierten Atomen die günstigsten Bedingungen für die Sinterung des Agglomerats festgestellt, und in Sinteranlagen regeln Gamma-Relais den Abstich vollautomatisch. Mit Hilfe von Isotopen der Elemente Tulium, Selen, Caesium, Iridium, Kobalt und Europium werden in den führenden Maschinenbaubetrieben mit Gammastrahlgeräten fast sämtliche komplizierten Schweißteile geprüft und während der Arbeit kontinuierlich der Verschleiß von Maschinen und Mechanismen kontrolliert. Außerdem werden hydraulische und dampfhydraulische Schmiedeprozesse mit einem Druck von 1 bis 15 Tonnen automatisch gesteuert.

In den letzten zehn Jahren hat sich die aktive Kontrolle der Abmessungen von Einzelteilen mit radioaktiven Isotopen im großen Maßstab durchgesetzt. Sie wird verwendet im metallurgischen Betrieb Tscheljabinsk, im Kirow-Werk für Transport- und Hebemaschinen, in der Kesselfabrik Barnaul, im Betrieb „Russischer Diesel" (Russkij dizel'), in den Betrieben des Maschinenbaus Ural (Uralmaš) sowie in zahlreichen anderen Produktionsstätten, im Schiffbau, in der Verlegung von Gasfernleitungen usw. Die Abmessungen von Schmiedestücken, Walzgut, Bauteilen usw., die auf spanabhebenden Werkzeugmaschinen bearbeitet werden, insbesondere auf automatischen Fertigungsstraßen (Einrichtungen RPT, ITU-495, ITŠ-496 u. a.), werden ebenfalls automatisch kontrolliert. In den automatischen Fertigungsstraßen werden die Erzeugnisse mit radioaktiven Isotopen sortiert, ausgelesen, gewogen (Gerät BIV) usw. Die Stärkemessung kaltgezogener Feinbleche mit radioaktiven Isotopen erhöht die Arbeitsproduktivität von kontinuierlich arbeitenden Umkehrwalzwerken um 40 Prozent und von nicht im Umkehrverfahren arbeitenden Walzwerken um 18 Prozent, außerdem kann der Ausschuß um das 2- bis 4,5fache gesenkt werden. In der Papierindustrie erhöhen analoge Geräte die Arbeitsproduktivität um 10 Prozent, senken die Selbstkosten um 14 Prozent und führen zu Einsparungen von 150 bis 700 Prozent. Die Aufwendungen für die Einführung solcher Geräte amortisieren sich im Verlaufe von 1 bis 4 Monaten.

Radioaktive Strahlungen werden in der Industrie auch für die automatische Unterbrechung von Produktionsprozessen eingesetzt. Als Beispiel läßt sich das Gerät BRP-1 anführen, das im Rigaer Betrieb „Dzintarne“ eingesetzt wird, um Automaten selbsttätig abzuschalten, wenn kein Werkstück einliegt, damit der Stempel nicht auf das Schneidwerkzeug stößt. Dadurch werden nicht nur Beschädigungen der Werkbank vermieden, sondern auch ihre kontinuierliche Beschickung indirekt kontrolliert.[14] Im Bauwesen werden radioaktive Isotope eingesetzt, um das Abbinden von Beton zu kontrollieren, die Dichte des Baugrundes und die Betondichte zu bestimmen und die Qualität von Beton- und Eisenbetonteilen zu kontrollieren usw.[15] Einer besonders weiten Anwendung erfreuen sich radioaktive Isotope sowie radiometrische und Strahlungsgeräte in der Chemie. An der Grenze zwischen Kernphysik und Chemie hat sich ein neuer Zweig herausgebildet, die Strahlungschemie. Die Erfahrungen haben gezeigt, daß sich unter Verwendung radioaktiver Strahlen zahlreiche chemische Prozesse unter bedeutend niedrigeren Drücken und Temperaturen realisieren lassen, so daß die Reaktionsgeschwindigkeit und die Ausbeute erhöht und die Qualität der Produkte verbessert werden kann.

In der Landwirtschaft wird die Atomtechnik in Zusammenhang mit verschiedenen Kultivierungsmaßnahmen eingesetzt, so daß sich auch hier die Erträge vergrößern und die Qualität der Erzeugnisse verbessert. So wurden zum Beispiel durch radioaktive Bestrahlungen neue Sorten von Winter- und Sommerweizen, Mais, Gerste und Baumwolle gewonnen und die Ernteerträge bei diesen Kulturen um 30 bis 40 Prozent erhöht.[16] In den Treibhausanlagen von Gorki, Lwow und anderen Gebieten wurden mit Hilfe von Gammabestrahlungen die Erträge bei Gurken, Salat und Radieschen um 150 bis 200 Prozent erhöht. Mit Gammastrahlen läßt sich auch die Reifezeit von Treibhausgemüse regulieren, die Haltbarkeit

14 Radioaktive Strahlungen als Automatisierungsmittel technologischer Prozesse. Die Mechanisierung und Automatisierung technologischer Prozesse, Sammelband 3, Moskva 1961, S. 17–18.

15 Atomnaja energija, Band 17, 3/1964, S. 231–234.

16 Ebenda, Band 16, 2/1963, S. 180.

bestimmter landwirtschaftlicher Produkte verlängern, Schädlinge bekämpfen usw. Wie wir sehen, ist die friedliche Anwendung der Atomenergie auf die Durchsetzung grundlegender Veränderungen in der Produktion gerichtet, nämlich auf die Schaffung komplexautomatisierter Systeme, die ein Grundmerkmal der gegenwärtigen wissenschaftlich-technischen Revolution sind.

Das Eindringen der Elektronik in die verschiedenen Tätigkeitsbereiche des Menschen

Die moderne Elektronik ist eine hochentwickelte technische Wissenschaft, die einen großen Komplex von Gebieten umfaßt. Ihr Forschungsgegenstand und eigentliches Anwendungsgebiet sind elektromagnetische Schwingungen und Wellen sowie die Bewegung von Ionen und Elektronen. Der Komplex der technischen Mittel, in denen die von der Elektronik untersuchten Erscheinungen Anwendung finden, ist gegenwärtig sehr weitgespannt. Es gehören hierher die üblichen Radio- und Fernsehgeräte, radioelektronische Ortungsgeräte und Entfernungsmesser, Fernsteueranlagen, Elektronenmikroskope, hochgenaue Elektronenuhren, elektronische Rechenanlagen und Laser. Die moderne Elektronik ist vielleicht wie kein anderes Gebiet der Technik mit ihren Spezialgeräten und den ihr eigenen Methoden fast in sämtliche Tätigkeitsbereiche des Menschen tief eingedrungen.

Der Einfluß der Elektronik auf die industrielle Produktion, auf das wissenschaftliche Schaffen des Menschen und auf unser alltägliches Leben ist derart umfassend, daß dieser Zweig ohne allen Zweifel als die wichtigste und entscheidendste Richtung der gegenwärtigen wissenschaftlich-technischen Revolution zu betrachten ist.

„Heute hängt der Stand der Wissenschaft in einem Staate in bedeutendem Maße vom Entwicklungsgrad der Elektronik, der Kernenergetik, der Raketentechnik und der elektronischen Rechenanlagen ab.“[17] Mit diesen Worten charakterisieren bekannte sowjetische Gelehrte wie M. A. Lavrent'ev;

[17] Izvestija, 23. März 1963.

S. L. SOBOLEV und I. N. VEKUA die wichtige Rolle der Elektronik.

Der gegenwärtige wissenschaftlich-technische Fortschritt setzt seinem Wesen nach letztlich die Automatisierung der Produktion und die durchgehende Einführung kontinuierlicher Produktionsprozesse voraus. Die Automatisierung durchsetzen heißt, flexible und exakt arbeitende Kontroll- und Steuersysteme mit hinreichend hoher Arbeitsgenauigkeit zu schaffen, die sich für die unterschiedlichsten Zwecke eignen. Von allen modernen technischen Mitteln werden den eben genannten Forderungen elektronische Anlagen, die sehr erfolgreich mit mechanischen, hydraulischen, pneumatischen und elektrischen Anlagen konkurrieren können, am ehesten gerecht. Das alles liegt im Charakter der in der Elektronik genutzten Erscheinungen, die vor allem auf dem fehlenden Trägheitsmoment der Elektronen beruhen. Eben die Elektronik hat diesen riesigen Sprung in der Entwicklung der Automatisierung der Produktionsprozesse ermöglicht, da sich der Mensch in ihr ein Mittel verschafft hat, das die feinsten Veränderungen irgendwelcher Parameter der Produktionsprozesse registriert und außerordentlich rasch auf Kommandos, Befehle und Veränderungen der äußeren Bedingungen zu reagieren erlaubt. Diese Eigenschaften räumen der Elektronik einen der wichtigsten Plätze im Leben unserer Gesellschaft ein. Ihr Einfluß auf das Leben des Menschen vollzieht sich in mehreren Richtungen. Radio und Fernsehen sind jedermann bekannt, sie bringen die entferntesten Winkel der Erde einander näher und machen es möglich, wie V. I. LENIN es einst herbeisehnte, „daß die gesamte, mehr oder minder gleichmäßig über das ganze Land verteilte Bevölkerung in den Genuß der Schätze von Wissenschaft und Kunst gelangt, die Jahrhunderte hindurch in einigen wenigen Zentren angehäuft wurden“[18]. Darin liegt die große kulturelle und ideologische Bedeutung des Radios. Die zahlreichen Funkverbindungen umgürten in einem dichten Netz die gesamte Erdkugel und erstrecken sich bereits in die unendlichen Weiten des Kosmos. Die Systeme der Nachrichtenübertragung sind zu einem unerläßlichen Bestandteil der industriellen und landwirtschaftlichen Produktion geworden.

[18] V. I. Lenin, Werke, Band 5, Berlin 1955, S. 150.

In der Industrie lassen sich mit Hilfe der Elektronik zahlreiche Produktionsfunktionen des Menschen durch Geräte und Maschinen ersetzen. Die Elektronik verändert und verbessert die Technologie, und in einer ganzen Reihe von Fällen gehen in Gebieten, in denen sich mit alten Methoden kein Fortschritt mehr erzielen läßt, von ihr die entscheidenden Impulse der weiteren Entwicklung aus. Die Kontrolle und Messung einzuhaltender Parameter, die Steuerung und namentlich die Fernsteuerung technologischer Prozesse sind Dinge, die sich heute mit elektronischen Geräten verwirklichen lassen. Es gibt bereits ganze Betriebsabteilungen und Betriebe, insbesondere in der chemischen Industrie, die mit Hilfe der Elektronik automatisiert wurden. Das Tempo und das Ausmaß der von der Elektronik ausgehenden Automatisierung der Produktion haben sich in den letzten zehn bis fünfzehn Jahren vervielfacht. Wie der Volkswirtschaftsplan von 1969 ausweist, wurden 1969 um 18 Prozent mehr Geräte, Automatisierungsmittel und Rechenanlagen gebaut als 1968.

In der Technologie findet die Elektronik sehr unterschiedliche Anwendungsmöglichkeiten. So werden hochfrequente Energien aus Radiogeneratoren zur Erhitzung komplizierter Oberflächenprofile, zum Vakuumschmelzen bzw. Vakuumschweißen hochreiner Metalle und zum Verformen und Schweißen von Plasten verwendet. Es sind bereits spezielle Radioautomaten für die komplexe Wärmebehandlung von Einzelteilen entwickelt. Außerdem findet die Ultraschalltechnik breite Anwendung. Mechanische Schwingungen im Ultraschallbereich werden heute in den verschiedensten Produktionsbereichen genutzt: für die Ultraschalldurchleuchtung in der Defektoskopie, für die Oberflächenreinigung leicht oxydierender Metalle vor dem Schweißen und Löten, für die Metallbearbeitung im Verdichtungsverfahren, für die Herstellung hochqualitativer Gemische und Emulsionen und für die Beschleunigung gewisser chemischer Reaktionen. In all diesen Fällen werden elektronische Ultraschallquellen eingesetzt. Außerdem wurden bereits die ersten Versuche zur Anwendung von Elektronen- und Elementarteilchenströmen für die Direktbehandlung von Metallen mit Erfolg abgeschlossen. Eine neue Richtung in der Metallbearbeitung, die Elektronentechnologie, macht es möglich, die Oberflächeneigenschaften von Materialien zu verändern, dünne Stoffilme aufzutragen und Elektronenströme chemisch auf Material einwirken zu lassen. Der Elektronenstrahl erlaubt feinste Prozesse der Metallbearbeitung.

Die Erfindung von Lichtquantengeneratoren (Laser) hat dazu beigetragen, eine weitere Richtung der Elektronentechnologie ins Leben zu rufen. Mit Hilfe von Lasern werden räumlich stark gebündelte Lichtstrahlen hoher Energie erzeugt. Es gibt bereits Dauerstrichlaser mit einer Leistung von einigen Kilowatt. Fällt ein Laserstrahl auf einen Stoff, so läßt sich auf einer außerordentlich kleinen Oberfläche eine kolossale Energie konzentrieren. Infolgedessen kommt es zu einem fast momentanen Temperaturanstieg, der zu Verdampfungen führt und Materie in den Raum schleudert. Mit Laserstrahlen lassen sich Stoffe beliebiger Härte bearbeiten und mit hoher Genauigkeit Öffnungen von vorgegebener Form durch Wolfram, Diamant, Korund und andere Stoffe „bohren". Die Anwendung der Lasertechnik leitete eine neue Etappe mit breiten Möglichkeiten für die Bearbeitung harter Stoffe ein. Kein anderes technisches Mittel konnte bisher solche verblüffenden Ergebnisse liefern.

In den letzten Jahren hat man Möglichkeiten entdeckt, mit Verfahren der Elektronik Energien im Radiofrequenzbereich über große Entfernungen zu übertragen. Mit Hilfe spezieller Magnetrongeneratoren wurden im Hochfrequenzbereich unter Laborbedingungen Leistungen bis zu mehreren hundert Kilowatt erzielt; der Wirkungsgrad lag dabei bei 60 Prozent. Über besondere Hohlleiter (Wellenleiter) können hochfrequente Energien unmittelbar zum Verbraucher, etwa einem Schmelzofen, geleitet werden.

Eine entscheidende Bedeutung besitzen elektronische Geräte für die Verbesserung von Transportmitteln und ihrer Führung. Heute werden im breiten Maßstab Systeme der Funkortung eingesetzt, das heißt Systeme zur Bestimmung der Bewegungsrichtung und Entfernung von Körpern sowie elektronische Geräte für die automatische Steuerung von Schiffen, Flugzeugen und Landtransportmitteln. Es genügt, daran zu erinnern, daß heute kein Flugzeug und kein größeres Schiff mehr ohne Funkortungs- und Steuerungsgeräte auf seinen Kurs geht. Die Systeme zur exakten Führung von Transportmitteln können nur aus elektronischen Geräten aufgebaut werden.

Eines der wichtigsten Merkmale des gegenwärtigen wissenschaftlich-technischen Fortschritts ist die Anwendung elektronischer Rechenanlagen. In der eigentlichen Produktion übernehmen sie einen Teil der geistigen Arbeit des Menschen, insbesondere seine logischen Funktionen. Diese Übertragung von Funktionen des menschlichen Gehirns an Maschinen ist eine wichtige Voraussetzung für die vollautomatisierte Produktion und zugleich das Wesen der zur Zeit stattfindenden wissenschaftlich-technischen Umwälzungen. Noch vor 15 bis 20 Jahren, als die ersten Versuche mit elektronischen Rechenanlagen durchgeführt wurden, war die Ersetzung der logischen Funktionen des Menschen durch Maschinen ein ans Phantastische grenzender Traum, weit entfernt von jeder Realisierungsmöglichkeit. Die Entwicklung, die die Elektronik und die Kybernetik während der letzten zehn Jahre hinter sich gebracht haben, hat diesen Traum Wirklichkeit werden lassen. Die Elektronik hat der Kybernetik ein reiches Arsenal spezifischer Mittel zur Verfügung gestellt – Elektronenröhren, Halbleitergeräte, Ferromagnet- und Dünnschichtelemente –, die zusammen die Grundlagen der modernen Rechentechnik bilden. Mit dem Problem, einen ständig wachsenden Anteil der geistigen Tätigkeit des Menschen elektronischen Rechenmaschinen zu übertragen, befaßt sich heute mit großem Erfolg ein ganzer Komplex von Wissenschaften, der unter der Bezeichnung technische Kybernetik zusammengefaßt wird.

Die Entwicklung der Wissenschaft und der Produktion hat die Kybernetik vor die Aufgabe gestellt, bessere Methoden und Verfahren zur Übertragung, Speicherung und Verarbeitung einer ständig wachsenden Informationsmenge zu entwickeln. Die effektivsten Verfahren zur Lösung dieser Aufgabe kommen heute aus der Elektronik.

Um keine Information verlorengehen zu lassen, sondern sie tatsächlich vollständig zum Bestimmungsort weiterzuleiten, bedarf es heute nicht nur einer ausreichenden Ausstattung der Produktion mit elektronischen Geräten, sondern auch einer qualitativen Veränderung der Informationsspeicherung und -verarbeitung selbst. Die in höchstem Maße vervollkommneten und bequem zu bedienenden elektronischen Rechenanlagen sind eben diese neue qualitative Stufe. Neben kontinuierlich arbeitenden elektronischen Anlagen, den sogenannten Analogrechnern, die sich speziell für die elektrische Modellierung zahlreicher Prozesse und die Lösung von Differential- und Integralgleichungen mit veränderlichen Parametern eignen, setzen sich in immer stärkerem Maße diskret arbeitende Anlagen, die sogenannten elektronischen Ziffernrechenanlagen, durch. Die elektrischen und elektromagnetischen Speicher solcher Maschinen sind in der Lage, kolossale, in die Sprache elektrischer Impulse übersetzte Informationsmengen aufzunehmen.

Noch bis vor kurzem hat der Mensch die erforderlichen Informationen selbst gespeichert und verarbeitet, die entsprechenden Berechnungen selbst durchgeführt und die Entscheidungen über den Produktionsprozeß selbst getroffen. Im Zuge der gegenwärtigen wissenschaftlich-technischen Revolution ist es möglich geworden, zahlreiche Funktionen, darunter auch logische, speziellen technischen Mitteln zu übertragen. In der UdSSR und in einer Reihe kapitalistischer Länder steht man heute vor der Aufgabe, ein einheitliches gesamtstaatliches Informationssystem mit modernen Ziffernrechenanlagen aufzubauen, das die Industrie, die Landwirtschaft, das Transportwesen und das Netz der wissenschaftlichen Einrichtungen, mit einem Wort, die gesamte Volkswirtschaft, versorgen kann.[19]

Elektronische Ziffernrechenanlagen besitzen die Fähigkeit, unvergleichlich schneller und genauer als der Mensch nach einem vorgegebenen Programm eine große Anzahl mathematischer Operationen auszuführen. Mit Methoden der Kybernetik lassen sich komplizierte qualitative Aufgaben, darunter auch logische, auf eine große Anzahl quantitativer Schritte zurückführen, die dann mit einfachsten mathematischen Operationen, etwa durch einfaches Neuordnen, gelöst werden können. Da elektronische Ziffernrechenanlagen außerordentlich rasch arbeiten, sind sie zu einem mächtigen Mittel in der Hand des Menschen geworden. Aufgaben, die früher große Kollektive von Mathematikern viele Monate beschäftigten, lassen sich

[19] A. Charkevič, Information und Technik, in: Kommunist, 17/1962.

heute auf modernen Rechenanlagen in wenigen Stunden lösen. Damit sind exakte Berechnungen auch dorthin vorgedrungen, wo dies bisher einfach deshalb nicht möglich war, weil die Ergebnisse eher vorliegen mußten, als dies mit einer exakten Berechnung zu vereinen gewesen wäre. Ein solches Gebiet ist beispielsweise die Meteorologie, wo elektronische Anlagen sämtliche für die Wettervorhersage erforderlichen Berechnungen ausführen.

Die elektronischen Ziffernrechenanlagen verfügen bereits über Speicherwerke, die sich mit der Kapazität des menschlichen Gehirns vergleichen lassen, wobei zu bedenken ist, daß die Elektronik und Halbleitertechnik ständig neue Möglichkeiten für die weitere Vergrößerung der Speicherkapazität bereitstellen. Außerdem nimmt auch die Rechengeschwindigkeit dieser Anlagen ständig zu. In dieser Hinsicht ist das menschliche Gehirn schon seit langem überholt. Kann der Mensch beispielsweise einige logische Operationen pro Sekunde ausführen, so bringen es moderne Rechenanlagen in der gleichen Zeit auf mehrere Millionen numerischer und logischer Operationen. Aufgaben, deren Lösung auf den Anlagen der fünfziger Jahre noch eine ganze Stunde benötigte, können heute auf modernsten Einzelanlagen oder auch umfassenderen Maschinensystemen in einer halben Sekunde gelöst werden. Die Ausarbeitung der Quantenelektronik erschließt den elektronischen Rechenanlagen neue Möglichkeiten und erhöht ihre Rechengeschwindigkeit gegenüber den bestehenden Typen um das Hundert- und sogar Tausendfache.

Die Maschinen unterliegen einer stetigen Vervollkommnung und werden so zu einem qualifizierten Helfer des Menschen. Die Zahl der eingesetzten Ziffernrechenanlagen wächst ständig, und mit jedem Jahr verbessert sich ihre Qualität. Von 1965 bis 1966 nahmen sie in den USA, England, Frankreich durchschnittlich um 20 Prozent zu, in der Bundesrepublik Deutschland um 32 Prozent und in Japan und Australien um 30 Prozent. 1966 gab es in Amerika und Westeuropa insgesamt 33000 elektronische Ziffernrechenanlagen[20]. Ende 1968 waren es auf der ganzen Welt etwa 90000, und weitere 30000 befanden sich

[20] Segen und Fluch des Elektronenzeitalters, in: Za rubežom, 40/1966, S. 14.

in Bau, so daß es in einem Jahr etwa insgesamt 120 000 elektronische Ziffernrechenanlagen geben wird.[21] Das allein genügt, um die Situation in der Informationsverarbeitung und -nutzung von Grund auf zu ändern.

Moderne Ziffernrechenanlagen können von sich aus optimale Lösungswege für gleiche Aufgaben wählen. Außerdem gibt es Maschinen, die „lernen" können, das heißt, die schrittweise an die Lösung immer komplizierterer Aufgaben herangeführt werden können, indem man ihnen Informationen eingibt, die bestimmten Kenntnissystemen untergeordnet sind. Es gibt selbstlernende Maschinen, die für bestimmte Aufgaben im Arbeitsprozeß unbekannte und deshalb auch im Programm der Maschine nicht fixierte Lösungswege aufzeigen können. Offensichtlich hat die Kybernetik durch den Einsatz elektronischer Ziffernrechenanlagen unerschöpfliche Möglichkeiten erhalten. Und wenn sie ohne übertriebene Fetischisierung der Rechentechnik sinnvoll eingesetzt werden, indem man die Wege der grundlegenden theoretischen Untersuchungen und umsichtigen Nutzung der bereits vorhandenen Technik nicht verläßt, so sind auf diesem Gebiet noch große Leistungen zu erwarten.

Die elektronische Technik der Kybernetik erobert sich mit Riesenschritten den führenden Platz in der Produktion und erlaubt eine noch nie dagewesene Steigerung der Arbeitsproduktivität und Intensivierung der Produktionsprozesse, indem elektronische Rechenanlagen die Steuerung und Regelung der Produktion übernehmen.

In den ersten Entwicklungsetappen der Kybernetik wurden die elektronischen Rechenanlagen nicht direkt in der Produktion eingesetzt, sondern lediglich für die Bereitstellung der erforderlichen Information, wie Angaben über Temperatur, Druck, Aufwand, Geschwindigkeit, Kosten usw. Der Mensch führte dann auf Grund seiner Erfahrungen und kraft seiner Qualifizierung bestimmte Entscheidungen über die Veränderung der Produktionsprozesse herbei. Er war selbst das Regelglied in der Rückkopplungskette zwischen Produktion und Rechenanlage. Gegenwärtig sind bereits spezielle elektronische

[21] A. I. Berg, B. V. Birjukov, Kybernetik und wissenschaftlich-technischer Fortschritt, Moskva 1968, S. 47.

Steuerrechner in Betrieb, die anstelle des Menschen nach einem vorgegebenen Programm die Parameter des Produktionsprozesses ändern, sobald bestimmte Bedingungen verändert sind, so daß ein optimales Arbeitsregime beibehalten wird. Eine außerordentlich wichtige Bedeutung hat die elektronische Rechentechnik für die Verbesserung der Leitung der Volkswirtschaft. Sie ist in dieser Hinsicht nicht nur ein wünschenswertes Mittel zur Intensivierung der Arbeit, sondern ihr Einsatz ist schlechthin unumgänglich geworden. In der Wirtschaftsleitung werden in unserem Lande bereits mehr als zehn Millionen Menschen beschäftigt. Unter Beibehaltung des gegenwärtigen Wachstumstempos der Volkswirtschaft müßte bereits 1980 in der UdSSR die gesamte erwachsene Bevölkerung in der Planung beschäftigt werden, wenn weiterhin alles in konventioneller Büroarbeit erledigt wird.[22] Will man also mit der kolossalen Menge der anfallenden Arbeiten fertig werden, so müssen die Methoden der Kybernetik und speziell der Rechentechnik unbedingt vervollkommnet und auch praktisch genutzt werden. Gegenwärtig ist die Aufgabe zu lösen, in den führenden Gliedern unserer Volkswirtschaft, angefangen bei der Staatlichen Plankommission bis hin zu einzelnen Großbetrieben, automatische Leitungssysteme, die über moderne rechentechnische Mittel verfügen, einzurichten.

Auf Grund der hohen Rechengeschwindigkeiten, mit denen die alten Arbeitsverfahren keinen Vergleich aushalten, lassen sich mit der maschinellen Planung auch die kompliziertesten Aufgaben der Wirtschaftsleitung lösen. Die technische Basis für das System der Planung und Leitung der Volkswirtschaft muß ein einheitliches staatliches Netz von Rechenzentren sein, das die effektivste Nutzung der modernen Rechentechnik zu sichern vermag. Die Arbeiten in dieser Richtung wurden bereits aufgenommen. So versorgt zum Beispiel das 1964 eingerichtete Rechenzentrum der Staatsbank, das mit einer Ziffernrechenanlage vom Typ „Ural-4" ausgerüstet ist, sämtliche Bankfilialen des Gebietes und der Stadt Moskau und bearbeitet mehr als 200 000 Belege pro Tag. Die Maschine analysiert die

[22] V. Gluškov, Kybernetik und Leitung der Produktion, in: Mögliches und Unmögliches in der Kybernetik, Moskva 1963, S. 199 (russ.).

Wirtschaftstätigkeit der einzelnen Betriebe, stellt Einnahmen- und Ausgabenbilanzen der Bevölkerung und der Industrie auf und senkt die sonst übliche Arbeitszeit dadurch auf ein Fünfzigstel. Auch in den Bankgeschäften der kapitalistischen Staaten werden elektronische Ziffernrechenmaschinen eingesetzt. Praktisch verwendeu sämtliche Großbanken und Versicherungsgesellschaften der USA solche Anlagen. Ihr umfassender Einsatz senkt die Verwaltungskosten, hebt die Verwaltungsarbeit auf ein höheres Niveau und macht Schluß mit dem Hinterherhinken des Berichtswesens. Die Maschinen machen es möglich, die spezifischen Besonderheiten von Produktion und Absatz besser auszunutzen, sie unterstützen Prognosen über die Marktkonjunktur, regeln die Warenbestände usw. In unserer Zeit hängt das Produktions-, Wirtschafts- und Verteidigungspotential eines Landes nicht mehr allein von dessen Rohstoff- und Industriereserven ab, sondern in nicht geringerem Maße auch von der Entwicklung des Informationswesens, und hier wiederum in erster Linie von den Kapazitäten und Möglichkeiten der vorhandenen elektronischen Ziffernrechenmaschinen. Der Einsatz von Rechenanlagen, die selbsttätig optimale Arbeitsbedingungen festlegen, versetzt die Ökonomen in die Lage, die volkswirtschaftlichen Aufgaben einer optimalen Lösung zuzuführen. Zur Zeit lassen sich bereits zahlreiche Beispiele aus dem Gebiet der Standortverteilung der Produktivkräfte, der Aufstellung von Transportplänen usw. anführen. Im Vergleich zu den herkömmlichen Verfahren erweisen sich solche optimalen Pläne in der Regel als um 8 bis 10 Prozent effektiver, und in einer Reihe von Fällen, so zum Beispiel im Bauwesen, beträgt der erzielte Gewinn 20 Prozent.

Eine besondere Rolle spielt die elektronische Technik in der Entwicklung der Wissenschaft. In dieses Gebiet ist sie bereits derart weit vorgedrungen, daß schon seit langem das Stadium des engen zweckgebundenen Einsatzes von Einzelgeräten überwunden ist. Die in der Elektronik entwickelten Forschungsmethoden werden direkt in den einzelnen Disziplinen angewandt. Das Ergebnis ist, daß neue Grenzgebiete, also neue Wissenszweige wie die Radiospektroskopie, die Radioastronomie, die Radiophysik, die Radiogeodäsie, die medizinische Elektronik, die Bionik u. a. entstehen. Die Einführung der Elektronik als neues Forschungsmittel in die Physik, die Chemie, die Biologie, die Medizin, die Geologie und andere Disziplinen hat bereits in bedeutendem Maße das Antlitz und den Charakter dieser Wissenschaften verändert. Die wissenschaftlichen Methoden der Elektronik und ihre Geräte erlauben es, die bisher der Forschung gesetzten Grenzen zu durchbrechen und Größen zu messen, die sich jenseits der menschlichen Möglichkeiten befinden. Sie machen es möglich, Töne zu erfassen, die das menschliche Ohr nicht hört (Ultra- und Infraschall), und unsichtbare Strahlen zu „sehen", die jenseits des Ultraviolett- und Infrarotbereiches liegen. Die Elektronik hat auch die Grenzen der Raumforschung geweitet. Bis zu einer Entfernung von 6 Md. Lichtjahren kann der Mensch mit Hilfe von Radioteleskopen ins All vordringen, und auf der anderen Seite können wir das Innere der Materie enthüllen, da Elektronenmikroskope Vergrößerungen von 1 : 400 000 bis 600 000 mit einem Auflösungsvermögen von 4 bis 5 Mikron erlauben. Bei der Gesamtbetrachtung eines Objektes kann sogar ein Vergrößerungsverhältnis von 1 : 1 000 000 erreicht werden.

Die elektronischen Geräte haben die Wissenschaftler in die Lage versetzt, kürzeste Zeitmomente von der Größenordnung 10^{-10} bis 10^{-12} Sekunden zu messen, außerordentlich rasch ablaufende Prozesse zu beobachten und zu steuern sowie Elementarteilchen zu identifizieren und zu untersuchen, die nicht länger als einige Milliardstel Sekunden existieren. Die hohe Frequenzkonstanz von Atomuhren erlaubt den Bau von Chronometern, die im Verlauf von 3000 Jahren eine Zeitabweichung von nur einer Zehntelsekunde aufweisen. Die elektronische Rechentechnik hat auch der Wissenschaft prinzipiell neue Möglichkeiten eröffnet, da heute für die Lösung komplizierter Gleichungssysteme tausendmal weniger Zeit benötigt wird als früher, was natürlich den Charakter der Forschungsarbeit von Grund auf wandelt.

Am klarsten ist die Bedeutung der elektronischen Ziffernrechenanlagen in der Erschließung des Kosmos zu erkennen. Ohne solche Anlagen wäre es prinzipiell unmöglich, Sputniks zu starten und Raumschiffe zu steuern, da ihren hohen Geschwindigkeiten weder die Funktionsgeschwindigkeit und Genauigkeit der menschlichen Sinnesorgane noch die aller anderen nicht elektronischen Geräte gewachsen ist. Beim Aufstieg eines Raumschiffes auf seine Umlaufbahn müssen in jeder Sekunde gewaltige Mengen komplizierter Berechnungen ausgeführt werden. Das können aber nur elektronische Ziffernrechenanlagen. Sämtliche Daten über den Flug des Raumschiffes, über den Zustand der Kosmonauten und auch die Fernsehbilder müssen ständig von einem hochkomplizierten elektronischen Gerätekomplex zur Erde geleitet und dort von elektronischen Ziffernrechenanlagen ausgewertet werden.

Die Erschließung des Kosmos konfrontiert die Elektronik mit einer Fülle von Problemen, von deren Lösung in großem Maße die Erfolge und das Tempo der weiteren Raumforschung abhängen. Eines der wichtigsten Probleme ist die Herstellung von Funkverbindungen mit Objekten, die Milliarden von Kilometern entfernt sind. Die konventionellen elektronischen Mittel können diese Aufgaben nicht immer lösen. Heute werden sie von der Quantenelektronik abgelöst, die spezielle hochempfindliche Empfangsgeräte entwickelt hat, mit denen elektrische Signale, die den inneren thermischen Elektroströmen in Leitern vergleichbar sind, aufgefangen werden können.

Eine gewaltige Rolle in der Erschließung des Kosmos spielen die Geräte der Telemetrie und Funksteuerung. Installiert in Raketen und künstlichen Erd- und Mondtrabanten, machen sie es möglich, den Kosmos ohne unmittelbare Beteiligung des Menschen zu erforschen, verschiedene Größen wie das Magnetfeld der Planeten, die Energie kosmischer und anderer Strahlungen und die Dichte der Materie im kosmischen Raum automatisch zu messen sowie kosmische Körper zu fotografieren. Alle diese Daten werden von den an Bord der Raumschiffe befindlichen Rechenanlagen gespeichert und umgewandelt und während der Funkverbindung zur Erde weitergeleitet. Der Komplex der radiometrischen Geräte, die auf der automatischen interplanetarischen Station „Venus 4“ und ihrem Landeteil untergebracht waren, übermittelten am 18. Oktober 1967 gewissermaßen einen Querschnitt durch die Venusatmosphäre, so daß sich ihre Eigenschaften in den verschiedenen Höhenschichten erforschen ließen.

Beim Flug eines Menschen in den Kosmos übernehmen elektronische Geräte die Steuerung des Raumschiffes und seine Landung auf der Erde. Sie zeichnen außerdem kontinuierlich sämtliche objektiven Daten über den Gesundheitszustand der Kosmonauten auf, funken sie zur Erde und ermöglichen einen zweiseitigen Funktelefonverkehr zwischen den Kosmonauten und den Bodenstationen sowie Fernsehübertragungen aus dem Kosmos.

Die Erfolge der Elektronik haben der Raumforschung ein neues und mächtiges Mittel geschaffen, die Radioastronomie, die die Perspektiven der astronomischen Wissenschaft gewaltig erweitert hat. Die hochempfindlichen Radioteleskope und hochgebündelten Funkstrahlen sind in weit entfernt gelegene Gebiete des kosmischen Raums vorgedrungen. Die Radioastronomie hat zu einer exakten Funkortung vieler Planeten des Sonnensystems beigetragen sowie zur indirekten Bestimmung der Zusammensetzung der Atmosphäre einiger Planeten und weiter entfernter Sterne, zur Entdeckung neuer kosmischer Gebilde, der sogenannten Radioquellen (auch Radiosterne genannt) und zur Lösung zahlreicher Probleme der Kosmosentstehung. Große Zukunft hat auch die Anwendung von Lasern zur Herstellung von Lichtverbindungen in den Kosmos.

Eine große Rolle spielen die Errungenschaften der Elektronik in der Biologie und Medizin. Unter klinischen Bedingungen werden elektronische Geräte für die Messung der Temperatur, des Blutdrucks, für die Entnahme von Analysen usw. eingesetzt. Außerdem kann die Arbeit des Gehirns und des Herzens anhand der Bioströme untersucht werden. Dabei verlaufen sämtliche Messungen außerordentlich rasch, was besonders bei chirurgischen Eingriffen wichtig ist. Es gibt bereits elektronische Geräte für Analysen im Organismus selbst. So werden zum Beispiel für die Erforschung der Magentätigkeit sogenannte Radiopillen angewandt, das sind Miniatursender von der Größe eines kleinen Konfektstückes, die verschluckt werden und während des Durchganges durch den Magen-Darmtrakt unablässig Angaben über den Zustand des Magensaftes, den Säuregrad und andere für den Arzt wichtige Informationen nach außen geben. Auch bei der Verwendung künstlicher Herzen, Nieren und Lungen, auf die man bei komplizierten Operationen zurückgreifen muß, kommt man nicht ohne elektronische Geräte aus.

Eine immer breitere Anwendung finden in der klinischen Praxis elektronische Geräte zur Überwachung der Kranken. Hier wird eine Vielzahl von Informationsgebern eingesetzt, die den Arzt laufend über die Temperatur, den Blutdruck, die Pulszahl und die Atmungstätigkeit des Patienten unterrichten. Außerdem gibt es zweiseitige Fernseh-Telefonverbindungen zwischen Arzt und Patient. Bedeutsame Impulse für die weitere Entwicklung der medizinischen Elektronik kamen aus der Raummedizin, die ohne Systeme der Fernsteuerung und Fernkontrolle völlig undenkbar wäre. So vollzieht sich heute die Einführung elektronischer Beobachtungsmittel in die medizinische Praxis buchstäblich über den Kosmos. In vielen Fällen wird bei chirurgischen Eingriffen bereits die Elektronarkose angewandt. Zu diesem Zweck wird das zentrale Nervensystem des Patienten mit schwachen elektrischen Impulsen beschickt, die einen Tiefschlaf auslösen, der nach Ausschalten des Gerätes beendet wird. Die Elektronarkose umgeht die üblichen unangenehmen Folgeerscheinungen der Narkose.

Versuche zur Schaffung elektronischer Geräte, die den Herzrhythmus eines kranken Menschen normalisieren, wurden ebenfalls erfolgreich abgeschlossen. Solche Geräte haben derart kleine Abmessungen und eine derart hohe Zuverlässigkeit, daß sie dem Patienten operativ unter die Haut eingeführt werden können. Sehr interessante und vielversprechende Arbeiten werden zur Entwicklung von Prothesen durchgeführt, die durch die Bioströme des menschlichen Körpers betätigt werden. In der Augenchirurgie wird der Laserstrahl eingesetzt. Er gestattet das schmerzlose Eindringen in das Augeninnere, wo er anstelle des Skalpells Operationen ausführt. Auch der Einsatz elektronischer Ziffernrechenanlagen eröffnet große Möglichkeiten in der Medizin. Im chirurgischen Institut A. W. Vyšnevskij wird bereits eine Rechenmaschine vom Typ „Ural-2" zur Diagnose von Herzerkrankungen eingesetzt. Dieser elektronische Helfer des Arztes hat in vierhundert Untersuchungen mehr als 90 Prozent richtige Diagnosen gestellt.

Vor kurzem hat eine neue Disziplin der Kybernetik, die Bionik, das Licht der Welt erblickt, in der ebenfalls Methoden der Elektronik den führenden Platz einnehmen. Die Bionik untersucht die Funktionsweise lebender Organismen, die sie als selbstregelnde Systeme auffaßt. Außerdem erforscht sie den Funktionsmechanismus des menschlichen Gehirns und der Nervenzentren. Ein wichtiges praktisches Ziel der Bionik ist die Auswertung der gewonnenen Erkenntnisse in der Konstruktion neuer technischer Systeme und Geräte. Die ersten bedeutsamen Leistungen können bereits auf ihr Konto verbucht werden. So wurden neue Flugzeuggyroskope nach dem Prinzip der Fliegenflügel entwickelt oder prinzipiell neue Geräte für die Geschwindigkeitsmessung von Flugzeugen nach dem Prinzip des Bienenauges. Andere elektronische Geräte unterscheiden nach dem Vorbild des Froschaugenmodells bewegliche Abbilder von unbeweglichen. Zur Unterstützung der Ozeanologen und Meteorologen wurde ein Sturmwarngerät entwickelt, dessen Wirkungsprinzip einem sehr eigenartigen Organ der Meduse, dem „Ohr“, nachgebildet ist, mit dem sie Infraschallwellen aufnimmt, die einem normalen Sturm vorangehen. Umfassende Untersuchungen werden in der Bionik zur Erforschung der Hirntätigkeit des Menschen durchgeführt, und obwohl zur Zeit die Wissenschaft noch über kein brauchbares Modell der Hirntätigkeit verfügt, sind auf diesem Gebiet dennoch bereits bedeutsame Erfolge zu verzeichnen.

Die Bedürfnisse der Automatisierung der Produktion stellen die Elektronik ebenfalls vor zahlreiche grundlegende und spezifische Aufgaben. Die wichtigsten von ihnen sind die Erhöhung der Zuverlässigkeit und Beständigkeit von Systemen und Geräten, das heißt die Garantie eines störungsfreien Arbeitens über längere Zeiträume. Dieses Problem hängt im allgemeinen mit den Kosten und der Effektivität der Arbeit eines Gerätes und mit der Ersatzteilversorgung der Produktion zusammen. Die Sicherung einer langen Lebensdauer und Zuverlässigkeit der technischen Mittel hängt nicht allein von der Lösung der engeren technologischen Fragen ab, sondern auch von der gesamten Produktionskultur und vom Stand der Wissenschaft in einem Lande.

Es steht noch ein weiteres Problem vor der Wissenschaft, und speziell vor der Elektronik, nämlich die Miniaturisierung der elektronischen Geräte und Bauteile, das heißt die Verringerung ihrer Abmessungen und Gewichte. Die Lösung dieses Problems wird mit verschiedenen Mitteln angestrebt, Eine große Rolle spielen hier gedruckte Schaltungen, bei denen die Bauteile nach drucktechnischen Verfahren mit Hilfe einer leitenden Paste auf einen Isolator aufgetragen werden, oder die Technik der Kleinbauteile, etwa Radioröhren, Kondensatoren,

Widerstände usw., bzw. die Mikromodultechnik, das heißt der Zusammenbau von Geräten aus kleinen Scheiben von der Größe eines Dreikopekenstückes, die sämtliche Schaltelemente enthalten.

Die Hauptrolle in der Miniaturisierung spielt die Halbleitertechnik, die in vielen Fällen die üblichen Elektronenröhren durch Transistoren äußerst kleiner Abmessungen ersetzt. Die Leistungen der Halbleitertechnik sind jedermann bekannt, da bereits hochqualitative Kleinempfänger von der Größe eines Fingerhutes im Handel sind.

Die vor kurzem ins Leben gerufene Molekularelektronik und Dünnschichttechnik machen es möglich, ganze Schaltungen auf kleine Kristalle und dielektrische Schichten zusammenzudrängen. Die Elemente dieser Systeme, das heißt ihre eigenartigen „Schaltteile", werden hier in der Masse des Halbleiters ausgebildet, indem seine Eigenschaften durch bestimmte chemische Zusätze (Verunreinigungen) verändert werden. Die Miniaturisierungstechnik entwickelt sich außerordentlich rasch. In kaum zehn Jahren wurde ein langer Weg zurückgelegt, und gegenwärtig kann man bereits Apparate bauen, deren einzelne, nach der Integralmethode ausgeführte Monoblöcke bis zu 1000 Schaltelemente pro Kubikzentimeter ihres Volumens aufnehmen können.

Von besonderer Bedeutung ist das Problem der Miniaturisierung und das mit ihm zusammenhängende Problem der Zuverlässigkeit in der Entwicklung elektronischer Rechenanlagen. Heute sind elektronische Rechenmaschinen von der Größe einer Schreibmaschine nichts Besonderes mehr. Zur Zeit entstehen prinzipiell neue Typen, in denen die Dichte der Schaltelementanordnung mit der Dichte der Nervenzellen im menschlichen Gehirn vergleichbar ist.

Das tiefe Eindringen der Elektronik in die Wissenschaft, Technik und verschiedenen Sphären der industriellen Produktion und ihr revolutionierender Einfluß auf diese Gebiete haben eine eigenartige Rückwirkung erzeugt, die dazu geführt hat, daß diese Gebiete nun ihrerseits einen sehr starken Einfluß auf die Elektronik ausüben. Vor unseren Augen vollzieht sich eine stürmische Entwicklung der Elektronik, die ständig an Tempo gewinnt. Nicht nur ihr „Zuständigkeitsbereich" hat sich erweitert, sondern auch die Anwendung ihrer technischen Mittel selbst. Die heutige Elektronik unterscheidet sich merklich von ihrer Vorläuferin der fünfziger Jahre. Wir wollen hier die wichtigsten Unterschiede nennen: Heute nutzt die Elektronik unvergleichlich mehr Erscheinungen als früher, und die Anzahl der genutzten Bereiche des elektromagnetischen Spektrums wächst ständig. Auf der einen Seite dringt die Elektronik in das Gebiet der Röntgenstrahlen und Strahlungen von Elementarteilchen vor, und auf der anderen Seite verläßt sie den Langwellenbereich und schließt mit der Einbeziehung akkustischer Wellen den Kreis. Die Elektronik ist in enge Wechselbeziehungen mit der Automatisierung und der Kybernetik getreten. Elektronische Geräte bestreiten nicht nur zahlreiche Glieder in automatischen Steuer- und Regelsystemen, sondern es werden auch umgekehrt zahlreiche solcher Systeme in der Elektronik selbst eingesetzt. Die Mittel der technischen Kybernetik, speziell die modernen elektronischen Ziffernrechenanlagen, die ohne die Elekronik undenkbar sind, haben dazu geführt, daß heute kein einziger komplizierter Komplex der Elektronik ohne Elektronenrechner auskommen kann. Charakteristisch für die gegenwärtige Elektronik ist der Übergang von Einzelgeräten zu komplizierten Systemen der Informationsbeschaffung und -verarbeitung und der Steuerung und Regelung. Solche Systeme kommen in immer größerer Anzahl im Transport, in der Produktion und in anderen Bereichen der menschlichen Tätigkeit zum Einsatz.

Die Verbesserung der natürlichen und die Schaffung künstlicher Werkstoffe

In unserer Zeit, da die Menschheit in die Periode der wissenschaftlich-technischen Revolution eingetreten ist, erlangt die Gewinnung und Nutzung der für die Produktion der materiellen Güter unerläßlichen Werkstoffe eine gewaltige Bedeutung. Die Menschen benötigen ultrafeste Stoffe, hochreine Metalle, Materialien mit Halbleitereigenschaften sowie Plaste und wärmefeste Stoffe. Die Natur eines Stoffes und seine Eigenschaften bestimmen in vielem die Fertigungstechnologien und die Arbeitsmittel, mit denen er zu Produkten verarbeitet wird. Unter den Aufgaben, die das sowjetische Volk im ökonomischen Aufbau und in der Schaffung der materiell-technischen Basis des Kommunismus zu bewältigen hat, nennt das Programm der KPdSU die Gewinnung und Verwendung hocheffektiver Rohstoffe und Materialien, die Vergrößerung des spezifischen Anteils synthetischer Werkstoffe sowie die Beschaffung von Metallen und Legierungen mit neuen Eigenschaften.[23]

Die Menschheit verfügt über unterschiedliche Ressourcen: *nicht erschöpfbare* (nutzbare Klimafaktoren wie Sonnenstrahlung, Niederschläge, Windenergie), *reproduzierbare* (Boden und biologische Faktoren) und *nichtreproduzierbare* (im wesentlichen die mineralischen Rohstoffe). Steht bei der erstgenannten Art der richtige Einsatz an erster Stelle, der im wesentlichen auf die qualitativ hohe Ausnutzung, die wirtschaftliche Verwendung und die richtige zeitliche und räumliche Verteilung hinausläuft, und bei der zweiten Art die intensive Nutzung, die Steigerung der natürlichen Effektivität und die Festlegung optimaler Verbrauchsnormen, so sind bei den nichtreproduzierbaren Ressourcen die Probleme weit komplizierter.

Je höher der Entwicklungsgrad einer Gesellschaft, desto größer ist die Bedeutung der mineralischen Roh- und Brennstoffe innerhalb der natürlichen Ressourcen. Der Mensch fördert aus dem Erdinnern chemische Elemente, die er an der Oberfläche verarbeitet und umverteilt. Er bezieht sie in immer größerer Anzahl in seine praktische Tätigkeit ein. Waren es beispielsweise bis zum 18. Jahrhundert nur etwa 20 und bis zum Beginn des 19. Jahrhunderts erst 28, so stieg ihre Anzahl bis zu Beginn des 20. Jahrhunderts auf 60. Jahrtausende gingen die Menschen gleichgültig an Eisenerzlagern vorbei, und noch bis vor kurzem sahen sie im Uran keinerlei Wert. Heute hat es der Mensch gelernt, sich fast sämtliche Elemente des Mendelejevschen Periodischen Systems zunutze zu machen, sei es als Grundlage für die Gewinnung verschiedenartigster Werkstoffe, sei es als Energiequelle.

Aber der Mensch verschafft sich einen Teil dieser chemischen Elemente und Verbindungen nur, um sie wieder in die Natur zurückzuführen (Stickstoff, Phosphor und Kali als

[23] Programm der Kommunistischen Partei der Sowjetunion, a. a. O., S. 68.

Düngemittel für den Boden und Kohlenstoff). Viele Elemente, die er in konzentrierter oder reiner Form anwendet, gehen durch Korrosion und Verschleiß oder durch Elementarereignisse und Kriege unwiderruflich verloren und werden überallhin verstreut. Die Abriebverluste an Gold betragen jedes Jahr eine ganze Tonne. Nach Meinung der Fachleute vernichtet die Korrosion jedes Jahr etwa 10 Prozent der Schmelzen. Deshalb erlangt der effektive und sinnvolle Einsatz der nichtreproduzierbaren natürlichen Ressourcen eine erstrangige Bedeutung. Ihre richtige Verwendung besteht in einem wirtschaftlichen und komplexen Verbrauch, in der Suche nach Ersatzstoffen und in der Erweiterung der geologischen Erkundungsarbeiten, die der Erschließung neuer Vorräte an solchen Mineralien dienen. Die Aufgabe besteht also darin, die Erde aus einer Stätte, die Reichtümer in sich birgt, in ein Objekt der wissenschaftlich begründeten Wirtschaftstätigkeit der menschlichen Gesellschaft zu verwandeln.

Die Erde war das Vorratslager des Menschen, und sie wird es auch bleiben, wobei die Schätze, die in großen Tiefen liegen, sich dem Zugriff des Menschen noch lange entziehen werden. Doch kann man bereits heute sagen, daß sich der Mensch nicht allein mit den Reichtümern der Erde begnügen wird, sondern auch das seiner Nutzung zuführen wird, was er aus dem Kosmos gewinnen kann. Zunächst werden das nichts weiter als zusätzliche Vorräte der Erde sein, die nur im Kosmos selbst erschlossen werden müssen, dann die Energien geladener kosmischer Teilchen und schließlich die mineralischen Lagerstätten anderer Planeten.

Praktisch nutzen die Menschen nur diejenigen Naturschätze, die in verhältnismäßig geringer Tiefe der Erdkruste zu finden sind. Die tiefsten Bohrungen reichen kaum 8000 Meter, und im Erzbergbau sind selbst Tiefen von 1500 bis 2000 Meter Ausnahmen. In unserer Zeit ist an die weitere Erschließung von natürlichen Reichtümern nicht zu denken, solange nicht die Erschließung der tieferen Schichten der Erdkruste und der unmittelbar darunter gelegenen Zonen in Angriff genommen wird. Zu diesem Zwecke wurden in letzter Zeit umfangreiche geophysikalische, geochemische und geologische Untersuchungen eingeleitet, um die gesamte Erdkruste und die oberen Schichten des Erdmantels zu erkunden.

Es ist damit zu rechnen, daß die Menschen mit neuen Bohrverfahren schon in allernächster Zukunft in Tiefen bis 10000–15000 Meter vordringen werden. Dadurch werden sich viele Probleme lösen lassen, die die praktische Nutzung tiefer liegender Naturschätze betreffen.

Die Entwicklung der Produktivkräfte macht es erforderlich, in immer stärkerem Maße nicht nur die Rohstoffressourcen des Erdinneren und der Erdatmosphäre der Produktion zuzuführen, sondern auch die der Weltmeere, die in ihrer Flächenausdehnung bekanntlich doppelt so groß sind wie das Festland. Heute werden für die direkte industrielle Nutzung bereits Natriumchlorid (Kochsalz) (etwa 30 Prozent des Bedarfs), Magnesium (etwa 20 Prozent) sowie bedeutende Mengen Brom, Sulfat und andere Stoffe aus dem Meer gewonnen. Dabei sind die Vorräte der Weltmeere an mineralischen Rohstoffen noch sehr wenig erforscht, auch wenn erste orientierende Berechnungen den Schluß zulassen, daß sie vielversprechende Lager an Metallen und Nichtmetallen beherbergen. So gibt es beispielsweise unter den mineralischen Sedimentbildungen des Meeresbodens Eisenmangan- und Phosphoritkonkretionen, Ansammlungen von Bariumsulfat, Eisensulfiden und anderen nutzbaren Mineralien. Die sowjetischen Wissenschaftler haben den Abbau solcher Mineralkonkretionen bereits in Angriff genommen, insbesondere von Eisenmangan für die Herstellung von Qualitätslegierungen.

Die ungenügende Ausnutzung der Weltmeere als mineralische Rohstoffquelle erklärt sich bis zu einem gewissen Grade dadurch, daß die konventionelle Gewinnung nutzbarer Mineralien aus dem Erdinneren einfacher und billiger geworden ist. Als Beispiel sei lediglich die Goldgewinnung genannt. Obwohl die Ozeane Millionen Tonnen Gold enthalten, kommt eine Direktgewinnung aus dem Meereswasser nicht in Frage, da sie um ein Vielfaches teurer wäre als die Schwemmgold- bzw. Grubengoldgewinnung. Künftig werden sich jedoch mineralische Rohstoffe mit geringerem Aufwand aus dem Meere fördern lassen, so daß sich die Rohstoffreserven der Menschheit bedeutend erweitern werden.

In ihrer praktischen Tätigkeit nutzen die Menschen nicht nur natürliche Stoffe, sondern sie schaffen sich auch selbst Stoffe, die in der Natur nicht vorkommen, oder sie erzeugen

Synthetika, die die natürlichen Stoffe ersetzen. Die Bedürfnisse der Produktion und die technischen Aufgaben, die im Arbeitsprozeß entstehen, fordern oftmals Werkstoffe mit ganz bestimmten Eigenschaften, die natürlich vorkommende Stoffe nicht besitzen. Durch Umformung primärer Arbeitsgegenstände verschaffen sich die Menschen neue Materialien mit den für die Produktionsprozesse erforderlichen Eigenschaften. Außerdem führen die ständige Ausdehnung der Produktion und die Vergrößerung des Bedarfs zwangsläufig zur Nutzung einer immer größeren Anzahl unterschiedlicher Arbeitsgegenstände. Die natürlich gewonnenen Rohstoffmengen reichen nicht mehr aus, um sämtliche menschlichen Bedürfnisse zu befriedigen. Deshalb stehen wir unentwegt vor der Aufgabe, Ersatz zu finden, etwa in Form synthetischer Stoffe (Kunststoffe).

Um diese Aufgabe lösen zu können, wirken die Menschen mit chemischen, genauer gesagt mit physikalisch-chemischen Methoden auf die natürlichen Stoffe ein, formen sie um und verändern ihre Zusammensetzung, ihre Struktur und ihre Eigenschaften. Hier spielt die chemische Wissenschaft die ausschlaggebende Rolle, die zusammen mit der chemischen Industrie die Industrie mit Säuren, Farbstoffen, Düngemitteln und anderen synthetischen Produkten versorgt und auf diese Weise die Produktionsprozesse im Maschinenbau, im Bergbau, im Hüttenwesen, in der Landwirtschaft und in anderen Volkswirtschaftszweigen bedeutend intensiviert. Die Leistungen der Chemie ermöglichen große Einsparungen an gesellschaftlicher Arbeit und gestalten die Produktionszyklen kontinuierlich. Das läßt sich klar am Beispiel der Tuchherstellung verfolgen. Werden beispielsweise für die Herstellung einer Tonne Baumwollfaser 238 Arbeiter-Tage benötigt, so sind es für die Herstellung der gleichen Menge Viskose-Stapelfaser nur 70 Arbeiter-Tage. Die Chemisierung der Produktion führt zu Kunststoffen und schont dadurch die natürlichen Ressourcen. Um beispielsweise eine Tonne Stärke zu erhalten, müssen etwa 6,5 Tonnen Kartoffeln oder 1,6 Tonnen Mais oder 2,3 Tonnen Weizen verarbeitet werden. Indessen kann Polyvinilalkohol in vielen Fertigungsverfahren die Stärke ersetzen, so daß die betreffenden Ausgangsprodukte der menschlichen Ernährung erhalten bleiben.

Bereits heute hat die Chemie der Synthetika die Schaffung künstlicher flüssiger Brennstoffe aus Kohle, Torf und Schiefer gelöst. Außerdem wird Kautschuk aus Erdöl und Alkohol hergestellt, Alkohol aus Naturgas, Qualitätsseide aus Kohle, Wasser und Luft, leuchtende Farben aus Steinkohleteer usw. Die Chemie dringt in immer mehr Produktionsgebiete ein und wird zu einem mächtigen Beschleuniger des Fortschritts. In letzter Zeit sind die Kunststoffe nicht mehr nur Ersatz. Sie haben bereits eine eigenständige Bedeutung erlangt, wie die Anwendung von Plasten sehr deutlich zeigt, die in zahlreiche Gebiete der Volkswirtschaft Eingang gefunden haben.

Die Bedeutung künstlich geschaffener Materialien kann klar an der Gewinnung synthetischer Diamanten gezeigt werden. Zwei Jahrzehnte lang mußte angestrengt geforscht werden, bevor sich der krönende Erfolg einstellte, die Schaffung eines künstlichen Diamanten aus Graphit, der einem natürlichen in nichts nachstand und ihn in einer Reihe physikalisch-mechanischer und Werkeigenschaften sogar übertraf. Bei der Lösung dieser komplizierten Aufgabe haben die sowjetische Wissenschaft und Technik eine große Rolle gespielt. Die Produktion verfügt mit diesen künstlichen Diamanten über ein Material, das die Bearbeitungsverfahren, besonders im Maschinenbau, im Gerätebau und in der Elektronik, bedeutend verbessern hilft. Die Möglichkeit, billige Diamanten verwenden zu können, rückt die Abtragung harter Deckgesteine im Bergbau in ein neues Licht und läßt an den Einsatz von Diamantbohrkronen und -schneidern in Bergbaukombines denken.

Synthetische Diamanten vergrößern die Härte und Lebensdauer von Schneidwerkzeugen um das Zehn- bis Hundertfache, verbessern die Qualität von Oberflächenbearbeitungen, erhöhen die Lebensdauer und Zuverlässigkeit von Maschinen, steigern die Arbeitsproduktivität und senken die Selbstkosten der Produktion. So erhöht sich die Arbeitsproduktivität beim Schärfen und Schleifen harter Schneidwerkzeuge um das Zwei- bis Vierfache, wenn anstelle der Kaborundscheiben Diamanten verwendet werden. Einen großen technisch-ökonomischen Effekt erzielen synthetische Diamanten beim Ziehschleifen von Gußeisen- und Stahlzylindern und anderen Auto-, Flugzeug- und Traktormotorteilen sowie von thermischen, hydraulischen und pneumatischen Geräten. Die Lebensdauer diamantbesetzter Ziehschleifahlen liegt etwa um einhundert- bis zweihundertmal höher als bei den üblichen Schleifmitteln, und die Ausgaben pro Schleifwerkzeug können um das 510fache gesenkt werden. Mit Schleifahlen, die mit synthetischen Diamanten besetzt sind, lassen sich beim Langhubziehschleifen (Grobschleifen) der Zylinderblöcke von Automotoren etwa 20000 Bohrungen bearbeiten, während konventionelle Schleifahlen nur 200 Bohrungen aushalten. Beim Kurzhubschleifen (Superfinish) werden sogar 50000 bis 60000 Bohrungen erreicht. Dabei haben diese Werkzeuge eine doppelt bis dreimal so lange Lebensdauer. Bereits heute sind künstliche Diamanten um fünf- bis sechsmal billiger als natürliche, und mit der weiteren Ausdehnung ihrer Herstellung werden sich die Produktionskosten weiter verringern. Künstliche Diamanten haben aber noch andere Vorzüge. Haben die physikalisch-mechanischen Eigenschaften natürlicher Diamanten in der Regel einen großen Schwankungsbereich, nämlich je nach den Entstehungsbedingungen, so werden künstliche Diamanten unter optimalen Arbeitsverfahren erzeugt und besitzen deshalb sehr stabile Kennziffern. Heute hat die sowjetische Industrie die Synthese von Diamanten derart weit entwickelt, daß sich Diamanten mit vorgegebenen Eigenschaften erzeugen lassen. Wir haben Technologien für die Herstellung unterschiedlichster Arten von Diamanten entwickelt, die sich vor allem nach ihrer Härte, Form und Kornoberfläche unterscheiden; jede Art hat ihr besonderes Anwendungsgebiet. Wir stellen synthetische Diamanten her, die an Härte die natürlichen übertreffen. Ein Karat eines synthetischen Diamanten hebt bei der Bearbeitung 1,5 bis 2,5 Karat eines natürlichen Diamanten ab. In der UdSSR werden heute 95 Prozent der Diamantschleifwerkzeuge mit künstlichen Diamanten besetzt und nur 5 Prozent mit natürlichen. Die Herstellung solcher Schleifwerkzeuge hat sich in der Sowjetunion von 1963 bis 1967 um das 7,7fache vergrößert. Die letzte Leistung der sowjetischen Wissenschaftler auf diesem Gebiet ist die Synthese von Diamantgroßkristallen vom Typ eines Ballas mit einem Durchmesser von 6 bis 8 mm.[24] Synthetische Diamantgroßkristalle

[24] J. A. Kalašnikov, L. F. Vereščagin, E. M. Fekličev, I. S. Suchu-

bieten neue Einsatzmöglichkeiten in der Technik und in der Produktion. Dies alles verleiht den künstlichen Diamanten große Perspektiven.

Neben Diamanten wird in der UdSSR für die Bedürfnisse der neuen Technik auch eine ganze Reihe anderer wertvoller anorganischer Spezialmaterialien in Hochdruck- und Hochtemperaturverfahren hergestellt. Unter ihnen ist das ultrafeste Material Elbor (kubisches Bornitrid) zu erwähnen, dessen Härte der des Diamanten gleichkommt. Elbor besitzt genauso wie der Diamant einmalige Schleifeigenschaften. Auf Grund seiner großen Warmhärte ist es ein vielversprechendes Material für Schnellbearbeitungsverfahren verschiedener Metalle und Legierungen. Seine Warmhärte beträgt bei Erhitzung an der Luft 1400 °C, während sich Diamant unter diesen Bedingungen bekanntlich bereits bei 700 °C in Graphit umwandelt.[25]

In den wissenschaftlichen Laboratorien werden synthetische Kristalle von Quarz, Rubin, Asbest, Glimmer, Wolframaten, Molybdat und anderen Mineralien gewonnen, ohne die die Entwicklung der Funktechnik, der Elektronik und anderer Gebiete der Technik unmöglich ist. Somit erlaubt es der Fortschritt von Wissenschaft und Technik dem Menschen, künstliche Arbeitsgegenstände zu schaffen, die eine immer stärkere Anwendung in der Produktion finden. Man kann mit voller Überzeugung sagen, daß die Physik und Chemie in allernächster Zukunft aus beliebigem Material und ausreichender Energie der Gesellschaft diejenigen Werkstoffe zur Verfügung stellen werden, die sie benötigt.

Die gegenwärtige wissenschaftlich-technische Revolution läßt sich ohne den Einsatz von Werkstoffen mit vorgegebenen Eigenschaften nicht zu Ende führen. Die Beschaffung dieser Stoffe ist eine wichtige Voraussetzung für den Übergang zur neuen technologischen Produktionsweise der komplexauto-

šina, Die künstliche Schaffung von Diamanten vom Typ des Ballas, in: Doklady AN SSSR 1967, Band 172/1, S. 76.

25 L. F. Vereščagin, E. V. Zubova, L. N. Burenkova, N. I. Revin, Die Gewinnung kompakter Modifikationen von Bornitrid unter hohen Drücken und Scherspannungen, in: Doklady AN SSSR 1968, Band 178/1, S. 72–73.

matisierten Produktion. Für ihre Durchsetzung bilden aber die technischen und physikalischen Charakteristika der nur natürlich vorkommenden Materialien sehr wesentliche Einschränkungen. In der funktionalen Abhängigkeit zwischen Einsatzmenge, Abmessungen und Eigenschaften eines Werkstoffes konnte der Mensch bisher nur die ersten beiden Komponenten nach eigenem Ermessen verändern, während sich die Eigenschaften seinem Willen und seinen Wünschen nicht fügten und so seinem Schöpfertum und seinen Möglichkeiten, neue Konstruktionen zu entwickeln, zwangsläufig Grenzen setzten. Das wurde besonders dann fühlbar, wenn die Konstrukteure nicht nur an der Unnachgiebigkeit bestimmter Werkstoffe scheiterten, sondern auch eine ganze Reihe von Eigenschaften wie Wärmefestigkeit, Wärmeausdehnung, elektromagnetisches Verhalten usw. berücksichtigen mußten.

Die komplexautomatisierte Produktion stellt an den Arbeitsgegenstand unvergleichlich höhere Anforderungen als sämtliche Produktionsweisen der Vergangenheit: die Rolle und die Bedeutung des Arbeitsgegenstandes nehmen ungewöhnlich zu. So ist zum Beispiel die große Anzahl der Autobauteile nicht durch die Konstruktion, sondern durch die Technologie bedingt: Das Auto läßt sich nun einmal leichter aus einzelnen Bauteilen zusammenbauen. Das gilt aber nur für den Automobilbau im klassischen Fabriksystem. Der Übergang zur komplexautomatisierten Produktion stellt genau die entgegengesetzte Aufgabe, nämlich die Anzahl der Autobauteile maximal zu verringern, da man sonst nicht zur automatischen Montage übergehen kann. Die Lösung dieser Aufgabe, also die zahlenmäßige Verringerung der Bauteile, zieht aber, wie sich herausgestellt hat, ein weiteres Problem nach sich, nämlich die Ersetzung vieler zur Zeit verwendeter Werkstoffe durch andere mit genau vorgegebenen Eigenschaften. Nur dann wird es möglich sein, beispielsweise eine Karosse als ein Teil auszuführen, die Scheibenwischer durch Verwendung besonderer Glasarten überflüssig zu machen, den Motor aus einer kleinen Anzahl von Teilen zu fertigen usw.[26]

Neben der Entwicklung neuer Werkstoffe mit vorgegebenen Eigenschaften nehmen zur Zeit auch die Probleme der Ver-

[26] S. Lilley, a. a. O., S. 99–101.

besserung der konventionellen Werkstoffe einen beträchtlichen Platz ein. In der Technik werden zur Erhöhung der Widerstandsfähigkeit von Metallen sehr unterschiedliche Methoden angewandt: die Wärmebehandlung, die Kaltverformung, die Legierung, die Härtestaffelung und andere. Mit Hilfe dieser Verfahren konnte in den letzten fünfzig Jahren die Festigkeit der üblichen verwendeten Metalle um etwa das Achtfache erhöht werden. Heute wird im Flugzeugmotorenbau pro PS nicht mehr als ein Kilogramm Metall verbraucht, Anfang des 20. Jahrhunderts war es noch eine Vierteltonne.

Die erzielten Festigkeiten reichen jedoch nicht mehr aus, sie müssen noch weiter erhöht werden. Die Wissenschaftler haben festgestellt, daß moderne Hochlegierungsstähle nur ein Zehntel ihrer theoretischen Festigkeit erreichen. Das erklärt sich aus der Unvollkommenheit der Kristallstruktur und einer Reihe anderer Defekte. Indessen ist es bereits gelungen, Metallfäden, sogenannte Whisker, zu erzeugen, deren Festigkeit nahe an die theoretischen Werte herankommt. Diese fehlerfreien (idealen) Kristalle lassen sich durch spontanes Wachstum der Metalle aus Lösungen züchten. Es gibt bereits Whisker aus Eisen, Germanium, Gold, Zinn, Cadmium und verschiedenen Oxyden, die allesamt eine erstaunliche Festigkeit zeigen. Kupferwhisker halten zum Beispiel eine Belastung von 600 kg/mm^2 aus, gegenüber 18 kg des normalen Kupfers, bei Eisenwhisker sind es 1400 kg gegenüber 20 bis 30 kg bei normalem Eisen bzw. 180 kg bei legierten Stählen. Unglücklicherweise werden die Whisker jedoch nur wenige Millimeter lang. Dennoch lassen sich selbst aus diesen winzigen faden- und haarförmigen Kristallen viele Dinge herstellen, so unter anderem ultrafeste Aufhängungen für empfindliche Geräte, und in dem Maße, wie die Miniaturisierung der Technik voranschreitet, wird sich auch das Anwendungsgebiet solcher defektfreier Kristalle immer mehr erweitern. Die grundlegende Richtung in der Verbesserung der Metalle ist die Erzielung einer maximalen Reinheit. Wenn man von der Reinheit eines Metalles spricht, so meint man damit heute nicht nur eine hohe chemische Reinheit, das heißt einen minimalen Gehalt an Fremdstoffen, sondern auch eine hohe physikalische Reinheit, das heißt das Fehlen von Kristallbaufehlern. Die Gewinnung sogenannter Reinstmetalle mit idealem Kristallbau erlaubt eine wesentliche Senkung des Materialverbrauchs und führt zu einer Verringerung des Gewichtes von Maschinen, Ausrüstungen und Konstruktionen, so daß sich neue technische Möglichkeiten und große Einsparungen ergeben.

Der Reaktorbau, die Raketentechnik und die Elektronik fordern besonders hochreine Metalle. Deshalb wurden Verfahren der Metallreinigung entwickelt, die beispielsweise bei Zink zu einer Reinheit von 99,99999 Prozent und bei Blei von 99,9999 Prozent geführt haben. Große Reinheiten wurden auch bei Titan, Zirkonium, Tantal und Niobium erreicht, die in letzter Zeit eine weite Verbreitung gefunden haben. Bei einem hohen Reinheitsgrad nehmen die Metalle völlig andere Eigenschaften an. So wurde zum Beispiel Chrom lange Zeit für eine spröde harte Substanz gehalten, die sich nicht durch Druck verformen ließ und deshalb in erster Linie für elektrolytische Überzüge und als Zusatz zu Stahllegierungen verwendet wurde. In Reinstform (99,999 Prozent) läßt sich Chrom selbst bei Zimmertemperatur wie ein weicher Eisendraht verformen. Im Reaktorbetrieb spielt die Reinheit der Kernbrennstoffe eine große Rolle. In Atomreaktoren wird reinstes metallisches Uran verwendet, das speziell von allen Fremdstoffen frei sein muß, die einen hohen Neutronenquerschnitt (heiße Neutronen) besitzen. Uran wird nach Verfahren der Metallkeramik in Blöcke geformt, die sich in einer Schutzhülle aus Aluminium oder Zirkonium befinden.

Ungewöhnlich hohe Anforderungen an die Reinheit und Vollkommenheit eines Stoffes stellt auch die Elektronik, die auf der Anwendung von Halbleitern beruht. Gleichrichter, Verstärker, Energieumwandler (Lichtenergie in Elektroenergie, Wärmeenergie in Elektroenergie) und die verschiedenen Meßwertgeber arbeiten nur dann zuverlässig, wenn die Eigenschaften der Halbleiterkristalle voll genutzt werden können. Die Halbleiterkristalle haben die Zuverlässigkeit erhöht, den Energieverbrauch gesenkt und, was das Wichtigste ist, die Abmessungen der elektronischen Geräte um ein Tausendfaches verringert. Die Entwicklung der Elektronentechnik hat es erforderlich gemacht, Monokristalle mit vorgegebenen Eigenschaften zu züchten. Sie konnten aber nur durch die Erforschung der Feinstruktur der Materie gewonnen werden, was letztlich dazu geführt hat, daß sich die Eigenschaften der einzelnen Werkstoffe besser nutzen lassen. Die Festkörperphysik und die Chemie sind die Wissensgebiete, die berufen sind, die komplizierten Aufgaben der Schaffung neuer Stoffe mit vorgegebenen Eigenschaften zu lösen. Bedeutende Ergebnisse sind auch von den Arbeiten zu erwarten, die auf die Erweiterung der Anwendungsbereiche von Glas, Keramik, feuerfesten Stoffen, Zement und Beton gerichtet sind und die letztlich zu Materialien führen werden, die die im Bauwesen und in der Produktion benötigten Eigenschaften besitzen. Durch die Errungenschaften der Chemie, Physik und Technologie können diesen Stoffen Eigenschaften verliehen werden- vor allem was die Wärmefestigkeit, Beständigkeit gegenüber chemischen Einwirkungen und Verschleißfestigkeit betrifft, die die entsprechenden Kennziffern polymerer organischer Stoffe und Metalle übertreffen. Die modernen Verfahren der thermischen und chemischen Glasoberflächenbehandlung übertragen die dabei angestrebten Eigenschaften nicht auf das Gesamtvolumen eines Körpers. In dem Bemühen, dieses Problem zu lösen, haben die Wissenschaftler ein neues Glaskristall geschaffen, das in der Sowjetunion die Bezeichnung Sitall (DDR – Vitrokeram, der Übers.) erhalten hat und ein zukunftsweisender anorganischer Konstruktions- und Baustoff mit unterschiedlichstem Verwendungszweck geworden ist. Es besteht kein Zweifel mehr, daß dieser Werkstoff in verschiedenen Kombinationen von Eigenschaften hergestellt werden kann, wie sie weder bei Metallen noch bei Polymeren, bei Glas oder bei Keramik anzutreffen sind.

Vor kurzem wurden in unserem Lande Silikone (siliziumorganische Verbindungen) entwickelt, neue Stoffe, die sich an der Grenze zwischen organischer und anorganischer Natur befinden. Sie verfügen über eine hinreichende Elastizität, große mechanische Festigkeit und hohe Wärmefestigkeit. Sie werden bereits in den neuesten Elektromaschinen, im Flugzeugbau, im Maschinenbau, in der chemischen Industrie und anderen Zweigen eingesetzt. Breite Anwendung finden in der Technik und in der Industrie metallkeramische Werkstoffe, die nach den Verfahren der Pulvermetallurgie gewonnen werden. Ein bedeutender Vorzug dieser Fertigungsverfahren ist die Möglichkeit, Werkstoffe von praktisch beliebiger Struktur und Zusammensetzung zu erhalten, so daß sich, was bei anderen Verfahren nicht der Fall ist, ganz bestimmte physikalisch-mechanische Eigenschaften sichern lassen.

Häufig werden als Oxydations- und Korrosionsschutz von Metallen sogenannte Verbundwerkstoffe verwendet. Dazu gehört das Plattieren, das heißt das Auftragen einer Deckschicht auf das Grundmetall. So wird beispielsweise Stahlblech mit einer dünnen Aluminiumschicht überzogen. Die mechanischen Eigenschaften dieser Verbundwerkstoffe entsprechen vollständig denen des Grundmetalls (Stahl). Der Vorteil ist jedoch, daß der Deckstoff – mitunter nur einige Mikron stark – dafür sorgt, daß sich das Stahlblech gegenüber aggressiven Einwirkungen so verhält, als ob es aus Aluminium bestünde.

In der Hochtemperaturtechnik, im Triebwerkbau und in der Raketen- und Kerntechnik kommen oft Verbundwerkstoffe zum Einsatz, in denen eine schwerschmelzbare bzw. wärmefeste Legierung mit einer feuerfesten Keramikschicht überzogen wird. Als Deckschichten kommen schwerschmelzbare Verbindungen mit Schmelztemperaturen von 4000 Grad (Boride, Karbide, Nitride und Silizide) in Betracht. In selteneren Fällen werden auch Cermets verwendet, das sind Stoffe aus hochfeuerbeständigen Oxyden und Metallpulvern. Der erste Kernreaktor, der auf der Genfer Konferenz für die friedliche Anwendung der Atomenergie 1955 gezeigt wurde, enthielt in seinen Brennelementen ein Cermet.

In Verbundwerkstoffen lassen sich Komponenten mit unterschiedlichsten Eigenschaften zusammenbringen, Metalle mit organischen Verbindungen, Glas mit Plasten usw. Eine dünne Deckschicht eines Polymers, die auf ein Stahlband aufgebracht wird, erzeugt ein neues Material, ein sogenanntes Metallplast, das die Vorteile von Metallen und Plasten in sich vereinigt. Ein Beispiel für eine Kombination Metall plus Metall ist ein Verbundwerkstoff, in dem Wolframfäden gleichmäßig in Kupfer eingearbeitet werden. Wolfram verleiht dem Kupfer seine Festigkeit, und das verformbare Kupfer hebt die Sprödigkeit des Wolframs auf. Wir sehen also, daß die Arbeitsgegenstände zum großen Teil aus Stoffen bestehen, die der Mensch nicht fertig aus der Natur bezieht, sondern durch eigene Arbeit schafft, indem er natürliche Stoffe, die ihm lediglich als Ausgang dienen, umgestaltet und verändert. Dieser Prozeß erweitert und vertieft sich in dem Maße, wie die gegenwärtige wissenschaftlich-technische Revolution voranschreitet.

Die Erforschung des Alls

Die zielstrebige Entwicklung der Raumfahrt hat einen starken und unmittelbaren Einfluß auf alle Seiten der menschlichen Tätigkeit zur Folge. Sie ist der Anstoß für zahlreiche wissenschaftliche Untersuchungen sowie für die Entwicklung neuer Richtungen in der Wissenschaft und neuer Anwendungsgebiete in der Technik. Die praktische Nutzung der Ergebnisse der Raumforschung beschleunigt letzten Endes den wissenschaftlich-technischen Fortschritt und fördert die Entwicklung der Industrie.[27] Die Erkenntnis, Erforschung und Ausnutzung der außerordentlich unterschiedlichen physikalischen Bedingungen, der Zustands- und Bewegungsformen der Materie im unergründlichen kosmischen Raum erhalten deshalb einen revolutionierenden und katalysierenden Einfluß auf die Entwicklung der modernen Wissenschaft und Technik selbst. Die Ergebnisse, die der breite wissenschaftliche Vorstoß auf die Geheimnisse des Kosmos gebracht hat, verhelfen uns zu völlig neuen Einsichten in die Natur und in die physikalischen Eigenschaften des Alls, zwingen uns, die früher gefaßten Begriffe neu zu durchdenken und tragen zur Entdeckung von Erscheinungen bei, deren Existenz so lange nur hypothetisch angenommen werden konnte.

Die direkte Entsendung wissenschaftlicher Apparate in den Kosmos, die am 4. Oktober 1957 in der UdSSR in die Tat umgesetzt wurde, hat es möglich gemacht, von der empirischen zur experimentellen Raumforschung überzugehen, was die Entwicklung von Wissenschaft und Technik bedeutend beschleunigt hat.[28] Die großen wissenschaftlichen Leistungen in der Mechanik, Physik, Chemie, Mathematik, Elektronik

[27] Die Erfolge der UdSSR in der Erforschung des kosmischen Raumes, Moskva 1968.

[28] E. F. Fedorov, Ein welthistorischer Sieg der Sowjetwissenschaft, in: Kommunist, 14/1959.

und anderen Zweigen haben zu prinzipiell neuen Mitteln geführt, die unter der allgemeinen Bezeichnung Raumfahrttechnik zusammengefaßt werden. Die Erschließung des Kosmos war von der wissenschaftlichen und praktischen Notwendigkeit diktiert, die Eigenschaften des Alls zu erforschen und zu erkennen. Zahlreiche technische und ökonomische Aufgaben, die der Mensch auf der Erde lösen muß, werden früher oder später dank der Erschließung des Kosmos gelöst werden.[29]

Die Probleme, die die Lösung zahlreicher wichtiger praktischer Aufgaben mit sich bringt, machen das Vordringen in den Kosmos zu einer dringenden Notwendigkeit. Die Einrichtung einer ständigen Wettervorhersage mit Hilfe künstlicher Wettersatelliten ist von erstrangiger praktischer Bedeutung für die Befriedigung der alltäglichen Bedürfnisse der gesamten Menschheit und für die Lösung so wichtiger Aufgaben, wie sie die künstliche Wetterbeeinflussung und die Beschaffung der erforderlichen meteorologischen Informationen sind.

Die Zusammenstellung fortlaufender synoptischer Karten und andere meteorologische Forschungsvorhaben experimentellen und theoretischen Charakters, die auf künstliche Erdtrabanten und andere den kosmischen Raum erforschende Apparate angewiesen sind, werden letzten Endes zu einer wahrhaften Revolution in der Organisation der Wettervorhersage und der künstlichen Wetterbeeinflussung führen. Die Probleme eines globalen weltumspannenden Navigationssystems (Vermessungssystems) und die Gewinnung wertvoller praktischer Materialien aus umfassenden geodätischen Aufnahmen konnten nur mit Hilfe künstlicher Erdtrabanten gelöst werden. Die kosmischen Navigationssysteme werden in Zukunft zu einem Universalmittel für alle Transportarten auf der Erde und im Kosmos werden. Die effektive Kombinierung der verschiedenen Vermessungsnetze der Erde und die geodätische Aufnahme schwer zugänglicher Lokalitäten erfordern die Anwendung spezieller kosmischer Navigationssysteme.

Durch die systematische Erfassung der Bahnunregelmäßigkeiten von Vermessungs- und anderen Satelliten mit hinreichend langer Umlaufzeit können fundamentale geo-

[29] M. Keldyš, Der Beginn des kosmischen Zeitalters, in: Vestnik AN SSSR, 6/1961, S. 16–18.

physikalische Aufgaben gelöst werden. So lassen sich auf diese Weise die Abmessungen und die Form der Erde genau bestimmen. Es konnte zum Beispiel festgestellt werden, daß der Erddurchmesser am Äquator 170 m größer ist als von Pol zu Pol. Außerdem läßt sich auf diese Weise die Struktur des Erdinneren erschließen. Die Charakteristika der Jahrhunderte währenden Veränderungen des Magnetfeldes der Erde haben außerdem den Beweis erbracht, daß die Erde einen flüssigen leitenden Kern hat. Das sind wesentliche Erkenntnisse über die Natur des Magnetfeldes und des elektrostatischen Feldes der Erde.

Von größtem praktischem Interesse in ökonomischer Hinsicht sind die Entwicklungsperspektiven der Mittel zur Nachrichtenübertragung, wie der Einsatz von Nachrichtensatelliten aufgezeigt hat. Sie vergrößern die Reichweite von Funkverbindungen um das Zehntausendfache und erweitern dabei den Frequenzbereich auf 2000 Megahertz. Das weltumfassende Nachrichtennetz sowie die Möglichkeiten der Rundfunkfernübertragung, des interkontinentalen und des Breitzonenfernsehens erlangen im Zeitalter der Raumfahrt völlig neue Perspektiven und führen zu einer stürmischen Entwicklung neuer technischer Mittel, die von der elektronischen Industrie bereitgestellt werden. Von großem Interesse sind in diesem Zusammenhang die Nachrichtensatelliten der Serie „Molnja 1", die seit dem 23. April 1965 in der UdSSR gestartet wurden und seitdem Fernseh-, Telephonie- (mehrkanalig und zweiseitig), Telegraphie- und Fototelegraphiesendungen übertragen; sie haben einen hohen Nutzungskoeffizienten und eine sehr große Strahlungsleistung. Nachrichtensatelliten werden in den Kommunikationssystemen der Zukunft einen sehr wichtigen Platz einnehmen, da sie eine große Perspektive besitzen und für die Übertragung von Nachrichten und Fernsehsendungen in entfernte Landesteile ökonomisch vorteilhaft sind.

Zu den praktischen Aufgaben, die für die Erschließung des Kosmos durch den Menschen gelöst sein müssen, gehört nicht nur die Untersuchung der physikalischen Bedingungen des kosmischen Raumes selbst, sondern auch eine ganze Reihe physiologischer Probleme, darunter die Entwicklung eines Lebensmediums im Raumschiff, das der Mensch bei langen Orbitalflügen bzw. bei interplanetarischen und interstellaren Unternehmen benötigt.

Die Erkenntnis und Untersuchung der Wirkung, die die Faktoren des kosmischen Raumes auf den Menschen und auf die Raumfahrttechnik ausüben, werden zu wissenschaftlichen Entdeckungen und technischen Erfindungen führen, die unsere jetzige Technik von Grund auf verändern werden. Es besteht kein Zweifel, daß die wissenschaftlichen Untersuchungen und Entwicklungen, die mit der Schaffung neuer kosmischer Systeme und Apparate und mit der neuen Raumfahrttechnik einhergehen, in der komplexautomatisierten Produktion der Zukunft breiteste Anwendung finden werden.

Die Bedeutung der Raumforschung besteht darin, daß sie die Wissenschaft vorantreibt, sie einerseits differenziert und spezialisiert und andererseits eine verstärkte Wechselwirkung zwischen den einzelnen Wissensgebieten herbeiführt und auf diese Weise zum Entstehen neuer Disziplinen beiträgt. Als Beispiel für die beschleunigte Entwicklung einer Einzelwissenschaft läßt sich die Astrophysik anführen. Sprach man früher bei der Untersuchung verschiedener astrophysikalischer Prozesse von stellaren Eruptionen mit Energiebeträgen von 10^{35} erg, so ist heute klar, daß es in Kernen von Milchstraßensystemen zu Eruptionen mit Energien bis zu 10^{60} erg kommt. Diese Energie kommt der Masse von Zehntausenden Himmelskörpern von der Beschaffenheit unserer Sonne gleich. Noch bis vor kurzem hat die Astrophysik diese Prozesse lediglich in ihrer Statik untersucht. Heute, da man Forschungsinstrumente direkt in den kosmischen Raum entsenden kann, lassen sie sich auch in ihrer Dynamik beobachten.

Der revolutionierende Einfluß der Raumforschung ist eine feste Grundlage für die Entwicklung der Wissenschaft, für die Erweiterung ihrer Horizonte und für ihr rasches Voranschreiten. Heute hängt der Fortschritt der Wissenschaft in vielem von den Ergebnissen der Raumforschung ab. Und die stürmische Entwicklung der einzelnen naturwissenschaftlichen Disziplinen übt ihrerseits einen starken Einfluß auf das Tempo der Raumforschung aus. Die rasche Anhäufung neuer wissenschaftlicher Daten und Fakten und die beschleunigte Durchführung thematischer Forschungsvorhaben stellen die Erschließung des Kosmos nach jedem abgeschlossenen Forschungszyklus auf eine neue und höhere Ebene, mehren die wissenschaftlichen Erkenntnisse und vertiefen ihren Inhalt.

Die Erschließung des Kosmos bereichert die Wissenschaft mit einer ungewöhnlich großen Menge ganz unterschiedlicher Informationen. Unsere Kenntnisse nehmen außerordentlich rasch zu, besonders über Naturerscheinungen und Prozesse, von denen man sich von der Erde aus keine richtige Vorstellung machen konnte (verschiedene neue Arten der Sonnenstrahlung, Mikrometeoritenströme, Strahlungsgürtel der Erde und viele andere). Der große Einfluß der Raumforschung auf die Entwicklung zahlreicher Wissensgebiete kann gut am Beispiel der Astronomie verfolgt werden. Viele Jahrhunderte lang hat die Astronomie das Wissen über den die Erde umgebenden Raum ständig erweitert. Beim Studium physikalischer Prozesse, die sich in den unergründlichen Weiten des Alls vollziehen, stieß die Astronomie immer wieder auf Erscheinungen, denen die tiefsten Geheimnisse und Gesetzmäßigkeiten der Umwandlung von Materie zugrunde liegen. Sie waren aber zum Teil derart kompliziert, daß sie erst mit den Methoden der modernen theoretischen Physik, der Radiophysik und der Elektronik erklärt werden konnten. Dank der Erschließung des Kosmos hat sich die Astronomie aus einer rein empirischen in eine experimentelle Wissenschaft verwandelt, was zu ihrer stürmischen Ausdehnung in die Tiefe (Erweiterung der physikalischen Bedingungen – Druck, Temperatur, Dichte –, wie sie sich bisher auf der Erde nicht hatten reproduzieren lassen) und in die Breite (Erforschung der entfernter gelegenen Bezirke des Alls, Aufdeckung der Geheimnisse der Entstehung und Evolution der Körper des Sonnensystems und gewisser Sternensysteme) führte. Unter dem Einfluß der Raumforschung kommt es zu einer zielstrebigen Differenzierung der Astronomie als Wissenschaft.

Die Anwendung von Raumforschungsergebnissen auf der Erde beschleunigt das Entwicklungstempo der Produktion ganz beträchtlich. Die Anhäufung quantitativer und qualitativer wissenschaftlicher und technischer Leistungen der Raumforschung verstärkt zwangsläufig die Wechselbeziehung zwischen Wissenschaft und Technik und führt rückwirkend zu einer ständigen Bereicherung von Wissenschaft und Technik. Die Technik greift in immer stärkerem Maße auf Prozesse und Erscheinungen zurück, die ihren Ursprung in der Raumforschung haben, so daß die Arbeitsproduktivität gesteigert wird und neue zukunftsweisende Industriezweige entstehen.

Die Erschließung des Kosmos läßt nicht nur neue Gebiete der Raumfahrttechnik entstehen, die direkt mit der Erschließung des Kosmos zusammenhängen, wie etwa den Raketenbau, die Quantenelektronik und die Tiefsttemperaturtechnik, sondern entwickelt auch viele andere Zweige der Technik weiter (Automatik, Telemechanik, Nachrichtenübertragung, Transport, Funktechnik usw.).

Nur über die Technik werden die Ergebnisse der Raumforschung zu einer unmittelbaren schöpferischen Kraft, und nur über die Technik spielen sie eine revolutionierende Rolle in der Entwicklung der Volkswirtschaft. Die Bedürfnisse der Raumforschung haben dazu geführt, daß prinzipiell neue Geräte und Instrumente für die unmittelbare Erforschung und Erschließung des Kosmos entwickelt wurden. Dabei sind die Forderungen nach ihrer Zuverlässigkeit, Haltbarkeit und Wirtschaftlichkeit sowie nach der Verringerung ihrer Gewichte und Abmessungen in den Vordergrund gerückt. Diese neuen Geräte und Instrumente erlauben es, die Raumforschung auf einem höheren Niveau und auf einer besseren Grundlage zu betreiben, so daß exakte und zuverlässige Ergebnisse erzielt und die erforderlichen Bedingungen für die weitere Forcierung der Raumforschung geschaffen werden. Im Ergebnis dieser Raumforschung, die heute eine eigenständige beschleunigende Kraft ist, vollziehen sich bereits bestimmte qualitative Verschiebungen in der Wissenschaft, in der Technik und in der Produktion, die mit der gegenwärtigen wissenschaftlich-technischen Revolution in Zusammenhang gebracht werden müssen. Somit haben wir aus der Fülle der wissenschaftlichen und technischen Disziplinen jene grundlegenden Richtungen herausgeschält, die den Charakter der gegenwärtigen wissenschaftlich-technischen Revolution bestimmen. Es sind dies die breite Anwendung der Elektroenergie, die friedliche Nutzung der Atomenergie, die Gewinnung künstlicher Werkstoffe mit vorgegebenen Eigenschaften, die Elektronik und die Erschließung des Alls. Sie beeinflussen sämtliche Sphären der menschlichen Tätigkeit, revolutionieren die moderne Produktion und beschleunigen den wissenschaftlich-technischen Fortschritt.

Neuntes Kapitel

Der historische Platz der gegenwärtigen wissenschaftlich-technischen Revolution

Die Geschichte zeigt, daß die Produktivkräfte in einer bestimmten Entwicklungsetappe von einer technischen Revolution, die ihrerseits in eine Revolution der Produktion hinüberwächst, erfaßt und grundsätzlich verändert werden. Mit anderen Worten, die Produktivkräfte erfahren Veränderungen, die den Übergang zu einer neuen Produktionsweise unumgänglich machen. Kündet die technische Revolution einen grundlegenden Umschwung in den technischen Mitteln an, so betrifft die Revolution der Produktion in fundamentaler Weise die Produzenten selbst, weist ihnen einen neuen Platz in der Produktion zu und wandelt den Charakter ihrer Arbeit. Hier tritt der bekannte Grundsatz des Marxismus-Leninismus in Erscheinung, daß die Arbeitsmittel das beweglichste revolutionäre Element der Produktivkräfte sind. Das findet seine Bestätigung in der einfachen Tatsache, daß zunächst eine technische Revolution stattfindet, die später in eine Revolution der Produktion hinüberwächst.

Die Analyse des historischen Verlaufs beweist eindeutig, daß in allen Gesellschaftsformationen beim Übergang von einer technologischen Produktionsweise zur anderen stets die gleichen Erscheinungen wiederkehren, so daß man von einer bestimmten Gesetzmäßigkeit sprechen kann. Denn die stetige Wiederkehr gleicher Erscheinungen bekundet den gesetzmäßigen Charakter einer Entwicklung: „Eine besondere Bedeutung hat der Nachweis der Wiederkehr von Erscheinungen in der Geschichte und in der Entwicklung der Gesellschaft. Wenn die Wissenschaft eine solche Wiederkehr beweisen kann, dann beweist sie damit gleichzeitig die Existenz bestimmter Gesetze der gesellschaftlichen Entwicklung, denen die gesellschaftlichen Erscheinungen und das gesamte Leben der Gesellschaft unterworfen sind."[1] Die Gesetzmäßigkeiten, nach denen sich die Struktur der Technik, die technologische Produktionsweise und die Stellung des Menschen in der Produktion verändern, lassen sich wie folgt formulieren:

Jeder sozial-ökonomischen Formation ist in der Phase ihrer vollen Entfaltung eine bestimmte Struktur (Entwicklungsstufe) der Technik eigen, eine bestimmte technologische Produktionsweise und eine bestimmte Stellung des Produzenten in der Produktion. In jeder sozial-ökonomischen Formation entstehen auf einer bestimmten Entwicklungsstufe der Produktivkräfte Elemente der neuen Struktur der Technik, die bereits der Produktionsweise, also dem technischen Niveau, der nächsten sozial-ökonomischen Formation entsprechen. Die Elemente der neuen Technik reifen stets im Schoß der alten Produktionsweise heran, und die Produktionsweise der neuen sozial-ökonomischen Formation setzt sich stets in zwei Phasen durch. In der ersten Phase findet eine soziale (politische) Revolution statt, nach der jedoch die alte materiell-technische Basis, die von der vorangegangenen Gesellschaftsordnung übernommen wurde, noch weiterbesteht, außerdem existieren noch die alte Struktur der Technik und die alte technologische Produktionsweise. Doch die Produktionsverhältnisse, die ökonomische Art und Weise der Verbindung von Produzent und Produktionsmittel und die soziale Organisation der Produktion wandeln sich. Im Ergebnis der technischen und der sich anschließenden Revolution der Produktion entsteht eine neue materiell-technische Basis, und die neue Produktionsweise gewinnt die Oberhand. In der zweiten Phase vollzieht sich der endgültige Sieg der Produktionsweise der neuen sozial-ökonomischen Formation, der neuen Struktur der Technik und der neuen technologischen Produktionsweise. Es kommt zu einer grundlegend neuen Stellung des Menschen in der Produktion und zu einer daraus folgenden sozialen Umgestaltung der Gesellschaft. Auf diese Weise erreicht jede sozial-ökonomische Formation ihre volle Entfaltung im Ergebnis dreier Revolutionen: einer sozialen (politischen), einer technischen und einer Revolution der

[1] B. M. Kedrov, Über das Prinzip der Wiederkehr im Entwicklungsprozeß, Moskva 1961, S. 26.

Produktion. Da die Struktur der Technik in der zweiten Phase mit der der alten sozial-ökonomischen Formation und der der ersten Phase der neuen sozial-ökonomischen Formation identisch ist, können einzelne Länder unter bestimmten Umständen eine sozial-ökonomische Formation überspringen.

Der Übergang von der ersten Phase zur zweiten vollzieht sich im Ergebnis einer technischen Revolution und einer Revolution der Produktion. In einer bestimmten historischen Etappe wächst die technische Revolution in eine Revolution der Produktion hinüber und verschmilzt mit ihr. Die technische Revolution ist aber die Voraussetzung für die Revolution der Produktion, und deshalb beginnt sie stets vor ihr bzw. geht ihr voraus. Die technische Revolution ist das Ergebnis der Entwicklung der Produktivkräfte, sie verändert aber noch nicht die technologische Produktionsweise und die Stellung des Menschen in der Produktion, und sie berührt auch nicht die Produktionsverhältnisse. Deshalb beginnt die technische Revolution in der ersten Phase der neuen sozial-ökonomischen Formation, und in einer Reihe von Fällen kann sie sogar bereits in der alten sozial-ökonomischen Formation einsetzen.

Die Revolution der Produktion verändert die Stellung des Menschen in der Produktion, sie steht mit den grundlegenden Problemen der sozialen Bedingungen und der Produktionsverhältnisse in Zusammenhang. Deshalb kann die Revolution der Produktion nicht ihren Anfang nehmen, solange noch die alten Produktionsverhältnisse herrschen. Mit anderen Worten, die technische Revolution kann nicht ihren endgültigen Abschluß erhalten, das heißt in eine Revolution der Produktion hinüberwachsen, solange es keine soziale (politische) Revolution gegeben hat, die somit zur notwendigen Voraussetzung für den Sieg der neuen sozial-ökonomischen Formation wird. Die Prozesse, die die Revolution der Produktion mit sich bringt, zeigen an, daß die sozial-ökonomische Formation von ihrer ersten zu ihrer zweiten Phase übergeht. Das ist die allgemeine Gesetzmäßigkeit des Überganges von der Produktionsweise der alten zur Produktionsweise der neuen sozialökonomischen Formation. Diese Gesetzmäßigkeit gilt auch für den Übergang vom Kapitalismus zum Kommunismus.

Nach der sozialistischen Revolution treten die Länder in die erste Phase der kommunistischen sozial-ökonomischen

Formation ein, nämlich in den Sozialismus. In dieser Phase setzen sich gegenüber dem Kapitalismus völlig neue Produktionsverhältnisse durch, eine andere Einstellung des Produzenten zur Produktion, und es entstehen und entwickeln sich sozialistische Arbeitsformen, die Massen eignen sich die Technik an, finden neue Lösungen für die Probleme des Arbeitsschutzes und der Mechanisierung arbeitsintensiver Prozesse, jeder Betrieb wird zu einer Zelle der umfassenden planmäßigen Volkswirtschaft usw. Aber die technologische Produktionsweise bleibt noch die des maschinellen Fabriksystems mit seiner Struktur der Technik und seiner Arbeitsteilung. In den sozialistischen Betrieben finden sich die gleichen Werkzeugmaschinen (und folglich auch Maschinenarbeiter), die gleichen Fließlinien usw. wie in den kapitalistischen Fabriken. V. I. Lenin forderte für den Aufbau des Sozialismus die Meisterung der Technik des Kapitalismus: „Sozialismus ist undenkbar ohne großkapitalistische Technik . . .“[2]

Das maschinelle Fabriksystem mit den ihm entsprechenden technischen Mitteln ist aber nur im Sozialismus, und nicht mehr im Kommunismus möglich. Marx und Engels haben darauf hingewiesen, daß es im Kommunismus nicht länger eine Produktion mit der Unterordnung des Menschen unter die Maschine und der daraus folgenden Arbeitsteilung geben kann.[3]

Das maschinelle Fabriksystem und die ihm eigene Arbeitsteilung sind im Kommunismus aus folgenden Gründen unmöglich: 1. Die enge Spezialisierung beschränkt die schöpferische Initiative, das Interesse an der Arbeit und die allseitige Entwicklung des Individuums. 2. Die Arbeitsteilung setzt der Anwendung kontinuierlicher Produktionsprozesse und folglich auch der Steigerung der Arbeitsproduktivität bestimmte Grenzen. 3. Die Arbeitsgeschwindigkeit und andere Parameter der technischen Mittel sind auf Grund der physiologischen Eigenschaften des Menschen, ohne dessen Eingriff die Werkzeugmaschine im maschinellen Fabriksystem nicht arbeiten kann, begrenzt. 4. Die Möglichkeiten zur Verkürzung der Produktionshilfszeit und folglich auch der Steigerung der

[2] V. I. Lenin, Werke, Band 27, Berlin 1970, S. 332.
[3] Marx/Engels, Werke, Band 20, Berlin 1962, S. 273–74.

Arbeitsproduktivität sind begrenzt. 5. Die Produktion kann nur im engeren Maßstab Massencharakter annehmen und Genauigkeit bieten. 6. Der Produktionsrhythmus und die Produktivität hängen von den Gewohnheiten, Fähigkeiten und von der Stimmung und dem Zustand des Menschen ab.

Somit setzt der Übergang zum Kommunismus als ein Übergang zur zweiten Phase einer sozial-ökonomischen Formation eine grundlegende Veränderung der Struktur der Technik voraus, der technologischen Produktionsweise, der Arbeitsteilung, der Stellung des Menschen in der Produktion und als Folge all dessen eine Veränderung der sozialen Struktur der Gesellschaft. Die Produktion der kommunistischen Gesellschaft, die von den oben aufgezählten Einschränkungen frei sein wird, kann nur die komplexautomatisierte Produktion sein. Diese Produktion kann im Ergebnis einer neuen Revolution der Produktion errichtet werden, deren unabdingbare Voraussetzung die gegenwärtige wissenschaftlich-technische Revolution ist. Die unerläßliche Bedingung für die neue Revolution der Produktion ist das Vorhandensein sozialistischer Produktionsverhältnisse. Das heißt, daß die neue Revolution der Produktion nur in sozialistischen Ländern einsetzen kann, während die wissenschaftlich-technische Revolution auch die kapitalistischen Länder erfaßt. In den bürgerlichen Theorien von der Industriegesellschaft, der zweiten industriellen Revolution und anderen beruhen die Behauptungen, die die Wandlung des Kapitalismus und die Negierung des Klassenkampfes betreffen, in vielem auf einer Vermengung von Erscheinungen der technischen Revolution und der Revolution der Produktion und auf einer Gleichsetzung dieser beiden Begriffe.

In der Mitte des 20. Jahrhunderts ist die Sowjetunion, was die Entwicklung der Produktivkräfte und der Produktionsverhältnisse betrifft, in das Stadium des allmählichen Übergangs vom Sozialismus zum Kommunismus eingetreten, das heißt, es wird die materiell-technische Basis des Kommunismus errichtet. Auf Grund des gesetzmäßigen Übergangs von der ersten Phase einer sozial-ökonomischen Formation zu ihrer zweiten Phase ist die Schaffung der materiell-technischen Basis eben die gegenwärtige wissenschaftlich-technische Revolution, die in der folgenden Zeit in eine neue Revolution der Produktion hinüberwachsen wird.

Nach dem Entwicklungsniveau der Produktivkräfte haben nicht nur die sozialistischen, sondern auch die entwickelten kapitalistischen Länder die Möglichkeit, zur Errichtung der materiell-technischen Basis des Kommunismus überzugehen; schließlich sind auch sie von der gegenwärtigen wissenschaftlich-technischen Revolution erfaßt. „Die Technik des Kapitalismus", schreibt LENIN, „wächst mit jedem Tag mehr über die gesellschaftlichen Bedingungen hinaus, die die Werktätigen zur Lohnsklaverei verdammen."[4] Doch können die Möglichkeiten, die die Entwicklung der Produktivkräfte bietet, in diesen Ländern nicht Wirklichkeit werden, solange es dort keine sozialistische Revolution gegeben hat. In den kapitalistischen Ländern kann die gegenwärtige wissenschaftlich-technische Revolution nicht in eine Revolution der Produktion hinüberwachsen; sie kann lediglich sämtliche Widersprüche der kapitalistischen Bedingungen verschärfen und dadurch die sozialistische Revolution näherrücken lassen. Diese Gesetzmäßigkeit wird unter den konkreten historischen Bedingungen der einzelnen Länder recht spezifische Erscheinungsformen annehmen. Wir haben also folgendes festgestellt: *Die gegenwärtige wissenschaftlich-technische Revolution ist nicht einfach eine stürmische Entwicklung von Wissenschaft und Technik, nicht einfach eine Entwicklung der Produktivkräfte bzw. eine Erscheinung, die durch den zweiten Weltkrieg oder irgendeine andere Ursache ausgelöst wurde. Sie ist vielmehr der gesetzmäßige, da objektiv unausbleibliche Verlauf der Geschichte, der im Zusammenhang mit dem grundlegenden Inhalt unserer Epoche zu sehen ist, das heißt dem Übergang von der kapitalistischen zur kommunistischen sozial-ökonomischen Formation. Im Zusammenhang damit ist zu beachten, daß die sozialistischen Länder bereits den Übergang zum Kommunismus eingeleitet haben und die Produktivkräfte der Gesellschaft sich einem Entwicklungsniveau nähern, das die Technik und die Produktion des Kommunismus möglich macht.*

[4] V. I. Lenin, Werke, Band 19, Berlin 1968, S. 43.

Der Beginn der gegenwärtigen wissenschaftlich-technischen Revolution und ihre Besonderheiten

Die Geschichte zeigt uns, daß die Entwicklung der Gesellschaft in Gestalt sozialer (politischer) und technischer Revolutionen sowie Revolutionen der Produktion eine allgemeine Gesetzmäßigkeit ist, der sich kein Land entziehen kann. Allgemein gilt auch, daß technische Revolutionen dann beginnen, wenn die Produktivkräfte einen bestimmten Entwicklungsstand erreicht haben, auf dem die Menschheit insgesamt zum Übergang in eine höhere sozial-ökonomische Formation bereit ist. Die technische Revolution hat jedoch in den einzelnen Ländern und sozialen Systemen spezifische Erscheinungsformen. Das Allgemeine und das Besondere dieses Prozesses wurde in bezug auf die technische und industrielle Revolution, die Ende des 18. und Anfang des 19. Jahrhunderts in England und einigen anderen Ländern stattfand, bereits gezeigt. Es ist nun interessant, die Besonderheiten des Eintritts der einzelnen Länder in die gegenwärtige wissenschaftlich-technische Revolution aufzuzeigen.

Die Besonderheiten der technischen Entwicklung der UdSSR werden vor allem durch den sozialistischen Charakter der Produktion bestimmt. Die Kommunistische Partei und der sowjetische Staat entwickeln planmäßig alle Richtungen des technischen Fortschritts: die Elektrifizierung des gesamten Landes, die Mechanisierung schwerer und arbeitsintensiver Prozesse, die Chemisierung der Volkswirtschaft sowie die Spezialisierung und Kooperation.

Die Erfolge der Mechanisierung haben es bereits 1934 möglich gemacht, die Frage der Automatisierung als zukunftsweisende Richtung in der Entwicklung der Produktion wissenschaftlich auszuarbeiten. Dieses Problem wurde von einer speziell dazu beauftragten Kommission für Automatik und Telemechanik bei der Akademie der Wissenschaften der UdSSR untersucht; den Vorsitz hatte Akademiemitglied A. A. Černyšev. Bereits 1935 wurde eine Allunionskonferenz für Automatik, Telemechanik und Dispatcherwesen durchgeführt, die eine wichtige Empfehlung für die Erweiterung der entsprechenden Forschungsarbeiten und für die praktische Nutzung der erzielten Ergebnisse ausarbeitete.

1939 stellte der XVIII. Parteitag der KPdSU die praktische Aufgabe, Maschinen zu bauen, die die Produktion automatisieren, Geräte der automatischen und telemechanischen Steuerung zu schaffen und die Automatisierung in den Elektrokraftwerken, in der chemischen Industrie und in einigen anderen Industriezweigen zu entwickeln.[5]

Infolge der sozialistischen Entwicklung und der konsequenten Politik auf dem Gebiete der Technik ging die UdSSR 1941 auf allen Gebieten zur gegenwärtigen wissenschaftlich-technischen Revolution über, deren Beginn jedoch durch den Einfall des faschistischen Deutschland und die darauffolgende notwendige Wiederherstellung der im Kriege zerstörten Volkswirtschaft aufgeschoben wurde. Nach der Lösung der militärischen Aufgabe (Zerschlagung des Feindes) und der ökonomischen Aufgabe (Wiederherstellung der Volkswirtschaft) trat die UdSSR sofort in die Periode der gegenwärtigen wissenschaftlich-technischen Revolution ein. Dank der uneigennützigen Hilfe der Sowjetunion setzte die wissenschaftlich-technische Revolution in der zweiten Hälfte der fünfziger Jahre auch in den anderen, zum Rat für Gegenseitige Wirtschaftshilfe gehörenden sozialistischen Ländern ein, wo sie sich zur Zeit erfolgreich weiterentwickelt.

Spontan und aus völlig anderen Ursachen heraus sowie unter Verfolgung gänzlich anders gearteter Ziele begann die wissenschaftlich-technische Revolution in den USA. Aus dem ersten Weltkrieg waren die USA als eine starke Industrie- und Wirtschaftsmacht hervorgegangen. Doch übertraf von 1919 bis 1929 das technische Niveau der amerikanischen Industriebetriebe das Vorkriegsniveau von 1912 bis 1914 nur unwesentlich. Der sprunghafte Anstieg der Produktion zu Beginn der zwanziger Jahre war in den USA die Folge der kapitalistischen Rationalisierung der Technologie, die ihrerseits auf einer ungewöhnlichen Intensivierung der Arbeit nach den Methoden von F. W. Taylor und F. B. Gilbreth beruhte. 1918, also zwanzig Jahre nach dem Erscheinen des Buches von Taylor, waren nur

[5] Die KPdSU in Resolutionen und Beschlüssen der Parteitage . . ., a. a. O., Teil III, S. 344–347.

1,3 Prozent der amerikanischen Arbeiter von diesem System betroffen, 1924 hatte es sich bereits die gesamte amerikanische Industrie unterworfen.

Der zweite Weltkrieg schuf für die technische Entwicklung der USA außerordentlich günstige Bedingungen. Von Juni 1940 bis September 1944 vergab die Bundesregierung an die Monopole Rüstungsaufträge von insgesamt 175 Md. Dollar, von denen zwei Drittel den einhundert größten Gesellschaften zuflossen. Während des Krieges waren zahlreiche neue Produktionsrichtungen aufgekommen, die sich durch Massenproduktion, Fließfertigung, minimale Übergangszeiten zwischen den einzelnen Arbeitsoperationen, automatisches Funktionieren der Einzelmaschinen und breite Elektrifizierung der Produktionsprozesse auszeichneten.

Der abrupte Wechsel von Arbeitslosigkeit zu Arbeitskräftemangel förderte die Einführung solcher technischen Mittel, die noch vor dem Kriege von den Kapitalisten als unrentabel abgelehnt worden waren. Nun standen die Kapitalisten vor der Aufgabe, die Arbeitsproduktivität der Werkzeugmaschinen und Aggregate unter gleichzeitiger Verringerung der Anzahl der Bedienungskräfte zu steigern. Mit anderen Worten, der zweite Weltkrieg hatte in den USA die sozialen und technischen Voraussetzungen für eine neue Entwicklung der Technik geschaffen, nämlich für die Übertragung gewisser Produktionsfunktionen des Menschen an technische Mittel, also für die Automatisierung der Produktion. Die USA befanden sich somit an der Schwelle einer wissenschaftlich-technischen Revolution. Doch das Kriegsende brachte diese Revolution zu Fall, bevor sie eingesetzt hatte. Um sie Wirklichkeit werden zu lassen, bedurfte es einer Situation, die in bestimmtem Grade der des zweiten Weltkrieges ähnlich sein mußte.

Die Beendigung des zweiten Weltkrieges wirkte sich alsbald sehr negativ auf die Wirtschaft der USA aus. Das intensive Wachstum der Arbeitsproduktivität ließ nach, die Löhne sanken, die Lebenshaltungskosten stiegen usw. Beim Präsidenten wurde ein Ökonomischer Rat ins Leben gerufen, der nach einer Studie über die Wirtschaft des Landes dem Kongreß empfahl, das Land auf Rüstung umzustellen, da es sonst unmöglich sei, das notwendige Produktionsniveau und den erforderlichen Beschäftigtenstand im Lande beizubehalten. Deshalb entschloß sich die Regierung, das Land zu militarisieren, und sie entfesselte den Korea- und später den Vietnamkrieg. Somit läßt sich sagen, daß der Beginn der wissenschaftlich-technischen Revolution in den USA in die fünfziger Jahre des 20. Jahrhunderts fällt. In ihrem Krieg gegen das vietnamesische Volk nutzen die Imperialisten sämtliche Möglichkeiten, die ihnen die wissenschaftlich-technische Revolution bietet, sei es die Massenherstellung von Kugelbomben und anderer neuester Mittel des Völkermords, sei es die direkte Verwendung elektronischer Rechenanlagen im Kampfgeschehen oder der großangelegte Einsatz automatischer Geräte. Unter dem Einfluß der USA setzte die gegenwärtige wissenschaftlich-technische Revolution zwischen 1955 und 1965 auch in Italien, England, der BRD und anderen kapitalistischen Ländern ein. Jedes Land hatte dafür seine ganz spezifischen Ursachen, deren Wurzeln noch in die Zeit vor dem zweiten Weltkrieg zurückreichten.

In den fünfziger Jahren des 20. Jahrhunderts hat also in den sozialistischen und in den entwickelten kapitalistischen Ländern die gegenwärtige wissenschaftlich-technische Revolution begonnen. Es könnte scheinen, daß die Einführung der ersten automatischen Fertigungsstraße sofort den Charakter der Arbeit und die technologische Produktionsweise verändert. In Wirklichkeit ist dem aber nicht so. Die neue Revolution der Produktion beginnt nicht, sobald die ersten neuen technischen Mittel wie Elektronik, Kybernetik, Automatisierung und Chemisierung in der Produktion auftauchen. Um zur komplexautomatisierten Produktion übergehen zu können, bedarf es vor allem der Erfahrungen im Umgang mit automatischen Fertigungsstraßen, elektronischen Rechenanlagen und anderen Automaten, die im maschinellen Fabriksystem eingesetzt werden. Dafür braucht man aber Zeit, und in dieser Zeit schreitet die gegenwärtige wissenschaftlich-technische Revolution weiter voran.

Die wissenschaftlich-technische Revolution, die das Ergebnis der Entwicklung der Produktivkräfte ist, ist nicht unbedingt auf die Ablösung der alten Produktionsverhältnisse angewiesen. Sie findet deshalb auch nicht nur in den sozialistischen, sondern auch in den entwickelten kapitalistischen Ländern statt. Ja noch mehr, sie kann in diesen Ländern einfach deshalb nicht ausbleiben, weil erstens die Entwicklung der Produktivkräfte von sich aus darauf drängt, Maschinen einer neuen technologischen Produktionsweise zu schaffen, weil zweitens die Einführung dieser Maschinen den Monopolen auch in der alten Produktion Extraprofite einbringt, weil drittens die Erfindung neuer technischer Mittel und ihre industrielle Nutzung oftmals auf militärische Überlegungen zurückgeht und weil viertens die Konkurrenz, besonders die Konkurrenz mit den sozialistischen Ländern, dabei eine Rolle spielt.

Wenn wir den historischen Platz der gegenwärtigen wissenschaftlich-technischen Revolution bestimmt und dabei darauf hingewiesen haben, daß diese Revolution nur eine unter vielen technischen Revolutionen ist, die sich bisher in jeder sozialökonomischen Formation kraft historischer Gesetzmäßigkeit vollzogen haben, so müssen wir gleichzeitig die Besonderheiten erwähnen, die nur der gegenwärtigen wissenschaftlich-technischen Revolution eigen sind und sie von den vorangegangenen technischen Revolutionen unterscheiden.

Die gegenwärtige wissenschaftlich-technische Revolution unterscheidet sich von ihren Vorläufern in wesentlichen Punkten. Erstens ist sie eine wissenschaftlich-technische Revolution, und nicht einfach eine technische Revolution. Zweitens erfaßt sie mit einem Male alle oder fast alle Zweige der Volkswirtschaft. Drittens ist sie in den sozialistischen Ländern kein spontaner, sondern ein von der Partei und der Regierung bewußt gelenkter Prozeß, der mit der Errichtung der materiell-technischen Basis des Kommunismus zusammenhängt. In den kapitalistischen Ländern verläuft die gegenwärtige wissenschaftlich-technische Revolution ebenso wie sämtliche vorangegangenen Revolutionen spontan oder in einer Reihe von Fällen mit einer begrenzten Lenkung durch den Staat. Viertens laufen sämtliche Prozesse viel rascher ab als in den früheren technischen Revolutionen. Läßt sich beispielsweise für die früheren Revolutionen eine bestimmte Reihenfolge der Gebiete angeben, die nacheinander von technischen Umwälzungen erfaßt wurden, so ist das heute weitaus schwieriger geworden. Fünftens entstanden früher die Elemente der neuen technischen Struktur noch im Schoße der alten Gesellschaft zusammen mit den Keimen der neuen ökonomischen Beziehungen. Die Elemente der neuen technischen Struktur der komplexautomatisierten Produktion entstehen und entwickeln sich dagegen unter den

Bedingungen des Kapitalismus allein, das heißt ohne Elemente oder so gut wie ohne Elemente der sozialistischen ökonomischen Beziehungen. Und sechstens ist das Hinüberwachsen der gegenwärtigen wissenschaftlich-technischen Revolution in eine neue Revolution der Produktion erst nach einer sozialistischen Revolution möglich, und nicht einfach nach Reformen, wie sie im 19. Jahrhundert in einigen Ländern (zum Beispiel Schweden und Rußland) durchgeführt wurden.

Alle diese Besonderheiten der gegenwärtigen wissenschaftlich-technischen Revolution erklären sich daraus, daß die technischen Revolutionen der Sklaverei, des Feudalismus und des Kapitalismus technische Produktionsstrukturen vorbereiteten, die auf der Ausbeutung des Menschen durch den Menschen beruhten, während die gegenwärtige wissenschaftlich-technische Revolution hingegen die technische Produktionsstruktur der klassenlosen kommunistischen Gesellschaft vorbereitet.

Das Hinüberwachsen der gegenwärtigen wissenschaftlich-technischen Revolution in eine neue Revolution der Produktion

Ebenso wie die technischen Revolutionen der vorangegangenen sozialökonomischen Formationen muß auch die gegenwärtige wissenschaftlich-technische Revolution, um zu ihrer Vollendung zu gelangen, in eine neue Revolution der Produktion hinüberwachsen. Mit anderen Worten, dank der neuen technischen Mittel (wir betonen der neuen technischen Mittel und nicht des Sozialismus schlechthin) entsteht eine neue Struktur der Technik, eine neue technologische Produktionsweise, und es setzt sich eine neue, für den Kommunismus charakteristische Arbeitsteilung durch.

Auf der Grundlage der Elektrifizierung, der Chemisierung, der Mechanisierung, der friedlichen Nutzung der Atomenergie und anderer Richtungen des technischen Fortschritts setzt sich in der UdSSR die komplexautomatisierte Produktion durch, die die Produktivkräfte der kommunistischen Gesellschaft bestimmen wird. Deshalb ist die wichtigste Aufgabe, die unser ganzes Volk angeht, nach dem Programm der KPdSU die maximale Beschleunigung des technischen Fortschritts. Die Errichtung der materiell-technischen Basis des Kommunismus sieht ein hohes Wachstumstempo des wissenschaftlich-technischen Fortschritts vor. Unter Ausnutzung der Leistungen, die im Rahmen der gegenwärtigen wissenschaftlich-technischen Revolution erzielt werden und den gegenwärtigen wissenschaftlich-technischen Fortschritt bestimmen. schafft das sowjetische Volk mächtige Produktivkräfte, die sich in ihrem technischen Niveau grundsätzlich von den Produktivkräften der am höchsten entwickelten kapitalistischen Länder unterscheiden werden. Und dieses Niveau der Produktionsweise und diese Veränderungen sämtlicher Arbeitsmittel und der allgemeinen materiellen Bedingungen werden eben von der gegenwärtigen wissenschaftlich-technischen Revolution hervorgebracht. Sie führt zur Herausbildung eines neuen, höheren technologischen Niveaus, das der kommunistischen Produktionsweise entsprechen wird.

Die wissenschaftlich-technische Revolution wächst in den sozialistischen Ländern in eine Revolution der Produktion hinüber und verschmilzt mit ihr. Über automatische technologische Prozesse, automatische Betriebsabteilungen und Fabriken vollzieht sich der Übergang zur komplexautomatisierten Produktion, die das technologische Niveau der kommunistischen Produktionsweise charakterisieren wird. Das Ergebnis wird ein System automatischer Maschinen sein, das seine Zweckbestimmung, die Erlangung der materiellen Güter, ohne jeden Eingriff des Menschen in den gesamten Arbeitszyklus erreichen wird. Damit wird sich der Charakter der Arbeit des Produzenten grundlegend wandeln.

Es muß jedoch besonders hervorgehoben werden, daß nur dann, wenn die Herstellung automatischer Maschinen durch ein System automatischer Maschinen selbst erfolgt, die kommunistische Gesellschaft das ihr angemessene Produktionsmittel besitzen wird. Deshalb ist die Errichtung automatischer Fertigungsstraßen, Betriebsabteilungen und ganzer Fabriken im Maschinenbau die wichtigste progressive Richtung, die vorläufig aber nur in Elementen die neue Produktion erkennen läßt. Die Schaffung einer neuen Produktionsweise, die auf automatischen Maschinensystemen beruht, sichert ein noch nie dagewesenes Entwicklungstempo der Volkswirtschaft und die Herstellung sämtlicher Produkte in großen Massen. Der Übergang der wissenschaftlich-technischen Revolution in eine Revolution der Produktion setzt dann ein, wenn die komplexautomatisierte Produktion das maschinelle Fabriksystem qualitativ verdrängt, wenn also automatische Betriebsabteilungen und ganze automatische Fabriken komplizierte Erzeugnisse aus mehreren Bauteilen selbsttätig herstellen.

Das ist die technische Seite der Frage. Der Prozeß des Hinüberwachsens der wissenschaftlich-technischen Revolution in eine Revolution der Produktion hat aber auch noch eine andere Seite. Die automatischen Fertigungsstraßen, Betriebsabteilungen und Fabriken haben nicht einfach eine bestimmte Anzahl von Werkzeugmaschinen zu ersetzen, sondern sie müssen auch den Inhalt der Produktion, ihren grundlegenden Charakter qualitativ verändern. Man darf nicht vergessen, daß der Charakter der technischen Mittel die Organisation der Produktion und die Arbeitsteilung unter den Produzenten bestimmt. Deshalb erfordern die neuen automatischen technischen Mittel auch eine neue Arbeitsorganisation und Arbeitsteilung.

Das Hinüberwachsen der wissenschaftlich-technischen Revolution in eine Revolution der Produktion wird den Charakter der Arbeit des eigentlichen Produzenten allmählich verändern. Der Maschinenarbeiter des maschinellen Fabriksystems wird sich in einen allseitig gebildeten freien Werktätigen verwandeln, der die komplexautomatisierte Produktion mitgestaltet, einrichtet und kontrolliert und der im unmittelbaren Produktionsprozeß in keiner Weise direkt irgendeiner Maschine zuarbeiten wird. Marx schreibt dazu: „Die Arbeit erscheint nicht mehr so sehr als in den Produktionsprozeß eingeschlossen, als sich der Mensch vielmehr als Wächter und Regulator zum Produktionsprozeß selbst verhält ... Er tritt neben den Produktionsprozeß, statt sein Hauptagent zu sein.“[6]

Das wird die Situation in der Massen- und Serienproduktion sein. Bei der Entwicklung neuer automatischer Fertigungsstraßen, ihrer experimentellen Erprobung und Einrichtung wird weiterhin menschliche Arbeit und in einem gewissen Ausmaße auch Handarbeit vonnöten sein. Beides zusammen wird

[6] K. Marx, Grundrisse der Kritik der Politischen Ökonomie, Berlin 1953, S. 592–593.

die technologische Produktionsweise des Kommunismus bilden. „Die auf der hochorganisierten Produktion und der hochentwickelten Technik beruhende kommunistische Gesellschaft", heißt es im Programm der KPdSU, „verändert den Charakter der Arbeit, enthebt jedoch die Mitglieder der Gesellschaft keineswegs der Notwendigkeit zu arbeiten."[7]

Im Handwerk beschränkte sich die Arbeitsteilung darauf, die Handwerker nach Berufen (Zünften) zu verteilen, im Manufakturbetrieb erzeugte sie innerhalb der Werkstätte den sogenannten Teilarbeiter, der bestimmte Teile eines Erzeugnisses herstellte, im maschinellen Fabriksystem wird sie durch das Arbeitstempo der Maschinen bestimmt, zu deren Anhängseln sie den Arbeiter macht (Dreher, Fräser usw.). In der komplexautomatisierten Produktion wird sie durch diejenigen Abschnitte der Produktion bestimmt, deren Arbeit durch Personen festgelegter Spezialausbildung vorbereitet, programmiert oder kontrolliert wird.

Was die menschliche Arbeit bei der Schaffung und experimentellen Erprobung automatischer Fertigungsstraßen und Konstruktionen betrifft, so wird sie direkt mit Wissenschaft zu tun haben, da sie die Arbeit des Konstrukteurs, des wissenschaftlichen Mitarbeiters und des Produktionsarbeiters in sich vereinen wird. Die jeweiligen Fachberufe werden vor allem aus den Wissensgebieten kommen, auf die sich die betreffenden Produktionslinien stützen.

Im Zusammenhang damit ist unbedingt auf die Arbeit „Unsere Welt in zwanzig Jahren" von Akademiemitglied S.G. Strumilin einzugehen.[8] Dort äußert Strumilin in einer polemischen Auseinandersetzung mit A. K. Kurylev[9] den Gedanken, daß es im Kommunismus überhaupt keine Arbeitsteilung mehr geben werde, sondern daß jeder Werktätige der Gesellschaft mehrere unterschiedliche Spezialfunktionen ausführen werde, heute die, morgen die.

7 Programm der Kommunistischen Partei der Sowjetunion, a. a. O., S. 61.

8 S. G. Strumilin, Unsere Welt in zwanzig Jahren, Moskva 1964.

9 A. K. Kurylev, Die Arbeitsteilung und die allseitige Entwicklung der Persönlichkeit in der Übergangsperiode vom Sozialismus zum Kommunismus, in: Voprosy filosofii, 10/1962, S. 22–25.

Es gibt keinen Zweifel, daß es im Kommunismus nicht mehr die „alte“, das heißt die heute noch bestehende Arbeitsteilung nach Berufen geben wird. Und es gibt auch keinen Zweifel, daß die kommunistische Gesellschaft aus allseitig, harmonisch gebildeten Persönlichkeiten bestehen wird. Jedes einzelne Mitglied der Gesellschaft wird sich alle die Kenntnisse aneignen können, die nötig sind, um seine Kräfte in einem beliebigen Gebiet einzusetzen. Doch sind die Arbeitsteilung innerhalb der gesellschaftlichen Produktion und die Möglichkeit, daß ein und dieselbe Person unterschiedliche Tätigkeiten übernehmen kann, zwei verschiedene Dinge. Außerdem scheint es fragwürdig zu sein, ob die Menschen der kommunistischen Gesellschaft tatsächlich den Wunsch verspüren werden, auf die Spezialisierung nach bestimmten Tätigkeitsbereichen wie Raumforschung, Architektur, Geschichte, Kunst usw. zu verzichten. Um in einem Arbeitsgebiet der Zukunft bestehen zu können, werden in einem noch stärkeren Maße als bisher grundlegende wissenschaftliche Kenntnisse erforderlich sein, für deren Aneignung eine bestimmte Zeit zu veranschlagen ist. So veranlaßt uns die Behauptung S. G. Strumilins, daß es im Kommunismus eine „Aufteilung der Produktionsfunktionen auf verschiedene Maschinen und automatische Fertigungsstraßen geben wird“, doch gewisse Einwände vorzubringen.[10] Schließlich müssen diese Fertigungsstraßen entworfen, geprüft, eingerichtet, in Gang gesetzt, mit Programmen versehen, beaufsichtigt und überholt werden. Und in diesen Sphären wird die berufsmäßige Arbeitsteilung offensichtlich weiterbestehen.

Abschließend schreibt S. G. Strumilin: „Man vergißt, daß jeder physisch Arbeitende nach einigen Stunden Betriebsarbeit seine gesamte Freizeit der geistigen schöpferischen Tätigkeit widmen kann. Und umgekehrt, daß die Schaffenden der Intelligenz in ihren freien Stunden die Freuden der körperlichen Arbeit in Stadt und Land werden teilen können.“[11] Diese Äußerung kann nicht unwidersprochen bleiben.

Erstens, wenn es eine körperliche Arbeit in den Betrieben und eine geistig schöpferische Arbeit der Schaffenden der Intelligenz gibt, gibt es auch eine Arbeitsteilung, und zwar nicht irgendeine, sondern eine berufsmäßige.

[10] S. G. Strumilin, Unsere Welt in zwanzig Jahren, a. a. O., S. 78.
[11] Ebenda, S. 79.

Zweitens wird es im Kommunismus keinen Unterschied zwischen geistiger und körperlicher Arbeit geben, denn die „Betriebsarbeit" wird gleichzeitig schöpferische und wissenschaftliche Arbeit sein und die wissenschaftliche Arbeit gleichzeitig Produktionsarbeit.

Marx und Engels hatten bereits zu ihrer Zeit geschrieben, daß im Kommunismus die „alte", das heißt dem maschinellen Fabriksystem entsprechende Arbeitsteilung verschwinden wird. Wenn aber gesagt wird, die „alte" Arbeitsteilung werde verschwinden, so erkennt man damit an, daß eine „neue" kommen wird. Im vergangenen Jahrhundert konnten Marx und Engels die Besonderheiten der neuen Arbeitsteilung noch nicht in allen Details und Einzelteilen vorhersehen, also sie konkret beschreiben. Unsere Generation ist näher an den Kommunismus herangerückt. Wir können sagen, daß es sich um eine der komplexautomatisierten Produktion entsprechende Arbeitsteilung (oder auch Verteilung der Arbeiten) handeln wird, die die neue Weise der Verbindung von Produzent und Arbeitsmittel widerspiegeln wird. Das ist aber nur die technische Seite der Frage. Im Zuge der Revolution der Produktion werden sich auch die soziale Struktur der Gesellschaft, also die sozialen Bedingungen verändern. Hatte die industrielle Revolution Ende des 18., Anfang des 19. Jahrhunderts das Proletariat hervorgebracht, so wird die neue Revolution der Produktion eine Gesellschaft freier, allseitig gebildeter Werktätiger entstehen lassen.

Hier ist es angebracht, an die Worte von Marx zu erinnern, daß „die Handmühle eine Gesellschaft mit Feudalherren, die Dampfmühle eine Gesellschaft mit industriellen Kapitalisten ergibt"[12]. In Fortführung dieses Satzes können wir sagen, daß der automatisierte Betrieb eine Gesellschaft freier Werktätiger ergibt. Im maschinellen Fabriksystem geht beim Maschinenarbeiter, der Anhängsel einer Maschine ist, das Interesse an der Arbeit als praktizierte Meisterschaft (Kunstfertigkeit) vollständig unter. Eine solche Arbeitsteilung unterjocht, wie Engels ausführt, den Menschen und die Gesellschaft vollständig. In der komplexautomatisierten Produktion wird beim allseitig entwickelten freien Werktätigen das Interesse an der

[12] Marx/Engels, Werke, Band 4, Berlin 1959, S. 130.

Arbeit als praktizierte Meisterschaft wiedergeboren, natürlich auf einer höheren Ebene. Der Mensch wird wieder zum Beherrscher des gesamten Fertigungsprozesses eines Produktes werden. Auch wenn wir von der Einrichtung neuer automatischer Produktionsabschnitte absehen, wird seine Kunstfertigkeit stets bei der Vorbereitung, Programmierung und Beaufsichtigung des gesamten Produktionsablaufs zutage treten.

Die neue technologische Produktionsweise kann nicht im Kapitalismus entstehen. Der Kapitalismus kann nicht auf die Arbeitsteilung des maschinellen Fabriksystems verzichten, auf die Unterordnung des Arbeiters unter die Maschine, zumal die dem Kapitalismus immanenten Kategorien wie Arbeitskraft, Intensivierung der Arbeit, Wert der Ware Arbeitskraft, Mehrwert, Profitrate, Konkurrenz unter den Arbeitern usw. an diese Produktion geknüpft sind. Die neue technologische Produktionsweise kann nur entstehen, wenn, erstens, der Anreiz für die Einführung der neuen Technik die Einsparung an lebendiger Arbeit schlechthin ist, und nicht nur ihres bezahlten Teils, das heißt die Einsparung an Lohnkosten; wenn, zweitens, der Ausstoß der Erzeugnisse in Menge, Qualität und Herstellungstermin der ganzen Serie von vornherein planmäßig festliegt und nicht den Launen des Marktes überlassen bleibt; wenn, drittens, die Produktionsfunktionen des Menschen im Rahmen der gesamten Volkswirtschaft planmäßig an technische Mittel übergehen und dies, und zwar ebenfalls im Rahmen der gesamten Volkswirtschaft, durch eine Verkürzung der Arbeitszeit ausgeglichen wird; wenn, viertens, die Aufnahmefähigkeit des Marktes auf Grund der ständig steigenden Bedürfnisse der Gesellschaft unentwegt wächst und nicht infolge Arbeitslosigkeit und aus anderen Gründen zurückgeht. Das ist aber im Kapitalismus alles völlig unmöglich. Hinzu kommt, daß in der kapitalistischen Produktion der Einzelbetrieb, und sei es ein Großbetrieb, nur begrenzte zusätzliche Investitionen als Arbeitskräfte und Produktionsmittel tätigen kann, wenn neue Produktionslinien in Gang gebracht werden sollen.

Im Kapitalismus ist das grundlegende Hindernis für das Hinüberwachsen der wissenschaftlich-technischen Revolution in eine Revolution der Produktion die Verteilungsform der materiellen Güter. Zu diesem Schluß sind auch die amerikanischen und schwedischen Wissenschaftler gekommen, die nach einer sehr eingehenden Untersuchung dieses Problems 1964 das bereits erwähnte „Manifest des Spezialkomitees der dreieinigen Revolution" unterzeichnet haben. Die Autoren dieses Manifestes sind der Meinung, daß die Kybernetisierung – damit meinen sie die Automatisierung – phantastische Möglichkeiten für die Ausdehnung der Produktivkräfte und für die Steigerung der Arbeitsproduktivität bietet, daß aber die Erzeugung gewaltiger Produktenmengen auf die enge Kaufkraft der Werktätigen stößt. In ihrem Manifest weisen sie darauf hin, daß die Automatisierung das Elend und die Widersprüche vergrößert, die aus der Verteilungsform der Einkommen folgen, und daß die Arbeitslosigkeit zunehmen wird. Daraus ziehen die Autoren den richtigen Schluß, daß man für die Entwicklung der Automatisierung den gesamten Charakter der Verteilung ändern müsse, doch irren sie, wenn sie annehmen, dies sei unter den Bedingungen des Kapitalismus möglich.

In dieser Produktion der Zukunft ist tatsächlich „weder die unmittelbare Arbeit, die der Mensch selbst verrichtet, noch die Zeit, die er arbeitet, sondern die Aneignung seiner eignen allgemeinen Produktivkraft, sein Verständnis der Natur und die Beherrschung derselben durch sein Dasein als Gesellschaftskörper, in einem Wort, die Entwicklung des gesellschaftlichen Individuums" die Hauptgrundlage der Produktion und des Reichtums.[13]

Praktisch bedeutet das, daß eine solche Produktion mit dem Gesetz des Arbeitswertes unvereinbar ist, das demnach vollständig oder fast vollständig zu wirken aufhört. Das bedeutet ferner, daß die kommunistische Produktion mit der Verteilung der Produkte nach dem Wert der Arbeitskraft und auch nach der Leistung unvereinbar ist. Sie schafft die Möglichkeit und die Notwendigkeit, die materiellen Güter nach den Bedürfnissen zu verteilen.

Nur unter den Bedingungen des Sozialismus kann die planmäßige Führung der Volkswirtschaft ein hohes Entwicklungstempo sichern, das Aufnahmevermögen des Binnenmarktes

[13] K. Marx, Grundrisse der Kritik der Politischen Ökonomie, a. a. O., S. 593.

ständig erweitern und ein Gesamtsystem der Volksbildung schaffen. Die Vorzüge der sozialistischen Gesellschaftsordnung erlauben es, die Automatisierung in breitem Maße Wirklichkeit werden zu lassen. Doch müssen wir auch mit der Möglichkeit rechnen, daß auch unter den Bedingungen des Sozialismus in einzelnen Fällen und in einzelnen Etappen und Abschnitten der Automatisierung bestimmte gesellschaftliche und ökonomische Schwierigkeiten auftreten werden, zumal die komplexautomatisierte Produktion nicht die Produktion des Sozialismus, sondern die des Kommunismus ist. Treten im Sozialismus infolge der Automatisierung Schwierigkeiten auf, so wird das bedeuten, daß die Bedingungen für den allmählichen Übergang zur technologischen Produktionsweise und Verteilung des Kommunismus herangereift sind. Die in der Organisation und der Planung getroffenen Maßnahmen werden dann diese Schwierigkeiten aus dem Wege räumen und der Entwicklung der Automatisierung neue Möglichkeiten eröffnen müssen. Das Hinüberwachsen der wissenschaftlich-technischen Revolution in eine Revolution der Produktion bedeutet die Zuendeführung der wissenschaftlich-technischen Revolution. „Nur der Sozialismus kann diese Revolution vollbringen und ihre Früchte zum Wohle der Gesellschaft nutzen“, heißt es im Programm der KPdSU.[14]

Somit stellt sich unsere Zeit als die Periode des Übergangs vom maschinellen Fabriksystem zur komplexautomatisierten Produktion dar. Dieser Übergang steht im Zeichen eines allgemeinen wissenschaftlich-technischen Umschwungs, der den Menschen davon befreit, lebendiges Anhängsel der Arbeitsmaschine zu sein. Dieser wissenschaftlich-technischen Umwälzung folgt eine Revolution der Produktion, die von einem radikalen Bruch der gesellschaftlichen Produktionsverhältnisse begleitet sein wird: Sämtliche Personen, die an der Produktion teilhaben, werden sich endgültig zusammenschließen, sämtliche unqualifizierte Arbeit wird ausgeschaltet werden, und die volle soziale Gleichheit aller Mitglieder der Gesellschaft wird gesichert sein. Es wird sich eine neue soziale Struktur der Gesellschaft durchsetzen, die die Arbeit zum Wohle der Gesellschaft zum ersten Lebensbedürfnis aller macht.

[14] Programm der Kommunistischen Partei der Sowjetunion, a. a. O., S. 28.

Die Folgen der gegenwärtigen wissenschaftlich-technischen Revolution in Natur und Technik. Ihre sozialen Probleme

Die fünfziger Jahre unseres Jahrhunderts standen im Zeichen des Aufbruchs der gesamten Menschheit in die Periode einer wissenschaftlich-technischen Umwälzung, mit der sich die Meisterung der Kernenergie, die Erschließung des Kosmos, die Entwicklung der Chemie, die Automatisierung der Produktion und andere weitreichende Ereignisse in Wissenschaft und Technik verbinden. Diese Umwälzung vollzog sich nicht nur in den sozialistischen, sondern auch in den entwickelten kapitalistischen Ländern. In den USA, England, Italien, Japan, der BRD und anderen Ländern werden die Ergebnisse der Naturwissenschaften in immer stärkerem Maße in der Produktion genutzt, die Wissenschaft macht sich von der unmittelbaren Arbeit frei, und in vielen Gebieten der Industrie entstehen automatische Maschinensysteme und technische Mittel, die auch logische Funktionen des Menschen übernehmen können.

Die sozialen Probleme, die die gegenwärtige wissenschaftlich-technische Revolution aufwirft, sind jedoch in den sozialistischen Ländern gänzlich anderer Natur als in den kapitalistischen, und der gesamte Prozeß nimmt in den beiden Systemen einen völlig anderen Verlauf. Kann zum Beispiel in den sozialistischen Ländern die gegenwärtige wissenschaftlich-technische Revolution ohne alle sozialen Hindernisse in eine Revolution der Produktion hinüberwachsen, so verschärft sie im Kapitalismus, da es für ihre historische und logische Fortführung an den erforderlichen sozial-ökonomischen Bedingungen mangelt, sämtliche Widersprüche und läßt auf diese Weise die Stunde seines endgültigen Unterganges näherrücken. Davon kann man sich leicht überzeugen, wenn man die unmittelbaren Folgen der wissenschaftlich-technischen Revolution, wie sie sich unseren eigenen Augen bereits darbieten, in den sozialistischen und den kapitalistischen Ländern betrachtet.

Die Ausnutzung der wissenschaftlichen Entdeckungen und technischen Erfindungen führt sowohl in der Natur und der Technik als auch auf sozialem Gebiet zu bestimmten Folgen. Zeigen uns diese Folgen in Natur und Technik an, bis zu welchem Grade die Naturgesetze erkannt sind und beherrscht werden, so geben uns die sozialen Folgen Aufschluß über den Wirkungsmechanismus der ökonomischen Gesetze in der menschlichen Gesellschaft. ENGELS hat die Wirkung dieser beiden Richtungen in der Entwicklung von Wissenschaft und Technik klar an der Verbreitung der Kartoffel in Europa nachgewiesen. Eine natürliche Folge der Verbreitung der Kartoffel war das Umsichgreifen der Skrofeln. Doch, so schreibt ENGELS, „was sind die Skrofeln gegen die Wirkungen, die die Reduktion der Arbeiter auf Kartoffelnahrung, auf die Lebenslage der Volksmassen ganzer Länder hatte, gegen die Hungersnot, die 1847 im Gefolge der Kartoffelkrankheit Irland betraf, eine Million kartoffel- und fast nur kartoffelessende Irländer unter die Erde und zwei Millionen über das Meer warf!"[1]

Die gegenwärtige wissenschaftlich-technische Revolution bringt ebenfalls ihre sozialen Folgen und ihre Folgen in Natur und Technik, also ernsthafte Probleme mit sich. Sind nun die Imperialisten lediglich an den unmittelbaren Ergebnissen interessiert, die die Anwendung dieser oder jener Entdeckung einbringt – stets gesehen in unlöslichem Zusammenhang mit der für sie unabdingbaren Maximierung des Profits –, so ist es für die Kommunisten und für die Arbeiter durchaus nicht gleichgültig, welche Folgen die gegenwärtige wissenschaftlich-technische Revolution in Natur, Technik und auf sozialem Gebiet hervorbringt. Die Folgen in der Natur und Technik lassen sich leichter ins Blickfeld rücken als die sozialen Folgen, auch wenn die Menschen vorläufig nur die augenblicklichen Wirkungen berücksichtigen und in dem Bestreben, die Natur möglichst weit auszunutzen, die lang anhaltenden Folgen ihrer technischen Einflußnahme auf die Natur aus den Augen verlieren. Schon vor einem Jahrhundert haben MARX und ENGELS die Indentität von Mensch und Natur darin gesehen, daß „die

[1] Marx/Engels. Werke, Band 20, Berlin 1962. S. 453–454.

Natur noch kaum geschichtlich modifiziert ist"[2]. Heute wirkt der Mensch derart vielseitig auf die Natur ein, daß die Existenz von Fauna und Flora, die Vorräte an mineralischen Rohstoffen, an Wasser, Luft usw. bedroht sind.

In einem sehr aufschlußreichen Buch, das den symbolischen Titel „Bevor die Natur stirbt"[3] trägt, zeigt J. Dorst, einer der leitenden Mitarbeiter der internationalen Naturschutzvereinigung (UICN), anhand zahlreicher Fakten, wie das natürliche Gleichgewicht der Natur durch den Menschen zerstört wird. So sagt J. Dorst, daß die Abfälle aus den technischen Betätigungen des Menschen zum Angriff auf die Natur übergegangen sind. Bisher hat sich der Anfall schädlicher Stoffe und Abfälle immer irgendwie die Waage mit der Geschwindigkeit ihres natürlichen Abbaus gehalten, so daß es zu keinen Störungen des natürlichen Gleichgewichts kam. Heute wird die Natur von sich aus nicht mehr mit den riesigen Abfallmengen fertig, so daß sich aber Tausende Tonnen chemischer Verbindungen anhäufen und die Umwelt verpesten.

Es kommt zu einer Verschmutzung des Frischwassers. Die Abfälle der Erdölverarbeitung legen sich in einer dünnen Schicht auf die Wasseroberflächen und lassen keinen Sauerstoff mehr hindurch. Noch gefährlicher sind synthetische Waschmittel (Detergenzien), die die Oberflächenspannung des Wassers verringern. Die Abfälle der Gaswerke und Kokereien wirken wie echte Gifte. Dies alles bedroht die Gesundheit des Menschen auf das schwerste. Die Weltmeere, schon sei langem die große Müllkippe für allerlei Unrat, verschmutzen. Hinzu kommen die Kohlenwasserstoffe, die sich von allen Seiten in die Ozeane ergießen. Allein 1961 gelangten etwa eine halbe Million Tonnen Erdölprodukte in die Weltmeere, und diese Menge nimmt von Jahr zu Jahr ständig zu. Die Atmosphäre wird durch schwebende Schmutzteilchen und durch Abgase vergiftet, die von Transportmitteln und Industriebetrieben stammen. Nach Berechnungen der Wissenschaftler verringert sich wegen der „Schwefelglocke", die sich bis zu zweieinhalb Kilometer Höhe über die Städte legt, die Sonneneinstrahlung im Sommer um 20 Prozent und im Winter sogar um 50 Pro-

[2] Marx/Engels, Werke, Band 3, Berlin 1958, S. 31.
[3] J. Dorst, Bevor die Natur stirbt, Moskva 1968.

zent. Unter bestimmten Wetterbedingungen kommt es zum sogenannten Smog (aus engl. smoke „Rauch“ und fog „Nebel“, der Übers.), der jedesmal die Sterblichkeitsziffer und die Anzahl der schweren Erkrankungen emporschnellen läßt. Schließlich gibt es die gefährlichste aller Verunreinigungen, die radioaktive Strahlung, deren Folgen kaum abzusehen sind.

Als Beispiel für die Folgen der gegenwärtigen wissenschaftlich-technischen Revolution in Natur, Technik und auf sozialem Gebiet wollen wir die künstliche Radioaktivität betrachten, die auf der einen Seite zur umfassenden Erforschung der Atomenergie, zur Anwendung verschiedener medizinischer Geräte der Röntgen- und Gammastrahltherapie, zur Ausnutzung einer neuen Energieform und zur Automatisierung der Produktion geführt hat, auf der anderen Seite aber zu den Erscheinungen, die heute als Strahlenschäden bekannt sind. Infolge der radioaktiven Bestrahlung von Menschen sind Strahlenkrankheiten aufgekommen, und zwar die sogenannten Strahlenverbrennungen und die indirekten Strahlenkrankheiten. Eine noch weitaus bedrohlichere Folge ist die Strahlenwirkung auf Ei- und Samenzellen, die vererbbare Mutationen auslösen kann.

Die Imperialisten der USA, die als erste Atombomben auf japanische Städte geworfen und jahrelang Atom- und Wasserstoffbombenversuche durchführten, haben sich nicht darum gekümmert, ob dadurch angeborene Mißbildungen hervorgerufen werden, die viele Menschen physisch verkrüppeln, die Anfälligkeit gegenüber physischen Gebrechen erhöhen und sogar die Widerstandskraft gegen Infektionskrankheiten herabsetzen.

Die fortschrittlichen Kräfte der ganzen Welt haben jedoch stets die möglichen natürlichen Folgen der Atomenergie erkannt und einen aktiven Kampf für die Einstellung der Atom- und Wasserstoffbombenversuche, für die Einschränkung und die vollständige Einstellung der Produktion von Kernwaffen geführt. Die Sowjetunion, die in diesem Kampf vorangeht, hat durchgesetzt, daß der Moskauer Vertrag über das Verbot der Kernwaffenversuche in der Atmosphäre, im kosmischen Raum und unter Wasser unterzeichnet wurde.

Die Entdeckungen auf dem Gebiete der Atomenergie, die

bereits zahlreiche praktische Ergebnisse gebracht haben, lassen aber auch gewaltige soziale Folgen erkennen. Die Lösung des Problems der gelenkten thermonuklearen Reaktionen wird die Menschheit für immer vom Gespenst der Energienot befreien, da die Rohstoffe für diese Reaktionen praktisch unbegrenzt sind. Die Arbeitsprozesse werden eine noch nie dagewesene Energieausstattung zu verzeichnen haben, Elektroenergie wird in die entferntesten Winkel unserer Erde gelangen, und die neuen Möglichkeiten im Transportwesen werden die Arbeitsproduktivität derart ansteigen lassen, daß Not und Elend, die heute noch vielerorts die Völker heimsuchen, beseitigt werden. Das wird aber erst dann möglich sein, wenn die sozialistischen Produktionsverhältnisse gesiegt haben, da der Kapitalismus seiner Natur nach nicht alle Leistungen von Wissenschaft und Technik im Interesse der Werktätigen nutzen kann.

Die Erforschung der Kernstrahlung hat es möglich gemacht, für verschiedene technologische Prozesse neue Kontroll- und Steuergeräte zu entwickeln, was für die Lösung der Automatisierungsprobleme von großer Bedeutung ist. Die breite Anwendung automatischer Maschinensysteme hat gewaltige Folgen in Natur und Technik, sie entbindet die Menschen von der Notwendigkeit, in der Massen- und Serienfertigung direkte Produktionsfunktionen auszuführen. Ihrem Wesen nach führt die Automatisierung zu einem sprunghaften Anstieg der Arbeitsproduktivität, zur Erzielung eines hohen Produktionstempos und eines Überflusses an Produkten und zur Steigerung des Lebensstandards. Die Automatisierung macht es möglich, vor allem unter gesundheitsschädlichen Bedingungen und bei der Ausführung arbeitsintensiver Prozesse große physische Anstrengungen zu vermeiden. Sie verändert die gesamte Arbeitskultur, da sie die Arbeit vervollkommnet und schöpferisch macht. Diese Vorzüge der Automatisierung können jedoch nur im Sozialismus voll zur Geltung kommen, wo sie eine der Grundlagen für die Errichtung der materiell-technischen Basis des Kommunismus darstellt.

Die Einführung automatischer Fertigungsstraßen verringert die Anzahl der Produktionsarbeiter. So hat zum Beispiel im Automotorenwerk Uljanowsk die Einrichtung einer Fertigungsstraße für die Zylinderbearbeitung pro Schicht 572 Arbeiter freigesetzt, und in der automatischen Betriebsabteilung des Transport- und Fördermaschinenwerkes I waren es 67, nachdem eine Fertigungsstraße für Kugellager in Betrieb genommen wurde. Die Praxis zeigt, daß automatische Fertigungsstraßen die Anzahl der Produktionsarbeiter im Durchschnitt um das 4,8fache senken.[4] Aber nicht alle Produktionsprozesse lassen sich automatisieren, für viele Produktionszweige mangelt es noch an entsprechenden technischen Mitteln. So werden zum Beispiel im Formguß noch bis heute Stäbe und andere Gußteile im Rüttelguß (Eingießen in Kern- und Formkästen unter Vibration) hergestellt. Das führt zu sogenannten Vibrationskrankheiten, an denen fast alle Gießereiarbeiter leiden. Diese technischen Folgen eines bestimmten Herstellungsverfahrens konnten durch die Entwicklung einer neuen Methode überwunden werden, die im Laboratorium für Formstoffe des Zentralen Wissenschaftlichen Forschungsinstituts für Technologie und Maschinenbau ausgearbeitet wurde.[5]

Das Wesen dieser Methode besteht darin, daß dem Formstoff chemische Zusätze beigemengt werden, die das Metall dünnflüssig machen. Dadurch wird im Kern- und Formguß die gesamte Herstellung verändert, die Produktivität wird gesteigert, die Vibratoren entfallen, und die Arbeitsbedingungen verbessern sich. Damit war die grundlegende Voraussetzung für die Überwindung der Vibrationskrankheiten gegeben. Das Wichtigste war jedoch, daß nicht nur der Prozeß allgemein mechanisiert werden konnte, sondern auch Stäbe und andere Gußteile in Abteilungen automatisch gefertigt werden können, die Einzel-, Kleinserien- und Großserienguß betreiben.

Die technischen Möglichkeiten der Automatisierung bringen in der UdSSR eine Reihe wichtiger sozialer Probleme mit sich, die die richtige Umverteilung der Arbeitskräfte auf die einzelnen Zweige, die Veränderung der berufsmäßigen Zu-

[4] N. A. Silant'eva, Automatisierung und Arbeitsnormung, Moskva 1964, S. 13–14.

[5] E. Unksov, Die Gießerei auf neuer technischer Grundlage, Pravda, 12. Oktober 1964.

sammensetzung und die Umschulung der Arbeiter betreffen. Außerdem stellt sich das Problem der Freizeit und ihrer rationellen Nutzung ein. Eine große Bedeutung erlangen die Aufteilung der Arbeitskräfte in Produktionsgrund- und Produktionshilfsarbeiter sowie die Neuformulierung der Begriffe „produktive" und „nichtproduktive" gesellschaftliche Arbeit. Eines der wichtigsten sozialen Probleme, das mit der durchgängigen Einführung der komplexautomatisierten Produktion zusammenhängt, ist die Überwindung des noch immer bedeutsamen Unterschiedes zwischen körperlicher und geistiger Arbeit.

In seiner Rede auf dem Septemberplenum des ZK der KPdSU (1965) führte L.I. Brežnev aus, daß es in der Periode des Aufbaus des Kommunismus zu ernsthaften Problemen kommen wird, die nur auf der Grundlage einer theoretisch tiefreichenden Analyse gelöst werden können. „In den Vordergrund rücken heute beispielsweise solche Fragen wie die sozialistische wirtschaftliche Rechnungsführung, die Nutzung des Gewinns, des Preises, des Kredits, der Wirtschaftsverträge usw. bei der Leitung der Wirtschaftstätigkeit, die Ausarbeitung der Lehre über die Organisation und die Leitung der sozialistischen Industrie unter den Bedingungen der sich entfaltenden wissenschaftlich-technischen Revolution, die Verbindung der zentralisierten Planung mit der wirtschaftlichen Selbständigkeit der Betriebe und andere. Alle diese Fragen sind heute besonders aktuell."[6]

Um die zahlreichen praktischen Aufgaben des Aufbaus des Kommunismus lösen zu können, sind folgende außerordentlich wichtigen theoretischen Fragen zu untersuchen: die Wechselbeziehung zwischen der wissenschaftlich-technischen Revolution und dem sozialen Leben, der Gesamteinfluß der wissenschaftlich-technischen Revolution auf die Gesellschaft und die Persönlichkeit, der unmittelbare Einfluß der wissenschaftlich-technischen Revolution auf die Arbeit des Menschen, die wissenschaftlich-technische Revolution und die Entfremdung der Arbeit, der Einfluß von Wissenschaft

[6] L. I. Brežnev, Rede auf dem Plenum des Zentralkomitees der KPdSU vom 29. September 1965, in: ders., Auf dem Wege Lenins, Reden und Aufsätze, Band 2, Berlin 1971, S. 230.

und Technik auf die Erkenntnistheorie und das geistige Leben des Menschen.[7]

In den sozialistischen Ländern, in denen es eine Planwirtschaft gibt, werden die von der gegenwärtigen wissenschaftlich-technischen Revolution aufgeworfenen Probleme im Interesse der Menschen, im Interesse der Werktätigen gelöst. Dadurch läßt sich das Leben eines jeden einzelnen Mitglieds der Gesellschaft verbessern und der gesellschaftliche Fortschritt beschleunigen.

Ganz anders steht es in den kapitalistischen Ländern. Die gewaltigen Möglichkeiten der modernen Technik wenden sich unter den Bedingungen des Kapitalismus gegen die Werktätigen, denn sie verschärfen ihre Ausbeutung. Das Streben nach Extraprofit, die Konkurrenz und der Kampf um die Absatzmärkte zwingen auch die Herren der kapitalistischen Unternehmen, die neue Technik mit ihren Verbesserungen einzuführen. Bei dem allgemein recht niedrigen Entwicklungsniveau der Produktion und der chronischen Unterauslastung der Produktionskapazitäten führt die wissenschaftlich-technische Revolution in den kapitalistischen Ländern jedoch zu einer Reihe schwerwiegender sozialer Probleme, von denen der sprunghafte Anstieg der Arbeitslosigkeit von den Werktätigen am schärfsten empfunden wird. Die Arbeitslosigkeit, der ständige Weggefährte des technischen Fortschritts, die Verschärfung der Überproduktionskrise, das Absinken des Lebensstandards der Werktätigen, die Verschlechterung der Arbeitsbedingungen, der Rückgang der Qualifizierung und die Verschärfung der Absatzprobleme hängen in den kapitalistischen Ländern wie ein Bleigewicht am Fuße des wissenschaftlich-technischen Fortschritts.[8] In seiner Rede auf der 40. Generalkonferenz der Internationalen Arbeitsorganisation (ILO) sah sich D. Morse, Generaldirektor des Internationalen Arbeitsamtes, zu der Feststellung

[7] Eine ungefähre Aufzählung der Themen und Untersuchungen ist enthalten in dem Sammelband „Der Stand der Forschung zum Problem der gegenwärtigen wissenschaftlich-technischen Revolution. Konferenzmaterialien der Tagung vom 5. bis 7. Juni.“, Moskva 1968, S. 24–27.

[8] V. I. Gromeka, Automatisierung und Kapitalismus, Moskva 1964, S. 157–216, 220–231.

gezwungen, daß „die Automatisierung folgendes Paradoxon ergibt: die Menschenmassen vegetieren in schwerer Arbeit dahin, während gleichzeitig die Lager mit Waren überfüllt sind und die technischen Möglichkeiten nur unvollkommen genutzt werden“[9].

Die bürgerlichen Theoretiker setzen ihre Hoffnungen darauf, daß die Anzahl derjenigen, die nicht unmittelbar in der Sphäre der materiellen Produktion beschäftigt sind, also der sogenannten white-collar-worker, zunimmt. In dieser neuen Schicht sehen sie die Entstehung einer „technischen Aristokratie“, die Möglichkeiten bietet, die im Zuge der Automatisierung freigesetzten Arbeitskräfte irgendwo anders unterzubringen. Analysiert man nun die Zusammensetzung dieser sogenannten white-collar-worker, so zeigt sich folgendes: Ein Viertel von ihnen sind technische und andere Fachkräfte, ein weiteres Viertel sind Verwaltungsangestellte verschiedener Kategorien, ein Drittel sind Büroangestellte, und ein Sechstel arbeiten im Handel und im Dienstleistungsbereich.[10]

In den letzten fünfzehn Jahren hat der Anteil der Büroangestellten am raschesten zugenommen: In den USA hat sich ihre Anzahl verdoppelt, was natürlich die Folge des steigenden Arbeitsumfanges in diesem Bereiche ist. Doch zeichnen sich auch hier beträchtliche Veränderungen ab, die wiederum mit der wissenschaftlich-technischen Revolution zusammenhängen. Die elektronischen Schnellrechenanlagen haben in diesem Bereich die Arbeit stärker revolutioniert als in der Produktion. Nach Berechnungen bürgerlicher Ökonomen wird noch vor Ablauf dieses Dezenniums acht von zehn Büroangestellten der Stuhl vor die Tür gesetzt werden.

Bei dem heutigen Entwicklungstempo des Kapitalismus werden die verschiedenen Gruppen von Verwaltungsangestellten kaum zunehmen. Die Anzahl der im Handel und im Dienstleistungsbereich Beschäftigten wächst zwar ständig, und sie wird auch sicherlich weiter wachsen, aber doch in

9 G. M. Dobrov, A. J. Goljan-Nikol'skij, Ein Jahrhundert großer Hoffnungen, a. a. O., S. 97.

10 R. I. Cvylev, Die sozial-ökonomischen Folgen des technischen Fortschritts in den USA, Moskva 1960, S. 126.

erster Linie auf Kosten des Dienstleistungsbereichs. Dieser Umstand erklärt sich daraus, daß im Handel immer mehr Automaten eingesetzt werden und daß er wegen der sinkenden Kaufkraft der Bevölkerung nicht weiter ausgebaut werden muß. Natürlich muß man auch mit einer erhöhten Anzahl von Fachkräften in der Produktion rechnen, da sich die technische Ausstattung laufend erhöht. Aber die Anzahl der Arbeitskräfte, die in der Entwicklung und im Einsatz der verschiedenen Mittel der komplexen Mechanisierung und Automatisierung neu eingestellt werden, wird keinesfalls die große Anzahl der in den anderen Produktionszweigen freigesetzten Arbeiter aufwiegen. Übrigens bringt ja gerade die Einsparung von Arbeitskräften dem kapitalistischen Unternehmer den Hauptanteil der ökonomischen Effektivität, die ihm die Einführung der neuen Technik zu geben vermag. Somit kann man also mit großer Sicherheit sagen, daß die Hoffnungen der bürgerlichen Theoretiker, die Gesellschaft mit Hilfe der „white-collar-worker" retten zu können, trügerisch sind.

Die Ideologen des Kapitalismus propagieren sehr aktiv die Theorie von der sogenannten technologisch bedingten Arbeitslosigkeit, die angeblich vorübergehender Natur ist und dadurch aufgefangen wird, daß die davon betroffenen Arbeitskräfte in den Zweigen unterkommen können, wo Automatisierungseinrichtungen hergestellt werden, oder aber in die sich entfaltende Landwirtschaft ausweichen. Nun wachsen in den kapitalistischen Ländern die Zweige der Automatisierungstechnik tatsächlich schneller als die anderen Industriezweige. Aber eine Erhöhung des Beschäftigtenstandes folgt daraus keineswegs: Die Automatisierung führt dazu, daß erstens alte Produkte in geringeren Mengen hergestellt werden und zweitens die Zweige, die Automatisierungsmittel erzeugen, die Automatisierung bei sich selbst einführen.

Nach offiziellen Angaben gab es in den USA 1962 4 Mio Arbeitslose, was einer Arbeitslosenquote von 5,5 Prozent entspricht. Diese Angaben sind aber, wie im „Manifest des Spezialkomitees der dreieinigen Revolution" nachgewiesen wird, ganz offensichtlich eine Untertreibung. Die Autoren dieses Manifestes sind der Meinung, daß es in den USA mindestens 8 Mio Menschen gibt, die Arbeit suchen, aber keine bekommen.[11] Nach den gleichen offiziellen Angaben werden in den USA jährlich 1,8 Mio Arbeitsplätze gestrichen. Die Automatisierung der Produktion wird nach Berechnungen amerikanischer Wirtschaftswissenschaftler unweigerlich dazu führen, daß 1970 in den USA etwa 21 Mio Arbeiter und Angestellte aus der Produktion und den anderen Beschäftigungsbereichen ausscheiden werden. Außerdem werden etwa 12 Millionen junge Menschen nach Beendigung der Schule keine Arbeitsplätze finden.[12]

Auch in Italien, einem Lande, in welchem man bis vor kurzem noch von einem „Wirtschaftswunder" sprach, sowie auch in anderen kapitalistischen Ländern nimmt die Arbeitslosigkeit zu. Im ersten Halbjahr von 1968 betrug in den kapitalistischen Ländern die Anzahl der offiziell registrierten Arbeitslosen 11,1 Millionen Menschen, davon entfielen auf die USA 2,711 Millionen, auf die Länder Westeuropas 2,695 Millionen und auf Japan 0,667 Millionen. Diese Angaben sind aber ohne Zweifel viel zu niedrig, da sie sich nur auf die registrierten Arbeitslosen beziehen. Unter den Bedingungen des Kapitalismus wirft die Automatisierung Millionen Arbeiter auf die Straße und intensiviert zugleich die Arbeit derjenigen, die im Beschäftigtenverhältnis bleiben. Viele Arbeitsoperationen verlangen dem Menschen höchste physische und nervliche Anstrengungen ab. Die Arbeitsintensität nimmt vor allem dort zu, wo sich ein Unternehmen gegen automatisierte Betriebe gleicher Produktionsrichtung behaupten muß.

Die Entfesselung von Kriegen, die Unterdrückung der nationalen Befreiungsbewegung und das Wettrüsten geben den USA immer wieder Mittel an die Hand, den Beschäftigtenstand vorübergehend anzuheben, die Anlagen mehr oder weniger auszulasten und die Produktion weiter auszudehnen. So waren zum Beispiel von den insgesamt 67,9 Millionen Beschäftigten der USA 5,6 Millionen in der Rüstungsindustrie tätig; die Angaben beziehen sich auf 1968. Dadurch lassen sich aber die sozialen Probleme, die die gegenwärtige wissenschaftlich-technische Revolution mit sich gebracht hat, keinesfalls lösen. Im Gegenteil, die Widersprüche des Kapitalismus verschärfen sich nur noch.

[11] „Die dreieinige Revolution", a. a. O., S. 85 (russ.).
[12] Novoe vremja, 18/1964, S. 12.

Die gegenwärtige wissenschaftlich-technische Revolution eröffnet der Menschheit noch nie dagewesene Möglichkeiten in ihrem Kampf gegen die Elementargewalten der Natur und für die Ausnutzung von Rohstoffen und Energiereserven im eigenen Interesse. Aber die Möglichkeiten von Wissenschaft und Technik sind die eine Seite und die zweckentfremdete Verwendung von Entdeckungen und Erfindungen und die sozialen Folgen ihrer praktischen Nutzung die andere. Hier hängt alles von der sozialen Ordnung einer Gesellschaft ab.

In der Sowjetunion dient die Einführung neuer technischer Mittel der maximalen Erleichterung und Verbesserung der Arbeitsbedingungen des Menschen, der beschleunigten Steigerung der Arbeitsproduktivität und auf der Grundlage dieser beiden Faktoren der Verkürzung des Arbeitstages bei gleichzeitiger Anhebung des Lebensniveaus der Werktätigen. In der UdSSR ist die wissenschaftlich-technische Revolution die materielle Grundlage für das allmähliche Hinüberwachsen der sozialistischen in kommunistische Arbeit. Die Sowjetmenschen verfolgen in der wissenschaftlich-technischen Revolution ihre ureigenste Sache, an ihrem Erfolg sind die gegenwärtigen und künftigen Generationen von Sowjetmenschen gleichermaßen interessiert. Die wissenschaftlich-technische Revolution trägt in der UdSSR in entscheidendem Maße dazu bei, das Nationaleinkommen pro Kopf der Bevölkerung rascher zu vergrößern als in jedem beliebigen kapitalistischen Lande, die Arbeitszeit unter voller Beibehaltung bzw. sogar Erhöhung des Arbeitslohnes zu verkürzen und die medizinische, soziale und kulturelle Betreuung der Werktätigen ständig zu verbessern. Nach der Erfüllung des grandiosen Programms, das von der Kommunistischen Partei ausgearbeitet wurde, wird die UdSSR hinsichtlich des Produktionsniveaus den ersten Platz in der Welt einnehmen und etwa doppelt soviel Industrieprodukte erzeugen wie heute die gesamte nichtsozialistische Welt. Zusammen mit den anderen Ländern des sozialistischen Lagers wird die Sowjetunion eine unanfechtbare ökonomische Überlegenheit über die kapitalistische Welt besitzen.

Um aus dem Wettstreit der beiden Systeme als Sieger hervorzugehen, sind unbedingt die charakteristischen Besonderheiten der Entwicklung der gesellschaftlichen Produktion zu beachten. Das wirft ernsthafte Fragen auf, die mit der immer rascheren und ständig zunehmenden Einführung der neusten Errungenschaften von Wissenschaft und Technik in die Produktion zusammenhängen.

In seiner Rede auf dem Septemberplenum des Zentralkomitees der KPdSU (1965) führte A. N. Kosygin aus, daß „die gegenwärtige wissenschaftlich-technische Revolution Fragen in den Vordergrund rückt wie beispielsweise das technische Niveau, die Qualität und die Zuverlässigkeit der Erzeugnisse sowie die Effektivität ihrer Ausnutzung. Das sind die Seiten der Produktion, auf die sich heute das Schwergewicht des friedlichen ökonomischen Wettstreits zwischen den Ländern des Sozialismus und den Ländern des Kapitalismus verlagert.“[13] Die von der Partei und der Regierung vorgezeichnete breit angelegte ökonomische Reform wird allen Zweigen der sozialistischen Produktion zu einem großen Aufschwung verhelfen, wird die Organisation, Leitung und Planung der gesamten Produktion auf wissenschaftliche Grundlagen stellen und den Aufbau der materiell-technischen Basis des Kommunismus in unserem Lande beschleunigen.

Bei der Schaffung der materiell-technischen Basis des Kommunismus und der weiteren Festigung der ökonomischen und militärischen Macht der Sowjetunion muß die Erfüllung des Fünfjahrplans zur Entwicklung der Volkswirtschaft der UdSSR von 1966 bis 1970 eine große Rolle spielen. Auf dem XXIII. Parteitag der KPdSU, der die ökonomische Hauptaufgabe des Fünfjahrplanes festlegte, wurde darauf hingewiesen, daß eine weitere wesentliche Steigerung des materiellen und kulturellen Lebensstandards der Bevölkerung nur erreicht werden kann, wenn die Industrie bedeutsam erweitert wird und die Landwirtschaft ein gleichbleibend hohes Entwicklungstempo verzeichnet. Für diese Ziele müssen die Errungenschaften von Wissenschaft und Technik allseitig genutzt, die gesamte gesellschaftliche Produktion industrialisiert und ihre Effektivität und Arbeitsproduktivität ge-

[13] A. N. Kosygin, Über die Verbesserung der Leitung der Industrie, die Vervollkommnung der Planung und die Verstärkung des ökonomischen Anreizes der Industrieproduktion. Rede auf dem Plenum des Zentralkomitees der KPdSU vom 27. September 1965, Moskva 1965, S. 7–8.

steigert werden.[14] Das bedeutet, daß im bevorstehenden Fünfjahrplan in der UdSSR Maßnahmen zu ergreifen sind, die zur Beschleunigung des wissenschaftlich-technischen Fortschritts beitragen.

In seiner Rede auf der Festsitzung des Zentralkomitees der Kommunistischen Partei Belorußlands und des Obersten Sowjets der Belorussischen Sozialistischen Sowjetrepublik anläßlich des fünfzigjährigen Bestehens der Kommunistischen Partei Belorußlands unterstrich L. I. Brežnev die Bedeutung der gegenwärtigen wissenschaftlich-technischen Revolution für die Beschleunigung des Aufbaus der kommunistischen Gesellschaft. „Man kann ohne Übertreibung sagen, daß heute gerade auf diesem Gebiet, auf dem Gebiet des wissenschaftlich-technischen Fortschritts, eine der Hauptfronten des so außerordentlich bedeutsamen Wettstreits der beiden Systeme verläuft. Das macht für unsere Partei die weitere intensive Entwicklung von Wissenschaft und Technik und die breit angelegte Überleitung der neuesten wissenschaftlich-technischen Errungenschaften in die Produktion nicht nur zu einer zentralen ökonomischen Frage, sondern auch zu einer wichtigen politischen Aufgabe. In der gegenwärtigen Etappe erlangen die Fragen des wissenschaftlich-technischen Fortschritts, wie man unumwunden sagen kann, entscheidende Bedeutung."[15] Deshalb stehen wir vor der Aufgabe, die Prozesse allseitig und tief zu studieren, die mit der gegenwärtigen wissenschaftlich-technischen Revolution zusammenhängen. Ausgehend von entsprechenden Untersuchungen sind Maßnahmen zu treffen, die die Effektivität der Wissenschaft und der Technik erhöhen und die Fristen für die Einführung der neuen Technik verkürzen.

Akademiemitglied M .V. Keldyš sagt über die wissenschaftlich-technische Revolution, die die Menschheit zur Zeit durch-

[14] Resolution des XXIII. Parteitags der Kommunistischen Partei der Sowjetunion zum Rechenschaftsbericht des ZK der KPdSU, Moskva 1966, S. 14–15 (russ.).

[15] L. I. Brežnev, Die Treue zu den Ideen Lenins, zur Sache des Kommunismus – das Unterpfand aller unserer Siege. Rede auf der Festsitzung des Zentralkomitees der KP Belorußlands und des Obersten Sowjets der Belorussischen SSR vom 28. Dezember 1968, in: ders., Auf dem Wege Lenins, a. a. O., S. 363.

lebt, folgendes: „Außerordentlich wichtig ist es, diesen Prozeß in seiner Fülle zu erkennen und zu zeigen, was die gegenwärtige wissenschaftlich-technische Revolution ist, welches ihre grundlegenden Züge und gesellschaftlichen Wurzeln sind und welchen Einfluß sie auf die Entwicklung der materiellen und der geistigen Kultur ausübt.“[16]

Anhand der Geschichte der menschlichen Gesellschaft haben wir in diesem Buch den Versuch unternommen, den gesetzmäßigen Charakter der gegenwärtigen wissenschaftlich-technischen Revolution aufzuzeigen, ihr Wesen sichtbar zu machen sowie ihre grundlegenden Richtungen und ihren Platz in der Geschichte zu bestimmen. Die Errungenschaften der gegenwärtigen wissenschaftlich-technischen Revolution werden nur dort voll zur Geltung kommen, wo der Sozialismus siegt. Die Komplexautomatisierung wird gewaltige Produktivkräfte hervorbringen, den Charakter der Arbeit verändern und den Produzenten einen neuen Platz in der Produktion zuweisen. Sie werden allseitig gebildete Persönlichkeiten sein, die die Natur und die Technik beherrschen. Das wird eine große Revolution der Produktion sein, die die neue kommunistische Produktionsweise zum Siege führen wird. Die Sowjetmenschen beschreiten als erste zuversichtlich den Weg, der zum Kommunismus führt.

[16] M. V. Keldyš, Die Naturwissenschaften und ihre Bedeutung für die Entwicklung der Weltanschauung und des technischen Fortschritts, in: Pravda, v. 15. 3. 1969.

Verzeichnis der wichtigsten Arbeiten, die seit 1968 in der UdSSR zu den Problemen der gegenwärtigen wissenschaftlich-technischen Revolution erschienen sind

Monographien, Sammelbände und Broschüren

1. *Artobolevskij, I. I., Šuchardin, S. V.*, Partija i naučno-techničeskij progress (Partei und wissenschaftlich-technischer Fortschritt), Moskva 1968.
2. *Afanas'ev, V.*, Naučnoe upravlenie obščestvom (Die wissenschaftliche Leitung der Gesellschaft), Moskva 1968.
3. *Vojku, S.*, Sovremennaja naučno-techničeskaja revolucija i nekotorye problemy socialističeskogo stroitel'stva (Die gegenwärtige wissenschaftlich-technische Revolution und einige Probleme des sozialistischen Aufbaus), Reihe: „Marks i sovremennost'", Moskva 1968.
4. *Volkov, G. N.*, Sociologija nauki. Sociologičeskie očerki naučno-techničeskoj dejatel'nosti (Soziologie der Wissenschaft. Soziologische Grundrisse der wissenschaftlich-technischen Tätigkeit), Moskva 1968.
5. Voprosy naučnogo prognozirovanija (avtoreferaty dokladov naučnogo simpoziuma) (Fragen der wissenschaftlichen Prognose [Autorreferate zu Vorträgen auf einem wissenschaftlichen Symposium]), Moskva 1968.
6. *Gvišiani, D., Lisičkin, V.*, Prognostika (Prognostik), Moskva 1968.
7. *Dobrov, G. M., Prognozirovanie* nauki i techniki (Prognose in Wissenschaft und Technik), Kiev 1969 (deutsch: Berlin 1971)
9. *Dobrov, G. M.* i dr. Potencial nauki (Das Potential der Wissenschaft), Kiev 1969 (deutsch: Berlin 1971).
10. *Kamaev, V. D.*, Naučno-techničeskaja revolucija pri socializme (Die wissenschaftlich-technische Revolution im Sozialismus), Moskva 1968.
11. *Kuzin, A. A.*, K. Marks i problemy techniki (K. Marx und Probleme der Technik), Moskva 1968 (deutsch: Berlin 1972).
12. *Kuznecov, B. G.*, Nauka v 2000 godu (Die Wissenschaft im Jahre 2000), Moskva 1969.
13. *Majzel, I. A.*, Sovremennaja naučno-techničeskaja revolucija i razvitie naukovedenija (Die gegenwärtige wissenschaftlich-

technische Revolution und die Entwicklung der Wissenschaftswissenschaft), Reihe: Aktual'nye problemy filosofskoj nauki, Leningrad 1968.

14. Marksistsko-leninskaja filosofija i sovremennyj obščestvennyj progress (podgotovitel'nye materialy k vsesojuznoj mežvuzovskoj teoretičeskoj konferencii) (Die marxistisch-leninistische Philosophie und der gegenwärtige gesellschaftliche Fortschritt [Vorbereitungsmaterialien für eine theoretische Konferenz der Hochschulen]), Moskva 1969.

15. Materialy teoretičeskoj konferencii „Sovremennaja naučno-techničeskaja revolucija i gumanizm", posvjaščennoj 100-letiu so dnja roždenija V. I. Lenina (Materialien der theoretischen Konferenz „Die gegenwärtige wissenschaftlich-technische Revolution und der Humanismus", zu Ehren der hundertsten Wiederkehr des Geburtstages von V. I. Lenin), Kemerovo 1968.

16. *Nalimov, V.*, *Mul'čenko, Z.*, Naukometrija (Scientiometrie), Moskva 1969.

17. Naukovo-technična revoljucija i ii social'ni naslidki. Tezi respublikanskoi naukovoi konferencii (Die wissenschaftlich-technische Revolution und ihre sozialen Folgen. Thesen der wissenschaftlichen Konferenz der Republik), Kiew 1968.

18. Organizacija naučnoj dejatel'nosti (Organisation der wissenschaftlichen Tätigkeit), Moskva 1968.

19. *Semibratov, V.*, Sovremennaja naučno-techničeskaja revoljucija i ee sozial'nye posledstvija (Die gegenwärtige wissenschaftlich-technische Revolution und ihre sozialen Folgen), Leningrad 1969.

20. *Semibratov, V.*, Social'nye problemy sovremennoj naučno-techničeskoj revoljucii v socialističeskom ebščestve (Die sozialen Probleme der gegenwärtigen wissenschaftlich-technischen Revolution in der sozialistischen Gesellschaft), Leningrad 1969.

21. Sozial'nye problemy sovremennoj naučno-techničeskoj revoljucii. Doklady i soobščenija (Die sozialen Probleme der gegenwärtigen wissenschaftlich-technischen Revolution. Vorträge und Mitteilungen), Moskva 1969.

22. *Fesenko, R. A.*, *Lisičkin, V. A.*, Prognozirovanie naučno-techničeskogo progressa na osnove pererabotki naučno-techničeskoj informacii (Die Prognose des wissenschaftlich-technischen Fortschritts auf der Grundlage der Verarbeitung wissenschaftlich-technischer Information), Moskva 1968.

23. *Černenko, L. D.*, *Kosolapov, V. V.*, Elementy organizacii i upravlenija naučnymi issledovanijami (Elemente der Organisation und Leitung der wissenschaftlichen Forschung), Kiev 1969.

24. *Jampol'skij, S. M., Chiljuk, F. M., Lisičkin,* V. A., Problemy naučno-techničeskogo prognozirovanija (Probleme der wissenschaftlich-technischen Prognose), Moskva 1969.

Zeitschriftenartikel

1. *Ababkov, J. N., Meleščenko, J. S.*, Vyzov techniki (Die Herausforderung der Technik), in: Voprosy filosofii 5/1969.
2. *Adojan, A.*, Prognozirovanie naučno-techničeskogo progressa i sintez progressivnych form organizacii nauki (Die Prognose des wissenschaftlich-technischen Fortschritts und die Synthese fortschrittlicher Organisationsformen der Wissenschaft), in: Voprosy naučnogo prognozirovanija, 5/1968.
3. *Achiezer, A. S.*, Naučno-techničeskaja revolucija i upravlenie razvitiem obščestva (Die wissenschaftlich-technische Revolution und die Lenkung der Entwicklung der Gesellschaft), in: Voprosy filosofii, 8/1968.
4. *Achiezer, A., Kogan, L., Janickij, O.*, Urbanizacija obščestvo i naučno-techničeskaja revolucija (Urbanisierung, Gesellschaft und wissenschaftlich-technische Revolution), in: Voprosy filosofii, 2/1969.
5. *Belozercev, V. I.*, Sovremennaja naučno-techničeskaja revoljucija. Istoričeskoe issledovanie (Die gegenwärtige wissenschaftlich-technische Revolution. Eine historische Studie), in: Voprosy filosofii, 12/1968.
6. *Bojd*, Dž., Rabočij klass i naučno-techničeskaja revoljucija (Die Arbeiterklasse und die wissenschaftlich-technische Revolution), in: Problemy mira i socializma, 6/1968.
7. *Buločnikova, L.*, Naučno-techničeskaja revoljucija v sel'skom chozjajstve i ee social'nye posledstvija (Die wissenschaftlich-technische Revolution in der Landwirtschaft und ihre sozialen Folgen), in: Voprosy filosofii, 1/1969.
8. *Vasil'čuk, J.*, Sovremennaja naučno-techničeskaja revoljucija i promyšlennyj proletariat (Die gegenwärtige wissenschaftlich-technische Revolution und das Industrieproletariat), in: Voprosy filosofii, 1/1969.
9. *Gauzner, N.*, Naučno-techničeskaja revoljucija i ee social'nye posledstvija (Die wissenschaftlich-technische Revolution und ihre sozialen Folgen), in: Mirovaja ekonomika i meždunarodnye otnošenija, 7/1969.
10. *Glezerman, G.*, V. I. Lenin i problemy naučnogo predvidenija (V. I. Lenin und die Probleme der wissenschaftlichen Vorhersage), in: Voprosy filosofii, 4/1969.

11. *Golovanov, L. V., Pošechonov, J. V.*, Social'nye problemy naučno-techničeskoj revoljucii (Die sozialen Probleme der wissenschaftlich-technischen Revolution), in: Voprosy filosofii, 6/1969.
12. *Grigorjan, S. M.*, K. Marks o social'no-ekonomičeskich posledstvijach techničeskogo progressa pri kapitalizme (K. Marx über die sozialen und ökonomischen Folgen des technischen Fortschritts im Kapitalismus), in: Voprosy istorii estestvoznanija i techniki, 25/1968.
13. *Dvorkin, I.*, Naučno-techničeskaja revoljucija i „Kapital" K. Marksa (Die wissenschaftlich-technische Revolution und das Kapital von Karl Marx), in: Voprosy ekonomiki, 4/1968.
14. *Ivanova, Z. P.*, Nekotorye problemy sovremennoj naučno-techničeskoj revoljucii v kapitalističeskich stranach (Einige Probleme der gegenwärtigen wissenschaftlich-technischen Revolution in den kapitalistischen Ländern), in: Voprosy istorii, 11/1969.
15. *Igorev, K.*, Naučno-techničeskaja revoljucija i obščestvo (Die wissenschaftlich-technische Revolution und die Gesellschaft), in: Pravda, 4. April 1969.
16. *Kedrov B.*, V. I. Lenin i sovremennoe estestvoznanie (V. I. Lenin und die moderne Naturwissenschaft), in: Pravda, 11. Oktober 1968.
17. *Kedrov, B. M., Mikulinskij, S. R.*, Oktjabr'skaja revoljucija i progress nauki (Die Oktoberrevolution und der Fortschritt der Wissenschaft), in: Kommunist, 16/1968
18. *Kugel', S. A.*, Izmenenie social'noj struktury socialističeskogo obščestva pod vozdejstviem naučno-techničeskoj revoljucii (Die Veränderung der sozialen Struktur der sozialistischen Gesellschaft unter der Einwirkung der wissenschaftlich-technischen Revolution), in: Voprosy filosofii, 3/1969.
19. *Kugel', S. A.*, Professional'naja mobil'nost' v nauke i tendencii ee izmenenija v uslovijach naučno-techničeskoj revoljucii (Die berufsmäßige Mobilität in der Wissenschaft und die Tendenzen ihrer Veränderung unter den Bedingungen der wissenschaftlich-technischen Revolution), in: Voprosy filosofii, 11/1969.
20. *Kuzin, A. A.*, K. Marks o razvitii techniki (Karl Marx über die Entwicklung der Technik), in: Voprosy istorii estestvoznanija i techniki, 25/1968.
21. *Kurakov, I. G.*, Prognozirovanie naučno-techničeskogo progressa (Prognose des wissenschaftlich-technischen Fortschritts), in: Voprosy filosofii, 10/1968.
22. *Marachov, V., Meleščenko, J.*, Osobennosti i social'nye sledstvija naučno-techničeskoj revoljucii (Die Besonderheiten und

die sozialen Folgen dei wissenschaftlich-technischen Revolution), in: Filosofskie nauki, 5/1968.

23. *Marachov, V. G., Meleščenko, J. S.*, K. Marks i problemy sovremennoj naučno-techničeskoj revoljucii (Karl Marx und die Probleme der wissenschaftlich-technischen Revolution), in: Voprosy istorii estestvoznanija i techniki 1968, Ausg. 25.

24. *Markov, N.*, Trud umstvennyj i fisičeskij (preodelenie suščestvennych različij meždu nimi v chode naučno-techničeskoj revoljucii) (Geistige und körperliche Arbeit [Die Überwindung der wesentlichen Unterschiede zwischen ihnen im Verlaufe der wissenschaftlich-technischen Revolution]), in: Voprosy filosofii, 11/1968.

25. *Medunin, A. E.*, Vlianie naučno-techničeskoj revoljucii na prirodu Zemli (Der Einfluß der wissenschaftlich-technischen Revolution auf die Natur der Erde), in: Voprosy filosofii, 3/1969.

26. *Meleščenko, J. S.*, Charakter i osobennosti naučno-techničeskoj revoljucii (Der Charakter und die Besonderheiten der wissenschaftlich-technischen Revolution), in: Voprosy filosofii, 7/1968.

27. *Meleščenko, J.*, Lenin i naučno-techničeskaja revoljucija (Lenin und die wissenschaftlich-technische Revolution), in: Pravda, 24. Mai 1969.

28. *Meleščenko, J. S.*, V. I. Lenin i problemy techniki, techničeskogo progressa (V. I. Lenin und die Probleme der Technik und des technischen Fortschritts), in: Voprosy filosofii, 6/1969.

29. *Mechanik, G.*, Social'nye izderžki naučno-techničeskoj revoljucii pri kapitalizme (Der soziale Preis der wissenschaftlich-technischen Revolution im Kapitalismus), in: Mirovaja ekonomika i meždunarodnye otnošenija, 12/1968.

30. *Mjuller, G.*, Naučno-techničeskaja revoljucija i absoljutnaja renta (Die wissenschaftlich-technische Revolution und die absolute Rente), in: Mirovaja ekonomika i meždunarodnye otnoešnija, 2/1968.

31. *Nikonov, A.*, Sovremennaja revoljucija v voennom dele i nauka o meždunarodnych otnošenijach (Die moderne Revolution im Militärwesen und die Wissenschaft von den internationalen Beziehungen), in: Mirovaja ekonomika i meždunarodnye otnošenija, 2/1969.

32. Naučno-techničeskaja revoljucija i stroitel'stvo kommunizma (Tezisy k meževuzovskoj naučnoj konferencii) (Die wissenschaftlich-technische Revolution und der Aufbau des Kommunismus [Thesen zur wissenschaftlichen Hochschulkonferenz]), Leningrad 1969.

33. *Petrov, M.*, Nekotorye problemy organizacii nauki v epochu naučno-techničeskoj revoljucii (Einige Probleme der Wissenschaftsorganisation in der Epoche der wissenschaftlich-technischen Revolution), in: Voprosy filosofii, 10/1968.
34. Problemy sovremennoj naučno-techničeskoj revoljucii (Probleme der gegenwärtigen wissenschaftlich-technischen Revolution), in: Voprosy filosofii, 7/1968.
35. *Reinhold, O.*, Naučno-techničeskaja revoljucija i bor'ba dvuch sistem (Die wissenschaftlich-technische Revolution und der Kampf zweier Systeme), in: Mirovaja ekonomika i meždunarodnye otnošenija, 4/1969.
36. *Rumjancev, A.*, Sociologija i prognozirovanie reazvitija nauki i techniki (Soziologie und Prognose der Entwicklung von Wissenschaft und Technik), in: Voprosy naučnogo prognozirovanija, 5/1968.
37. *Simuš, P.*, Vlianie naučno-techničeskoj revoljucii na socialističeskoe selo (Der Einfluß der wissenschaftlich-technischen Revolution auf das sozialistische Dorf), in: Voprosy filosofii, 11/1968.
38. *Siforov, V. O.*, O dal'nesročnom prognozirovanii naučno-techničeskogo progressa (Über die langfristige Prognose des wissenschaftlich-technischen Fortschritts), in: Voprosy naučnogo prognozirovanija, 5/1968.
39. *Smirnov, A.*, Socializm, naučno-techničeskaja revoljucija i dolgosročnoe prognozirovanie (Sozialismus, wissenschaftlich-technische Revolution und langfristige Prognose), in: Voprosy filosofii, 9/1968.
40. *Tardov, B.*, Metodologija prognozirovanija tempov mirovogo naučno-techničeskogo progressa (Methodologie der Prognose des wissenschaftlich-technischen Fortschritts in der Welt), in: Voprosy naučnogo prognozirovanija, 5/1968.
41. *Fajnburg, Z.*, Perspektivy naučno-techničeskoj revoljucii i razvitie ličnosti (Die Perspektiven der wissenschaftlich-technischen Revolution und die Entwicklung der Persönlichkeit), in: Voprosy filosofii, 2/1969.
42. Filosofskie i sociologičeskie problemy naučno-techničeskoj revoljucii (Philosophische und soziologische Probleme der wissenschaftlich-technischen Revolution), in: Voprosy filosofii, 4/1969.
43. *Šejnin, J. M.*, Naučno-techničeskaja revoljucia i nekotorye problemy sovremennosti (Die wissenschaftlich-technische Revolution und einige Probleme der Gegenwart), in: Mirovaja ekonomika i meždunarodnye otnošenija, 2/1968.

44. *Škaratan, O.*, Rabočij klass socialističeskogo obščestva v epochu naučno-techničeskoj revoljucii (Die Arbeiterklasse der sozialistischen Gesellschaft in der Epoche der wissenschaftlich-technischen Revolution), in: Voprosy filosofii, 11/1968.

Personenregister

Sachwortverzeichnis